F. Schaub, Eugen Gelcich

Nautische Astronomie für den Gebrauch der k. k. Seeoffiziere

Verlag
der
Wissenschaften

F. Schaub, Eugen Gelcich

Nautische Astronomie für den Gebrauch der k. k. Seeoffiziere

ISBN/EAN: 9783957003461

Auflage: 1

Erscheinungsjahr: 2015

Erscheinungsort: Norderstedt, Deutschland

Hergestellt in Europa, USA, Kanada, Australien, Japan
Verlag der Wissenschaften in Hansebooks GmbH, Norderstedt

Cover: Foto ©Wolfgang Pfensig / pixelio.de

D<u>r.</u> F. Schaub

NAUTISCHE ASTRONOMIE

für den

Gebrauch der k. k. Seeofficiere.

Neu bearbeitet von

EUGEN GELCICH,

k. k. Linienschiffs - Fähnrich.

Den Manen

Seiner kaiserlichen Hoheit

des durchlauchtigsten Herrn Erzherzogs

Ferdinand Max

in tiefster Ehrfurcht

gewidmet.

Vorrede.

Bei der vorliegenden Umarbeitung des Schaub'schen Leitfadens für den Unterricht in der nautischen Astronomie, deren Widmung seiner Zeit weiland Seine kaiserliche Hoheit der durchlauchtigste Herr Erzherzog Ferdinand Max gnädigst anzunehmen geruhte, habe ich den doppelten Zweck vor Augen gehabt, das Buch sowohl als Vorbereitungsbuch zur Officiersprüfung, als auch als Nachschlagebuch für den Navigationsofficier einzurichten.

Ich habe mich, so viel es in meinen Kräften stand, bemüht, den Anforderungen einer gesicherten und gleichzeitig möglichst bequemen Navigationsführung nachzukommen. Den theoretischen Theil glaubte ich etwas ausführlicher behandeln zu müssen, um das Selbststudium zu erleichtern, den Verlässlichkeitsgrad der einzelnen Methoden, die Regeln zur Ausführung der Beobachtungen und Rechnungen nahm ich in so weit auf, als mir dies für die praktischen Bedürfnisse nothwendig erschien.

Bei der Verfassung dieser Umarbeitung war ich vom Wunsche beseelt, das Beste des Allerhöchsten Dienstes, so viel es in meinen schwachen Kräften stand, zu fördern und es wird gewiss mein schönster Lohn sein, wenn ich im Laufe der Zeit die Wahrnehmung machen sollte, meinen Zweck auch nur zum Theil erfüllt zu haben.

Ich fühle mich bei Veröffentlichung dieses Werkes angenehm verpflichtet, dem Herrn Vorstand W. Paradeiser und dem Herrn Rob. Ritter v. Schaub für die mir bei der Drucklegung geleistete Unterstützung und für ihr freundliches Entgegenkommen meinen wärmsten Dank auszusprechen.

Pola, im April 1878.

Eugen Gelcich,

k. k. Linienschiffs-Fähnrich.

Einleitung.

1. Stellt man sich das Himmelsgewölbe als eine die Erde concentrisch umschliessende Hohlkugel vor, an welcher sich die Gestirne befinden, so ist es möglich, die Lage der letzteren durch sfärische Coordinaten gerade so zu bestimmen, wie die Lage eines Ortes unserer Erde durch Länge und Breite.

Aus den sfärischen Coordinaten eines Gestirnes im Vereine mit den aus der Achsendrehung der Erde abgeleiteten Normen lässt sich die geografische Lage eines Ortes unserer Erde bestimmen. Die Gesammtheit aller Regeln, nach welchen dieses in den verschiedenen Fällen geschehen kann, nennt man nautische Astronomie.

I. Vorbegriffe.

A. Aus der mathematischen Geografie.

2. Unsere Erde ist einer der Hauptplaneten im Sonnensysteme; die Form ist nahezu die eines Ellipsoides, die Grösse der Abplattung ungefähr $\frac{1}{300}$; für die meisten nautischen Rechnungen wird von der ellipsoidischen Gestalt der Erde wegen der geringen Excentricität abgesehen und die Erde als Kugel betrachtet.

Die Erde bewegt sich um den Centralkörper, die Sonne, nach den Keppler'schen Gesetzen. Der Centralkörper liegt im Brennpunkte einer Ellipse, welche die Erdbahn vorstellt. Ausser der fortschreitenden Bewegung um die Sonne vollbringt die Erde innerhalb 24 Stunden eine vollständige Umdrehung um eine durch ihren Mittelpunkt gehende Linie, Erdachse genannt. Jene Punkte, in welchen die Erdachse die Oberfläche der Erde trifft, nennt man die Pole, und zwar heisst derjenige, welcher den Bewohnern von Europa näher liegt, der Nordpol, der entgegengesetzte der Südpol. Eine durch den Mittelpunkt der Erde gehende und auf der Erdachse normal gedachte Ebene trifft die Erdoberfläche in einem grössten Kreise, welcher Erdäquator genannt wird. Es lassen sich unzählige grösste Kreise ziehen, welche alle auf dem Aequator senkrecht stehen und deren gemeinschaftliche Durchschnittslinie die Erdachse ist; sie heissen Erdmeridiane. Parallelkreise sind Kreise, die mit dem Aequator parallel laufen. Der Aequator theilt die Erdoberfläche in zwei Hemisfären und zwar in eine nördliche und in eine südliche.

3. Zur Feststellung der Lage eines Punktes der Erdoberfläche hat man die geografische Länge und Breite. Geografische Breite eines Ortes nennt man den Bogen eines Meridianes zwischen dem Aequator und dem Parallelkreis des fraglichen Punktes, oder kurz gesagt, den Bogen des Ortsmeridianes vom Aequator bis zum Orte selbst. Die Breite wird vom Aequator angefangen bis zu den Polen von 0 bis 90⁰ gezählt und Nord- oder Südbreite genannt, je nach der Hemisfäre, auf welcher sich der Ort befindet. Die geografische Breite wird in der nautischen Astronomie gewöhnlich mit φ bezeichnet. Zur Angabe der Länge ist die Feststellung eines Meridianes nothwendig, von welchem an die Länge gezählt wird; es handelt sich hiebei um die Feststellung des Ursprunges eines Coordinatensystemes, in welchem der Aequator die Abscissenaxe vorstellt und dessen Ordinatenachse beliebig zu bestimmen ist. Diese Ordinatenachse, welche nichts anderes als ein Meridian sein kann, nennt man den **ersten Meridian**.

In der nautischen Astronomie rechnet man zumeist nach dem Meridian von Greenwich, zuweilen auch nach jenem von Paris und St. Fernando (Sternwarte); in der k. k. Kriegsmarine ausschliesslich nach dem von Greenwich.

Der erste Meridian theilt als grösster Kreis die Erdoberfläche in eine östliche und eine westliche Hemisfäre. Geografische Länge eines Ortes nennt man den Bogen des Aequators zwischen dem ersten Meridian und jenem des fraglichen Ortes. Die geografische Länge wird gewöhnlich mit λ bezeichnet. Die Zählart ist vom ersten Meridian aus gegen Ost und West, von 0 bis 180⁰; man unterscheidet daher eine östliche und eine westliche Länge.

Den Bogen eines Meridianes zwischen zwei Parallelkreisen nennt man **Breitenunterschied**, den Bogen des Aequators zwischen zwei Meridianen **Längenunterschied**.

4. Die gegebene Definition der Breite bezieht sich auf die vorausgesetzte sfärische Form der Erde. Mit Rücksichtnahme auf die ellipsoidische Gestalt versteht man unter der Breite eines Ortes B (Fig. 1) den Winkel, den der Radiusvector AB mit der grossen Achse AC einschliesst, und nennt diese Breite die **geocentrische Breite** zum Unterschied von der geografischen, welche durch

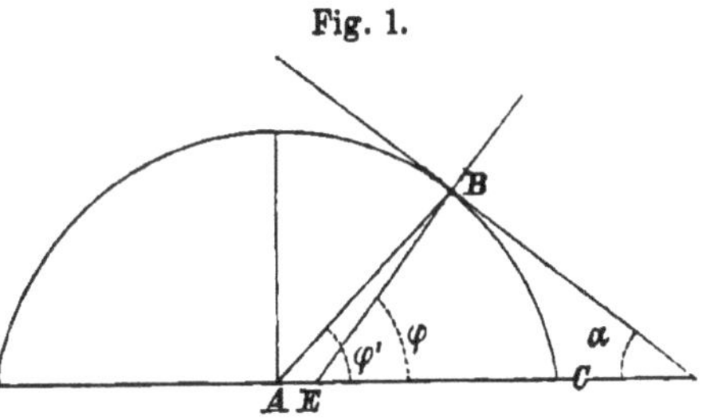

Fig. 1.

den Winkel der Normalen BE mit der grossen Achse dargestellt ist.

4

In der nautischen Astronomie wird bisweilen der Unterschied der geografischen und geocentrischen Breite gebraucht, weshalb hier der Zusammenhang dieser zwei Grössen abgeleitet werden soll.

Stellen die grosse und kleine Achse ein System von Coordinaten vor und zieht man durch den Punkt B eine Tangente, so ist, wenn die Ellipse einen Erdmeridian und B somit einen Punkt der Erdoberfläche vorstellt, die geografische Breite das Complement des Winkels α der Tangente mit der Abscissenachse; letzterer Winkel ist jedoch durch die Gleichung $\frac{\delta y}{\delta x}$ gegeben, weshalb

$$tg\,(180 - \alpha) = \frac{\delta y}{\delta x}$$

ist, und weil $\varphi + \alpha = 90^0$ und $tg\,\varphi = cotg\,\alpha = \frac{1}{tg\,\alpha}$, so folgt:

$$\alpha)\quad tg\,\varphi = - \frac{\delta x}{\delta y}.$$

Der erste Differentialquotient der Ellipse ist aber $\frac{a^2 x}{b^2 x}$. Aus Figur 1 ist ferner ersichtlich, dass $\frac{y}{x} = tg\,\varphi'$ ist; setzt man diese Werthe in Gleichung α), so gelangt man zur Schlussgleichung:

$$\beta)\quad tg\,\varphi = \frac{a^2}{b^2}\,tg\,\varphi'.$$

Um den Unterschied der geografischen und geocentrischen Breite zu bestimmen, hat man:

$$tg\,\varphi' = tg\,\varphi\,\frac{b^2}{a^2}$$

und

$$tg\,\varphi - tg\,\varphi' = tg\,\varphi\,\frac{a^2 - b^2}{a^2}.$$

$\frac{\sqrt{a^2 - b^2}}{a}$ ist aber die Excentricität, daher:

$$tg\,\varphi - tg'\varphi' = E^2 tg\,\varphi$$

oder:

$$\frac{sin\,(\varphi - \varphi')}{cos\,\varphi'} = E^2 sin\,\varphi.$$

Setzt man im Nenner der linken Seite $\varphi' = \varphi' + \varphi - \varphi$, so erhält man:

$$\frac{sin\,(\varphi - \varphi')}{cos\,(\varphi' + \varphi - \varphi)} = E^2 sin\,\varphi$$

und

$$E^2 sin\,\varphi = \frac{sin\,(\varphi - \varphi')}{cos\,[\varphi - (\varphi - \varphi')]}.$$

Entwickelt man den Nenner des Bruches und dividirt Zähler und Nenner durch $cos\ (\varphi - \varphi')$, so ist

$$E^2\ sin\,\varphi = \frac{tg\ (\varphi - \varphi')}{cos\,\varphi + sin\,\varphi\ tg\ (\varphi - \varphi')}$$

und daraus:

$$tg\ (\varphi - \varphi') = E^2 sin\,\varphi\ cos\,\varphi + E^2 sin^2\varphi\ tg\ (\varphi - \varphi')$$

oder:

$$E^2 sin\,\varphi\ cos\,\varphi = tg\ (\varphi - \varphi')\ [1 - E^2 sin^2\varphi].$$

Man bestimmt nun $tg\ (\varphi - \varphi')$ und führt die Division mit Hinweglassung der Glieder dritter und höherer Ordnung durch, woraus, wenn die Tangente näherungsweise gleich dem Bogen gesetzt wird,

$$\gamma)\quad \varphi - \varphi' = \tfrac{1}{2}\,E^2 sin\,2\,\varphi$$

resultirt. Tob. Mayer vereinfachte noch diese Formel wie folgt: Bezeichnet man die Abplattung $\frac{a-b}{a}$ mit α, so hat man: $\alpha^2 = \frac{a^2 + b^2 - 2ab}{a^2}$ und $2\alpha = \frac{2a - 2b}{a}$. Subtrahirt man α^2 von 2α, so ist: $2\alpha - \alpha^2 = \frac{a^2 - b^2}{a^2} = E^2$. Wegen der Kleinheit der Abplattung kann man statt $E^2 = 2\alpha - \alpha^2$, auch $E^2 = 2\alpha$ setzen und bekommt als Endresultat:

$$\delta)\quad \varphi - \varphi' = \alpha\ sin\,2\,\varphi.$$

Ebenso ist es oft nothwendig das Verhältniss des Radiusvector zum Halbmesser des Aequators zu kennen. Zieht man vom Punkte m die Ordinate $mn = y$ und bezeichnet ϱ den Radiusvector mo, so ist aus $\triangle\,mon$:

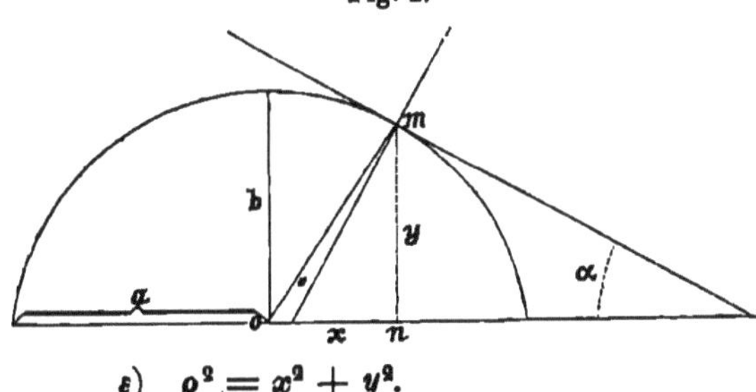

$$\varepsilon)\quad \varrho^2 = x^2 + y^2.$$

Eliminirt man aus Gleichung $\beta)$ einmal x und einmal y, so erhält man:

$$y = \frac{b^2 x\ tg\,\varphi}{a^2}, \quad x = \frac{a^2 y}{b^2\ tg\,\varphi}.$$

Diese Werthe in die Gleichung der Ellipse $\frac{x^2}{a^2} + \frac{y^2}{b^2} = 1$ eingesetzt und aus derselben x und y bestimmt, resultirt:

$$x^2 = \frac{a^4}{a^2 + b^2 tg^2\,\varphi}, \quad y^2 = \frac{b^4\ tg^2\,\varphi}{a^2 + b^2 tg^2\,\varphi}.$$

Die Addition von x^2 und y^2 ergibt:

$$x^2 + y^2 = \varrho^2 = \frac{a^4 + b^4 tg^2 \varphi}{a^2 + b^2 tg^2 \varphi} = a^2 \frac{1 + \dfrac{b^4}{a^4} tg^2 \varphi}{1 + \dfrac{b^2}{a^2} tg^2 \varphi}.$$

und daraus:

$$1) \quad \frac{\varrho}{a} = \sqrt{\frac{1 + tg^2 \varphi}{1 + tg \varphi \, tg \varphi'}} = \sqrt{\frac{\cos \varphi}{\cos \varphi' \cos (\varphi - \varphi')}}.$$

Begnügt man sich mit Näherungswerthen und will man das Verhältniss $\frac{\varrho}{a}$ nur als Function der geografischen Breite haben, so kann, da $(\varphi - \varphi')$ eine sehr kleine Grösse, $\cos(\varphi - \varphi') = 1$ gesetzt werden, wodurch man

$$\frac{\varrho}{a} = \sqrt{\frac{\cos \varphi}{\cos \varphi'}}$$

erhält. Nach Tob. Mayer ist $\varphi' = \varphi + \alpha \sin 2\varphi$ und daher:

$$\frac{\varrho}{a} = \sqrt{\frac{\cos \varphi}{\cos [\varphi + \alpha \sin 2\varphi]}}$$

oder in Anbetracht der Kleinheit des Winkels $\alpha \sin 2\varphi$:

$$\frac{\varrho}{a} = \sqrt{\frac{\cos \varphi}{\cos \varphi + \alpha \sin \varphi \sin 2\varphi}}$$

$$\frac{\varrho}{a} = \sqrt{\frac{1}{1 + 2\alpha \sin^2 \varphi}}$$

$$\frac{\varrho}{a} = [1 : \{1 + 2\alpha \sin^2 \varphi\}]^{\frac{1}{2}}.$$

Führt man die Division aus und setzt die höheren Potenzen von $\alpha = 0$, so resultirt durch Entwicklung des Quotienten nach dem binomischen Lehrsatze.

$$\frac{\varrho}{a} = 1 - \alpha \sin^2 \varphi$$

oder:

$$2) \quad \frac{\varrho}{a} = 1 - \tfrac{1}{300} \sin^2 \varphi.$$

B. Die sfärischen Coordinaten der Himmelskugel.

5. Die Erdachse trifft das Himmelsgewölbe in zwei Punkten, **Himmelspole** genannt. Die verlängerte Erdachse ist die **Weltachse.** Die erweiterte Ebene des Erdäquators schneidet die Himmelskugel in einem grössten Kreise, dem **Himmelsäquator** EQ.

Eine den Standpunkt eines Beobachters A mit dem Mittelpunkte der Erde verbindende Linie trifft das Himmelsgewölbe in zwei Punkten, wovon der über dem Beobachter gelegene Z der Scheitelpunkt oder Zenith, der entgegengesetzte N' Fusspunkt oder Nadir genannt wird. Die Verbindungslinie dieser zwei Punkte ist die Zenithlinie. Ein auf der Zenithlinie ZN' senkrechter grösster Kreis HO heisst wahrer Horizont des Beobachtungsortes, und eine mit dem wahren Horizonte parallele, durch das Auge des Beobachters A gelegte Ebene

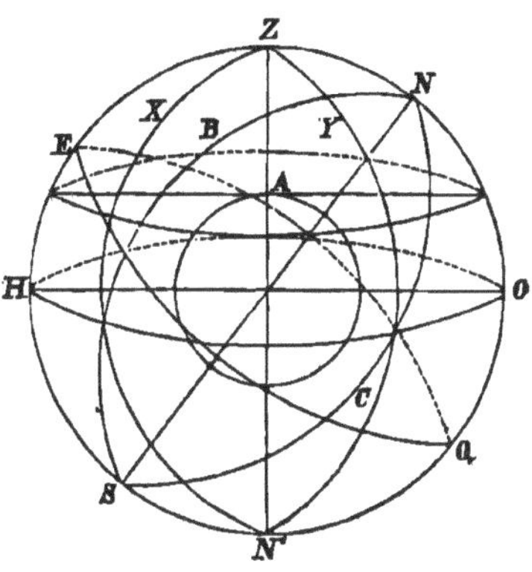

Fig. 3.

ist der scheinbare Horizont. Meereshorizont nennt man jene Linie, welche auf hoher See die Trennungslinie zwischen Wasser und Himmel zu sein scheint; sie entsteht dadurch, dass man vom Augpunkte aus nach allen Richtungen Tangenten zur Oberfläche der Erde zieht.

6. Jene grössten Kreise, die normal auf dem Aequator stehen, wie NBS, NCS... (Fig. 3) heissen Declinationskreise; die grössten Kreise hingegen, welche auf dem wahren Horizont senkrecht sind, wie ZXN' ZYN'... nennt man Vertical- oder Höhenkreise. Der Verticalkreis, welcher durch die Pole des Aequators geht, heisst Meridian des Himmels ($NZHN'ON$) und der auf letzterem senkrecht stehende Höhenkreis erster Vertical.

Die Ebene des Horizontes und jene des Meridianes schneiden sich in einer geraden Linie HO, der Mittagslinie. Die Durchschnittslinie des ersten Verticales und des Horizontes heisst Ost-Westlinie. Jener Punkt der Mittagslinie, welcher dem Nordpol der Erde am nächsten liegt, heisst der Nordpunkt, der entgegengesetzte der Südpunkt. Jener Punkt der Ost-Westlinie, welcher zur Rechten eines mit dem Gesichte gegen Nord gekehrten Beobachters bleibt, ist der Ost-, der entgegengesetzte der Westpunkt.

Wenn man die Stellung der Sonne auf der Himmelssfäre beobachtet, wird man bemerken, dass dieselbe in unseren Gegenden gegen Ende März und September beiläufig im Osten aufgeht, während sie sich im Winter zur Zeit ihres Aufganges weiter südlich, im Sommer weiter nördlich befindet. Diese fortwährende Aenderung der Position am Himmel rührt von der bereits erwähnten Bewegung der Erde um die Sonne her. Man nennt die Linie, welche alle scheinbaren Sonnenorte im Laufe eines Jahres vereinigt, die **Ekliptik**. Die Ebene der Ekliptik bildet mit der Ebene des Aequators einen Winkel von etwa $23\frac{1}{2}^{\circ}$, welchen man die **Schiefe der Ekliptik** nennt. Aequator und Ekliptik schneiden sich in zwei Punkten, den Aequinoctialpunkten. Die Sonne geht durch den einen am 31. März, durch den anderen am 22. September; der erstere heisst **Frühlingspunkt** und wird mit ♈ bezeichnet, der letztere heisst **Herbstpunkt** und wird mit ♎ bezeichnet. **Solstitial- oder Wendepunkte** sind jene Punkte der Ekliptik, welche vom Aequator am weitesten entfernt sind und bei welchen die Sonne die Richtung ihrer Bewegung auf den Pol bezogen ändert. Ist EQ (Fig. 4) der Aequator, $E'C$ die Ekliptik, so sind ♈ und ♎ die Aequinoctial-, E' und C die Solstitialpunkte. Während sich die Sonne bei der Bewegung von E' über ♈ bis C dem Pole P nähert, entfernt sie sich von C über ♎ bis E' von ihm.

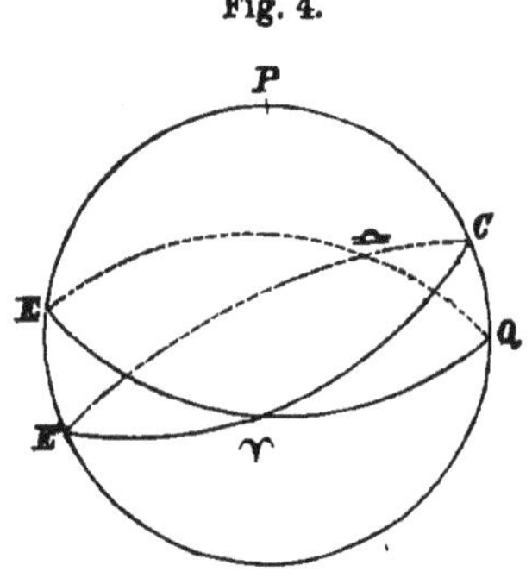

Fig. 4.

Die grössten Kreise, welche auf der Ekliptik senkrecht stehen, heissen **Breitenkreise** und ihre gemeinschaftlichen Durchschnittspunkte, **Pole der Ekliptik**. **Aequinoctialcolur** ist jener grösste Kreis, welcher durch die beiden Himmelspole und die Aequinoctialpunkte geht; **Solstitialcolur** ist jener grösste Kreis, welcher durch die Pole und durch die Solstitialpunkte geht.

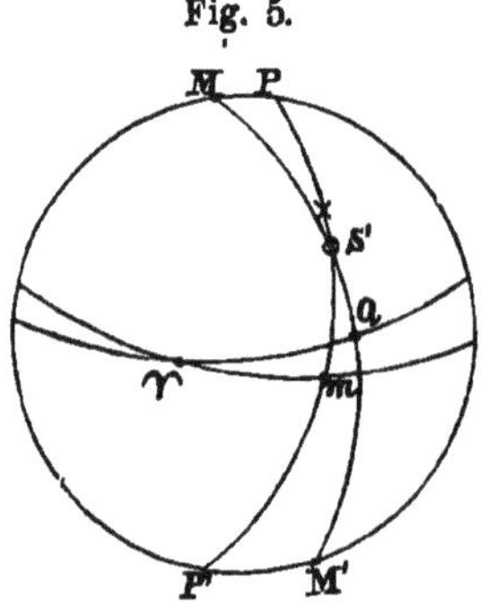

Fig. 5.

7. Der Horizont und die Verticalkreise, der Aequator und die Declinationskreise, endlich die Ekliptik und die Breitenkreise bilden die in der Einleitung erwähnten verschiedenen Coordinatensysteme. Denkt man sich durch ein beliebiges Gestirn S (Fig. 5) einen Declinationskreis PP' gezogen, so nennt man den Bogen dieses Declinationskreises Sm vom Aequator bis zum Gestirn

die Declination oder Abweichung, und den Bogen des Aequators vom Frühlingspunkt bis zum Declinationskreise, also den Bogen Υm, die Rectascension oder gerade Aufsteigung des Gestirnes; wird durch dasselbe Gestirn ein Breitenkreis MSM' gezogen, so ist der Bogen des Breitenkreises von der Ekliptik bis zum Gestirn (QS) die Breite und der Bogen der Ekliptik ΥQ, vom Frühlingspunkt bis zum Breitenkreis, die Länge des Gestirnes. Endlich nennt man den Bogen des Verticalkreises vom Horizont bis zum Gestirn Sh (Fig. 6) die Höhe und den Bogen des Horizontes hO, zwischen Meridian und Verticalkreis das Azimuth des Gestirnes.

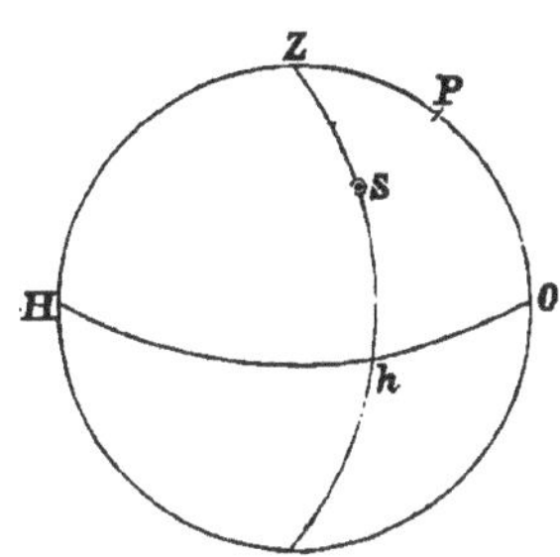

Fig. 6.

Die Declination wird vom Aequator auf dem Declinationskreis von 0 bis 90° gezählt und ist nördlich oder südlich, je nachdem sich das Gestirn auf der nördlichen oder südlichen Hemisfäre befindet. Die Rectascension zählt man auf dem Aequator vom Frühlingspunkte an, gegen Ost von 0 bis 360°.

Die Höhe wird auf dem Verticalkreis vom Horizont gegen das Zenith von 0 bis 90°, das Azimuth auf dem Horizont vom Südpunkte aus gegen West von 0 bis 360° gezählt. Letzteres kann auch vom Nord- oder Südpunkte gegen Ost und gegen West gezählt werden, in welchem Falle jedoch die Art der Zählung angegeben werden muss; so sagt man z. B. das Azimuth ist S 54° Ost, N 101° 50′ W etc.

Die Breite zählt man auf dem Breitenkreis von der Ekliptik gegen den Pol von 0 bis 90° und die Länge auf der Ekliptik ebenso wie die gerade Aufsteigung.

Statt Declination und Höhe werden in den meisten Rechnungen der nautischen Astronomie deren Complemente: Poldistanz und Zenithdistanz benützt. Poldistanz ist der Bogen des Declinationskreises vom Nord- oder Südpol bis zum Gestirn. Zenithdistanz ist der am Verticalkreis gemessene Abstand des Gestirnes vom Zenith.

8. Wenn ein Gestirn am Horizont im Osten erscheint, so sagt man das Gestirn geht auf; das Verschwinden eines Gestirnes im Westen nennt man seinen Untergang. Jeder Stern geht täg-

lich zweimal durch den Meridian eines beliebigen Punktes der Erde und erreicht dabei seine grösste und kleinste Höhe. Von den zwei Meridiandurchgängen wird derjenige, bei welchem der Stern seine grösste Höhe erreicht, die obere Culmination, der zweite die untere Culmination des Sternes genannt.

Der Bogen des Horizontes zwischen einem auf- oder untergehenden Gestirne und dem Ost- oder Westpunkte heisst die **Amplitude** oder auch **Morgen-**, beziehungsweise **Abendweite**.

Parallelkreis eines Gestirnes ist der Kreis, den jedes Gestirn durch die Drehung der Erde am Himmel zu beschreiben scheint.

Circumpolarsterne nennt man jene Sterne, deren Poldistanz kleiner als die geografische Breite eines Ortes ist. Ihre Parallelkreise liegen ganz über dem Horizonte und gehen solche Sterne daher für den betreffenden Ort nie auf oder unter.

Um dies näher zu erklären, ist vorerst zu beweisen, dass der Bogen des Meridianes vom Horizonte bis zum sichtbaren Pole, die

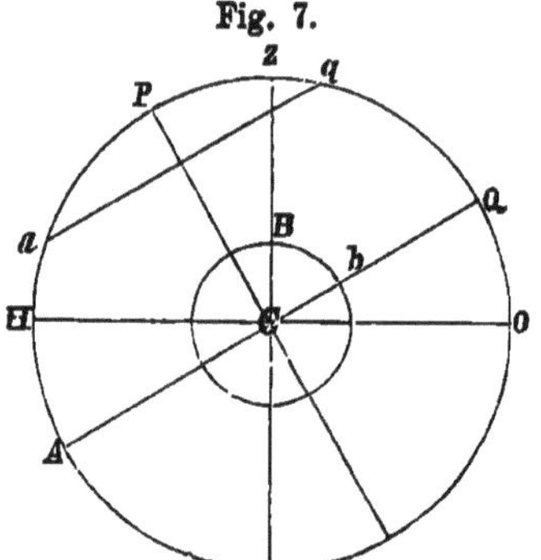

Polhöhe, gleich der geografischen Breite eines Ortes ist. Ist B (Fig. 7) ein Beobachter, AQ der Aequator, folglich $\angle\,BCb = \angle\,ZCQ$ die Breite des Ortes B, ferners HO der Horizont und P der sichtbare Pol, so ist: $HP + PZ = 90^0 = PZ + ZQ$, daher $HP = ZQ$, d. h. die Polhöhe ist der geografischen Breite gleich. Ist die Distanz eines Sternes vom Pole kleiner als HP und daher kleiner als die gleichnamige Breite, so liegt der ganze Parallelkreis $a\,q$ über dem Horizonte, das Gestirn passirt letzteren nie. Ein Polbewohner, dessen Breite 90^0 ist, hätte daher nur Circumpolarsterne, ein Bewohner des Aequators hingegen, dessen Breite Null ist, hat gar keine Circumpolarsterne.

C. Stundenwinkel und die verschiedenen Zeitmasse.

9. Den Winkel, welchen der Declinationskreis eines Gestirnes mit dem Meridian bildet, nennt man **Stundenwinkel**. Befindet sich ein Gestirn in S (Fig. 8), so ist $\angle\,QPS'$ der Stundenwinkel des Gestirnes für diesen Augenblick. Der Stundenwinkel wird von der oberen Culmination an gerechnet, er wächst gegen Westen, wird bei der unteren Culmination 180° und bei der darauffolgenden oberen Culmination 360° oder neuerdings 0°.

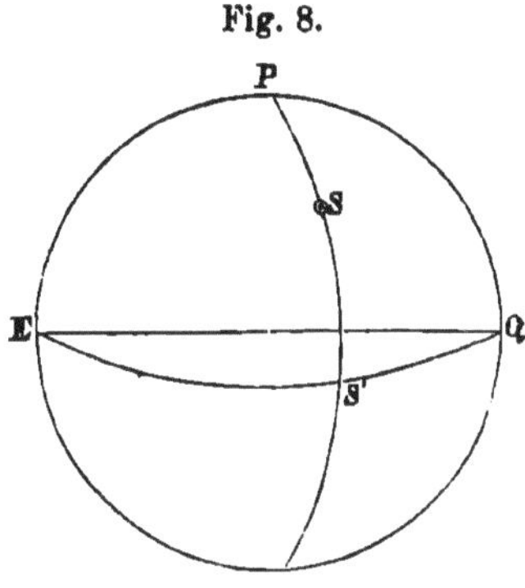
Fig. 8.

In Folge der regelmässigen Achsendrehung der Erde ist auch die scheinbare Drehung der Himmelskugel um die Weltachse vollkommen gleichförmig und daher die Aenderungen des Stundenwinkels eines Fixsternes den entsprechenden Zeiten proportional. Dieser Eigenschaft wegen kann der Stundenwinkel eines Fixsternes als Zeitmass eingeführt werden und zwar wird die Zeit, welche zwischen je zwei auf einander folgenden oberen Culminationen eines und desselben Fixsternes vergeht, Sterntag genannt. Der Sterntag wird in 24 Stunden, die Stunde in 60 Minuten und die Minute in 60 Secunden eingetheilt. Wenn man in der Astronomie von Sternzeit überhaupt spricht, so versteht man darunter den in Zeitmass ausgedrückten Stundenwinkel des Frühlingspunktes. Man sagt somit X Stunden Sternzeit, wenn der Stundenwinkel des Frühlingspunktes $X \cdot 15°$ beträgt. Es sei $ACQE$ ein Meridian, AQ der Aequator und EC die Ekliptik, so ist ΥPQ oder ΥQ der Stundenwinkel des Frühlingspunktes und in Zeit ausgedrückt die Sternzeit. Für ein Gestirn S ist MPQ oder MQ der Stundenwinkel und ΥM die Rectascension. Aus der Figur ist ersichtlich, dass $\Upsilon Q = \Upsilon M + MQ$, d. h. die Sternzeit ist gleich dem Stundenwinkel eines beliebigen Gestirnes mehr der Rectascension desselben. In Zeichen wird diese Gleichung durch $t_s = s + \alpha$ ausgedrückt; es bedeutet hiebei t_s die Sternzeit, s den Stundenwinkel und α die Rectascension. Für ein culminirendes Gestirn ist der Stundenwinkel Null und daher $t_s = \alpha$, d. h. die Sternzeit der Culmination eines Gestirnes ist gleich seiner Rectascension.

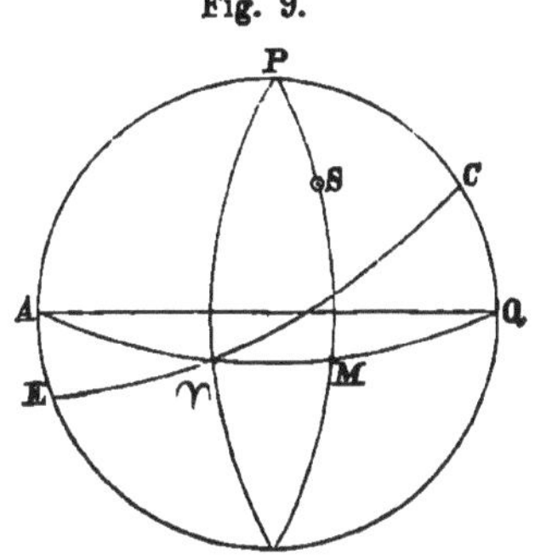
Fig. 9.

10. Für das bürgerliche Leben ist eine Zeiteintheilung, welche sich nach der Sonne richtet, die zweckentsprechendste, obwohl die Dauer des Sonnentages, d. i. die Zeit, welche zwischen zwei aufeinander folgenden oberen Culminationen der Sonne verstreicht, nicht immer gleich ist. Stellt man sich die Bögen OX und OY (Fig. 10)

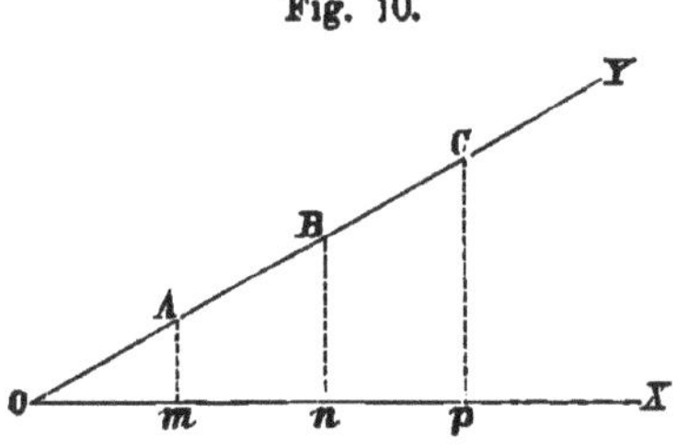

Fig. 10.

zweier grössten Kreise so vor, dass sie miteinander den Winkel XOY bilden, so ist klar, dass die Projectionen der unter sich gleichen Stücke OA, AB, BC etc. auf dem Bogen OX nicht gleich sind, dass aber $Om > mn > np$ ist. Wendet man diesen Satz auf die Bewegung der Sonne in der Ekliptik an, so ersieht man, dass für verschiedene Lagen der Sonne in der Ekliptik, die einem und demselben Wegstücke entsprechenden Rectascensionen unter sich ungleich sind. Hiebei kommt noch der Umstand in Betracht zu ziehen, dass die Bewegung der Sonne in der Ekliptik ungleichförmig ist, und zwar ist diese Ungleichförmigkeit nicht derart, dass sie die frühere ausgliche. In Folge dessen sind auch die wahren Sonnentage von ungleicher Dauer. Wegen der ungleichen Dauer der Sonnentage kann dieses Mass daher nicht als Zeitmass benützt werden und man führte den sogenannten **mittleren Sonnentag** ein, welchen man im Allgemeinen dadurch erhält, dass man die Dauer des Jahres in 365 Theile theilt. Strenger definirt versteht man unter mittlerem Sonnentag die Zeit, welche eine den Aequator mit gleichförmiger Geschwindigkeit genau in einem Jahre durchlaufende Sonne von einer oberen Culmination zur anderen brauchen würde. Um jeden Augenblick die Stellung dieses immaginären Gestirnes bestimmen zu können, nahm man an, dass seine Rectascension zur Zeit der Erdnähe gleich dem Abstand der wahren Sonne vom Frühlingspunkt sei. Den in Zeit ausgedrückten Stundenwinkel dieser mittleren Sonne nennt man die **mittlere Zeit**.

Aus der zwischen Stundenwinkel, Rectascension und Sternzeit aufgestellten Relation ergibt sich:

wahre Zeit $= ts - \alpha$ der wahren Sonne

mittlere Zeit $= ts - \alpha$ der mittleren Sonne,

woraus durch Subtraction:

Mittlere Zeit — wahre Zeit $= \alpha$ der wahren Sonne $- \alpha$ der mittleren Sonne.

Diese Gleichung heisst die Zeitgleichung und ist dieselbe positiv oder negativ, je nachdem die mittlere oder die wahre Zeit die grössere ist. Ihr Maximalwerth ist 16 Minuten. Der mittlere Mittag findet um den jeweiligen Betrag der Zeitgleichung vor oder nach der Culmination der wahren Sonne statt, je nachdem selbe positiv oder negativ ist.

Während der astronomische Tag im mittleren Mittage beginnt und von 0 bis 24 Stunden gezählt wird, fängt der bürgerliche Tag um 12 Stunden früher, d. h. um die vorangehende Mitternacht an. Es folgt daraus, dass von Mittag bis Mitternacht die astronomische und bürgerliche Zeit gleich sind, dass in den nächsten 12 Stunden jedoch das Datum des astronomischen Tages um eins geringer ist. Der bürgerliche Tag wird von 0 bis 12 Stunden gezählt mit Hinzufügung der Worte Vor- oder Nachmittag. So ist z. B. der 13. April 4^h p. m. bürgerlichen Datums auch der 13. April 4^h astronomisch, hingegen ist der 13. April 20^h astronomisch der 14. 8^h a. m. bürgerlich.

11. Der regelmässigen Drehung unserer Erde um ihre Achse wegen, haben die Orte, welche auf verschiedenen Meridianen liegen, auch verschiedene Zeiten. Die Zeit des Meridiandurchganges für den Ort A wird von jener des Ortes B um die in Zeit ausgedrückte Längendifferenz verschieden sein. Ebenso ist der Stundenwinkel der mittleren Sonne am Orte A jenem des Ortes $B \pm$ der Längendifferenz gleich. Es folgt daraus der für die nautische Astronomie so wichtige Satz: dass der Zeitunterschied zweier Orte (in Bogenmass ausgedrückt) ihrer Längendifferenz gleich ist. Nachdem die Sonne scheinbar im Osten aufgeht, so wird sie auch den Meridian des östlicheren Ortes früher passiren als jenen des westlicher gelegenen. Daraus lässt sich ein nicht minder wichtiger Satz ableiten, nämlich: dass derjenige Ort der östlichere ist, welcher die grössere Zeit zählt.

12. Für die Verwandlung der mittleren Zeit in Sternzeit und umgekehrt, berücksichtige man, dass das Jahr 365 mittlere Tage hat, auf welche 366 Sterntage kommen und daher das Verhältniss des mittleren zum Sterntag gleich $366 : 365 = 1 \cdot 00274$ ist. Bezeichnet man die Sternzeit, welche einer Stunde mittlerer Zeit entspricht mit S, so ist:

$$S : 1^h = 1 \cdot 00274 : 1$$

und
$$S = 1 \times 1 \cdot 00274 = 1^h\ 0^m\ 9 \cdot 86^s.$$

14

n Stunden mittlere Zeit sind also gleich $[n^h + 9\cdot 86^s \times n]$ Sternzeit und

n Stunden Sternzeit $= [n^h - 9\cdot 86^s \times n]$ mittlere Zeit.

Im Folgenden sei zur Vervollständigung der Zeitmasse noch Erwähnung des siderischen und des tropischen Jahres gethan. Das siderische Jahr bezeichnet die Zeitdauer des vollständigen Umlaufes der Erde um die Sonne und beträgt 365 Tage 6^h 9^m 11^s mittlere Zeit. Das tropische Jahr hingegen ist die Zeit, welche die Sonne zum Durchlaufen der Ekliptik braucht. Es ist nämlich nachgewiesen und von Newton durch die schräge Stellung der Erdachse gegen die Erdbahn erklärt worden, dass die Aequinoctialpunkte jährlich um $50\cdot 2^s$ im Weltraume gegen Westen verrückt werden. Diese Verrückung der Aequinoctialpunkte heisst Präcession. Folge der Präcession ist, dass die Sonne vermöge der scheinbaren Bewegung gegen Ost dem Aequinoctialpunkte begegnen wird, bevor sie die ganze Ekliptik durchlaufen hat. Das tropische Jahr ist dadurch um 20^m 23^s kürzer als das siderische Jahr.

Das bürgerliche Jahr ist dem tropischen Jahr nicht gleich; dieser zur Vereinfachung der Zeitrechnung gemachte Unterschied besteht darin, dass das bürgerliche Jahr aus einer Anzahl von ganzen Tagen besteht. Wenn man die 6 Stunden, um welche das bürgerliche Jahr kleiner ist als das tropische, vernachlässigt, so fiele nach 365 Jahren der 21. März in die Zeit des Sommersolstitiums. Nach diesem Principe war der alte ägyptische Kalender eingerichtet. Julius Cäsar glich den sechsstündigen Unterschied (45 J. v. Chr.) dadurch aus, dass alle vier Jahre ein Tag im Jahr eingeschaltet wurde und somit jedes vierte Jahr aus 366 Tagen bestand. Diese Eintheilung war noch immer nicht vollkommen richtig, da der Unterschied von 6 Stunden in aller Strenge um $0\cdot 00776$ Tage zu gross ist, was in 400 Jahren ungefähr 3 Tage ausmacht. Bis zum Jahre 1582 hatte sich dieser Fehler derart angehäuft, dass der vierte Tag des Monats auf den 15. hätte fallen sollen. Papst Gregor XIII. verfügte, dass in eben diesem Jahre dem 4. October gleich der 15. folgen solle und dass zur vollständigen Ausgleichung dieses Fehlers für die Folge alle 400 Jahre 3 Schalttage ausbleiben sollten. Diese Zeitrechnung, die Gregorianische genannt, ist unsere gegenwärtige; nur die Russen und Griechen behielten die Julianische bis jetzt bei.

II. Die Efemeriden.

13. Zur Lösung der astronomischen Aufgaben ist die Kenntniss einiger Daten nöthig, die theils durch Beobachtungen ermittelt, theils aber aus den astronomischen Jahrbüchern (Efemeriden) entnommen werden. Es lassen sich nämlich gewisse Daten für einen bestimmten Ort und für eine bestimmte Zeit im Vorhinein berechnen, die dann tabellarisch geordnet von den vorzüglichsten Sternwarten publicirt werden. Die bekanntesten dieser Publicationen sind: der Nautical-Almanac, die Connaissance des temps und das Berliner astronomische Jahrbuch. Der Nautical-Almanac wird durch die königliche englische Admiralität, die Connaissance des temps durch das Bureau des Longitudes in Paris herausgegehen. Da jedoch diese Bücher viele für den Seegebrauch überflüssige Angaben enthalten, werden aus denselben Auszüge gemacht, die man nautische Jahrbücher nennt:

In der k. k. Kriegsmarine sind die in Berlin herausgegebenen, bisher von Dr. Bremiker redigirten nautischen Efemeriden in Gebrauch, daher das in der Folge Gesagte nur auf diese Bezug hat.

Sämmtliche Daten jeder nautischen Efemeride beziehen sich auf die mittlere Zeit eines bestimmten ersten Meridianes und ist daher die Kenntniss dieser Zeit für die Herausnahme der gesuchten Elemente nothwendig. Die Efemeriden des Dr. Bremiker beziehen sich auf den Meridian von Greenwich. Will man daher für irgend einen Ort eine Efemeridenangabe erhalten, so muss vorerst die gegebene Zeit in mittlere Greenwicher Zeit verwandelt werden, welch' letztere dann das Argument bildet.

Die Efemeriden geben die Daten nur für bestimmte Zeiten und zwar entweder nur für den mittleren Mittag oder in Intervallen, z. B. von 3 zu 3 oder von 12 zu 12 Stunden an. Für Verfinsterungen, Mondesfasen und alle nur einen Zeitmoment dauernden Begebenheiten ist die mittlere Greenwicher Zeit des Ereignisses angegeben.

Soll ein Element für eine Zeit aus der Efemeride genommen werden, die in derselben nicht enthalten ist, so muss interpolirt werden. Die Daten der Efemeride bilden keine strenge arithmetische Reihe erster Ordnung, doch sind die zweiten Differenzen so gering, dass sie mit Ausnahme eines speciellen, später besprochenen Falles unberücksichtigt gelassen werden. Ueber die jeweilige Interpolation

16

gibt die folgende Erklärung der einzelnen Spalten der Efemeride Aufschluss.

14. Sowie es bei allen Sammlungen von Tabellen allgemeiner Brauch ist, geht den Efemeriden des Dr. Bremiker eine Erklärung ihrer Einrichtung nebst Gebrauchsanweisung voran. Hierauf kommen 14 Seiten für jeden Monat, die eigentlichen Efemeriden bildend.

Auf der ersten Seite eines jeden Monats sind angegeben: gerade Aufsteigung und Abweichung der Sonne und die Zeitgleichung für den mittleren Greenwicher Mittag eines jeden Tages. Die letzte Columne dieser Seite enthält die Declination der Sonne für den Augenblick der wahren Culmination. Will man die Declination der Sonne, oder deren gerade Aufsteigung, oder endlich die Zeitgleichung für eine beliebige Tageszeit haben, so wird das gewöhnliche Interpolationsverfahren angewendet. Neben den erwähnten Daten befinden sich Nebencolumnen mit der Ueberschrift „s t ü n d l i c h e B e w e g u n g“, die Aenderung der entsprechenden Grösse während einer Stunde enthaltend. Ist t die gegebene Zeit (und zwar t Stunden nach dem mittleren Greenwicher Mittag), so kann bei Ausserachtlassung der zweiten Differenzen folgende Proportion aufgestellt werden:

$$1^\mathrm{h} : t^\mathrm{h} = \text{stündliche Bewegung} : x,$$

woraus:

$$x = t^\mathrm{h} \quad \text{stündliche Bewegung}$$

folgt.

x ist die an das Element des vorangehenden Mittags anzubringende Correction und zwar ist selbe positiv, wenn das Element positiv und steigend oder negativ und fallend ist; die Correction ist negativ, wenn das Element positiv und fallend oder negativ und steigend ist. t ist in Stunden und Decimaltheilen von Stunden auszudrücken; x resultirt in Bogen-, respective Zeitsecunden, jenachdem die gesuchte Grösse in der Efemeride in Bogen oder Zeitmass ausgedrückt ist. Die stündliche Bewegung für die Declination im mittleren Mittag gilt auch für die Declination des wahren Mittags und bleibt das Interpolationsverfahren für letztere das nämliche.

Beispiele. In der Länge $1^\mathrm{h}\ 15^\mathrm{m}\ 25^\mathrm{s}$ O. v. Greenwich soll die Declination der Sonne und die Zeitgleichung für den 15. Juni 1872 um $7^\mathrm{h}\ 25^\mathrm{m}\ 23^\mathrm{s}$ mittlere Ortszeit gefunden werden.

Gegebene mittlere Ortszeit	$7^\mathrm{h}\ 25^\mathrm{m}\ 23^\mathrm{s}$
Länge	$1^\mathrm{h}\ 15^\mathrm{m}\ 25^\mathrm{s}$ O.
Mittlere Greenwicher Zeit $=$	$6^\mathrm{h}\ 9^\mathrm{m}\ 58^\mathrm{s} = 6 \cdot 17^\mathrm{h}$.

Ständl. Beweg. der Declin..............5·3″.

$\qquad$ Aenderung in $6·17^h = 6·17 \times 5·3 = 32·7″$

„ „ „ Zeitgleich...........0·53ˢ.

$\qquad$ Aenderung in $6·17^h = 6·17 \times 0·53 = 3·27ˢ$

Declin. am 15. im mittl. Greenw. Mittag.. $= 23^0\ 20′\ 49″$ N.

Die Declin. ist positiv und steigt daher.... $\qquad + 32·7″$

$\qquad \delta = 23^0\ 21′\ 21·7″$ N.

Zeitgleichung am 15. im mittl. Greenw. Mittag $= + 0^m\ 13·6ˢ$

Die Zeitgl. ist positiv und steigt daher .... $\qquad + 3·3$

$\qquad$ Zeitgleich. $= + 0^m\ 16·9ˢ$

In der Länge $3^h\ 25^m\ 39ˢ$ W. soll die Declination der Sonne für den wahren Mittag des 16. November 1872 gefunden werden.

$\qquad$ Wahre Ortszeit des wahren Mittags $\quad 0^h\ 0^m\ 0ˢ$

$\qquad\qquad$ Länge $\quad 3^h\ 25^m\ 39ˢ$ W.

$\qquad$ Greenw. Zeit des wahren Mittags $\quad 3^h\ 25^m\ 39ˢ = 3·43^h$.

$\qquad$ Stündliche Beweg. $= 36·5″$. $\qquad 36·5 \times 3·43 = 2′\ 5″$.

Declin. am 16. zur Zeit des wahr. Greenw. Mittags $= 18^0\ 54′\ 11″$ S.

Die Declin. ist negativ und steigt daher....... $\qquad - 2′\ 5″$

$\qquad \delta = 18^0\ 56′\ 16″$ S.

15. Die zweite Seite eines jeden Monats enthält den Halbmesser der Sonne im mittleren Mittage und die dem mittleren Mittage entsprechende Greenwicher Sternzeit; ferners die Durchgangszeit des Mondes durch den Meridian, den Halbmesser und die Horizontalparallaxe des Mondes für den mittleren Mittag und mittlere Mitternacht.

Die Aenderung des Sonnenhalbmessers ist so gering, dass man denselben directe aus der Efemeride für jenen mittleren Mittag entnimmt, welcher der Beobachtungszeit am nächsten ist.

Die Sternzeit im mittleren Mittag gibt die Rectascension der mittleren Sonne an; selbe wird gebraucht, um eine gegebene mittlere Zeit in Sternzeit oder umgekehrt zu verwandeln. Es wäre die mittlere Zeit M in Sternzeit zu verwandeln. Vor Allem wird die gegebene mittlere Zeit durch Anbringung der Längendifferenz auf den Greenwicher Meridian reducirt. Nachdem der Anfang des mittleren Tages um $0^h\ 0^m\ 0ˢ$ mittlere Zeit ist und die Zeit im astronomischen Sinne fortlaufend von 0 bis 24 gezählt wird, so gibt M die seit dem mittleren Mittage verflossene mittlere Zeit an. Verwandelt man M nach der in Nr. 12 angegebenen Art in Sternzeit, so bekommt man das Intervall M in Sternzeit ausgedrückt, d. i. die seit dem mittleren Mittage verflossene Sternzeit. Addirt man dieses Sternzeitintervall zur Sternzeit des mittleren Mittages, die man der Efemeride entnimmt, so ist das Resultat die dem Augenblicke M entsprechende Greenwicher Sternzeit und durch Anbringung der Längendifferenz die gesuchte Sternzeit.

Zieht man bei der umgekehrten Aufgabe die gegebene und in Greenwicher Sternzeit verwandelte Ortssternzeit von der Sternzeit des mittleren Mittages ab, so erhält man die seit dem mittleren Mittage verflossene Sternzeit oder das Sternzeitintervall. Wird dieses Intervall nach Nr. 12 in mittlere Zeit verwandelt, so erhält man die seit dem mittleren Mittage verflossene mittlere Zeit, oder weil der Beginn des mittleren Mittages um 0^h 0^m 0^s ist, directe die der gegebenen Sternzeit entsprechende mittlere Greenwicher Zeit.

Um nicht jedesmal die ganze Rechnung für derartige Verwandlungen ausführen zu müssen, befinden sich im Anhang der Efemeride die Tabellen III und IV.

Beispiele. Am 10. September 1872 soll in der Länge 1^h 56^m O. die Sternzeit, welche der mitteren Zeit 8^h 39^m $27\cdot8^s$ entspricht, gefunden werden.

Gegebene mittl. Zeit 8^h 39^m $27\cdot8^s$

Längendifferenz.... 1^h 56^m Ost

Mittl. Greenw. Zeit 6^h 43^m $27\cdot8^s$

nach Tab. III der Efemeride
$$\begin{cases} 6^h = 6^h\ \ 0^m\ 59\cdot14^s \\ 43^m = \ \ \ 43^m\ \ 7\cdot06^s \\ 27^s = \ \ \ \ \ \ 27\cdot07^s \\ 0\cdot8^s = \ \ \ \ \ \ \ \ 0\cdot80^s \end{cases}$$

Sternzeitintervall . 6^h 44^m $34\cdot07^s$

In der Efemeride findet man die Stzt. im mittl. Mittag . 11^h 19^m $18\cdot30^s$

Greenw. Sternzeit . 18^h 3^m $52\cdot37^s$

Längendifferenz... 1^h 56^m Ost

Gesuchte Orts-Stzt. 19^h 59^m $52\cdot37^s$

Anm. Für Zehntel von Secunden ist die Verwandlung nicht nothwendig.

Am selben Tag und in derselben Länge soll die mittlere Zeit, welche der Sternzeit 19^h 59^m $52\cdot37^s$ entspricht, gefunden werden.

$$
\begin{array}{llr}
\text{Gegebene Sternzeit} \ldots\ldots\ldots & 10^h\ 59^m\ 52{\cdot}37^s \\
\text{Länge} & 1^h\ 56^m\qquad \text{O.} \\
\hline
\text{Greenw. Sternzeit} \ldots\ldots\ldots & 18^h\ \ 3^m\ 52{\cdot}37^s \\
\text{Sternzeit im mittl. Mittag} & 11^h\ 19^m\ 18{\cdot}30^s \\
\hline
\text{Sternzeitintervall}\ldots \ldots\ldots\ldots & 6^h\ 44^m\ 34{\cdot}07^s
\end{array}
$$

$$
\text{nach Tab. IV der Efemeride}
\left\{
\begin{array}{rcr}
6^h & = & 5^h\ 59^m\ \ 1{\cdot}02^s \\
44^m & = & 43^m\ 52{\cdot}79^s \\
34^s & = & 33{\cdot}91^s \\
0{\cdot}07 & = & 0{\cdot}07^s
\end{array}
\right.
$$

$$
\begin{array}{lcr}
\text{Mittlere Greenwicher Zeit} & = & 6^h\ 43^m\ 27{\cdot}79^s \\
\text{Länge}\ldots\ldots\ldots\ldots & = & 1^h\ 56^m\qquad \text{Ost.} \\
\hline
\text{Gesuchte mittlere Ortszeit} & = & 8^h\ 39^m\ 27{\cdot}79^s
\end{array}
$$

16. Die Culminationszeit des Mondes bedarf einer eigenen Berechnungsart. Culminirt der Mond für einen Ort, dessen Länge L^h O. v. Gr. ist, so hat derselbe für Greenwich den östlichen Stundenwinkel von L^h, d. h. er wird nach L^h in Greenwich culminiren. Culminirt aber der Mond an einem Ort, dessen Länge L^h W. v. Gr. ist, so ist er schon vor L^h durch den Greenwicher Meridian gegangen. Befindet sich endlich der Mond im Greenwicher Meridian, so ist er vor L^h durch den Meridian des östlichen Ortes passirt und wird erst nach L^h durch jenen des westlichen Ortes gehen. Kennt man daher die Greenwicher Zeit des Meridiandurchganges in Greenwich für einen bestimmten Tag, so braucht man nur noch zu ermitteln, in welcher Zeit der Mond den der Längendifferenz entsprechenden Bogen von L^h durchlaufen wird, um durch Anbringung derselben an die Greenwicher Zeit des Meridiandurchganges die Greenwicher Zeit der Ortsculmination zu erhalten.

Die Efemeriden enthalten die Zeit der Greenwicher Culmination für jeden Tag des Monats; betrachtet man einige aufeinander folgende Angaben der Mondesculmination, so findet man, dass der Mond täglich um ein gewisses Mass, im Mittel um etwa 50^m später culminirt, oder anders ausgedrückt, dass er den Bogen von 360° in einem grösseren Zeitraume als in 24 Stunden, in $24^h + V$ zurücklegt. Man nennt die Grösse V die tägliche Verspätung der Mondesculmination und erhält dieselbe aus der Efemeride, wenn man die Mondesculmination des gegebenen Tages, bei östlicher Länge von jener des vorhergehenden, bei westlicher von jener des darauffolgenden Tages abzieht. Unter Voraussetzung einer regelmässigen Bewegung des Mondes kann man folgende Proportion aufstellen:

$$24 : 24 + V = L : x,$$

woraus folgt:

$$x = \frac{(24 + V)\,L}{24} = L + \frac{V L}{24}.$$

Der Mond braucht also zur Zurücklegung des Stundenwinkels von L Stunden die Zeit $L + \frac{V L}{24}$, wobei L in Stunden und Decimaltheilen von Stunden, V aber in Minuten ausgedrückt ist, um die Correction gleichfalls in Minuten zu erhalten.

Ist T die Efemeridenzeit der Greenwicher Culmination, so ist nach dem Gesagten der Ausdruck für die Greenwicher Zeit der Ortsculmination:

$$\text{bei Westlänge} \ldots\ldots\ T + L + \frac{V L}{24}$$

$$\text{bei Ostlänge} \ldots\ldots\ T - L - \frac{V L}{24}.$$

Um schliesslich die Ortszeit der Culmination zu erhalten, hat man noch die Längendifferenz anzubringen. Die Schlussformel für die Ortszeit der Mondesculmination ist daher:

$$\text{bei Ostlänge} \ldots\ldots\ T - \frac{V L}{24}$$

$$\text{bei Westlänge} \ldots\ldots\ T + \frac{V L}{24}.$$

Beispiel. In der Länge $5^h\ 44^m$ O. v. Gr. soll die Mondesculmination für den 15. März 1872 gefunden werden.

Greenw. Culm. am 14......$4^h\ 12{\cdot}6^m$ $\qquad L = 5{\cdot}73$

„ „ „ 15......$5^h\ 0{\cdot}3^m$ $\qquad V L = 5{\cdot}73 \times 47{\cdot}7 = 271{\cdot}9^m$

$V = 47{\cdot}7^m$ $\qquad \frac{V L}{24} = 11{\cdot}3^m$

Greenw. Zeit der Culm. in Greenw. am 15. $= 5^h\ 0{\cdot}3^m$

$$\frac{V L}{24} = -\ 11{\cdot}3^m$$

Gesuchte Ortszeit der Culmination .... $4^h\ 49{\cdot}0^m$

Wäre im selben Beispiel die Länge West, so hätte man:

Greenw. Culm. am 15. $\qquad 5^h\ 0.3^m \qquad\qquad L = 5{\cdot}73$

„ „ „ 16...... $5^h\ 49{\cdot}1^m \qquad\quad V = 48{\cdot}8$

$V = 48{\cdot}8^m \qquad \frac{V L}{24} = \ +\ 11{\cdot}6^m$

$$T = \quad 5^h\ \ 03{\cdot}^m$$

Gesuchte Ortszeit der Culmination .... $5^h\ 11{\cdot}9^m$

In Folge der täglichen Verspätung wird es in jedem Monate einen Tag geben, an welchem keine Mondesculmination stattfindet und zwar ist dies bei jedem Neumonde der Fall. Ist die Verspätung am Tage der soeben erwähnten Mondesfase $V = a + b$ und culminirt der Mond um a Minuten vor dem Mittage des einen Tages, so wird er am nächsten Tag um b Minuten nach demselben durch den Meridian gehen, folglich ein Tag ohne Mondesculmination bleiben. Um für diesen Fall die Verspätung zu erhalten, vermehrt man die Culminationszeit des folgenden Tages (beziehungsweise des vorhergehenden) um 24 Stunden und zieht dann selbe von der Culminationszeit des gegebenen Tages ab.

Die Horizontalparallaxe und der Halbmesser des Mondes werden durch einfache Interpolation für die gegebene Zeit erhalten. Die zwölfstündige Differenz ist in der Efemeride nicht angegeben und muss erst gebildet werden.

17. Seite III bis VI der Efemeride enthält die gerade Aufsteigung und die Abweichung des Mondes für alle Tage des Monats von 3 zu 3 Stunden. Zur Vereinfachung der Interpolation enthalten die Efemeriden die Aenderung dieser Grössen für ein Zeitintervall von 10 Minuten. Dividirt man daher den in Minuten verwandelten Unterschied der nächst kleineren Zeit der Efemeride und der gegebenen durch 10, und multiplicirt man die so erhaltene Zahl mit der Tabellendifferenz, so erhält man die an die entsprechende Grösse der Efemeride anzubringende Correction. Bezüglich des Zeichens der Correction gilt dasselbe, was bei der Declination und geraden Aufsteigung der Sonne gesagt wurde.

Beispiel. In der Länge 0^h $59 \cdot 6^m$ O. v. Gr. soll für den 12. November 1872 um 17^h 19^m 23^s die Rectascension und Declination des Mondes gefunden werden.

Gegebene Zeit......	17^h 19^m 23^s
Länge.....................	0^h 59^m 36^s
Greenwicher Zeit	16^h 19^m 47^s
Nächst kleinere Zeit der Efemeride..	15^h
Differenz	1^h 19^m $47^s = 79 \cdot 8^m$

oder $7 \cdot 98 = 8 \cdot 0$ Zehner von Minuten.

Tabellendifferenz für Rectascension....$20 \cdot 61^s$, für δ....$144 \cdot 8''$

$$\frac{20 \cdot 61 \times 8 \cdot 0}{164 \cdot 88^s = 2^m\ 44 \cdot 9^s} \qquad \frac{144 \cdot 8 \times 8 \cdot 0}{1158 \cdot 4 = 19'\ 18''}$$

22

Am 12. um 15ʰ Rectascens.	1ʰ 38ᵐ 50·0ˢ	$\delta = + 6^0 47' 24''$
Correction	+ 2ᵐ 44·9ˢ	+ 19' 18''
Gesuchte Grössen $\alpha =$	1ʰ 41ᵐ 34·9ˢ	$\delta = + 7^0 6' 42''$

Am Schlusse der sechsten Seite befinden sich die Greenwicher Zeiten der Mondesfasen, sowie die Zeiten der Erdnähe und der Erdferne des Mondes. Auf derselben Seite sind die Greenwicher Zeiten der Ein- und Austritte der Jupitertrabanten angegeben. Unter Ein- und Austritt der Jupitertrabanten versteht man den Augenblick, in welchem diese Trabanten in dem Kernschatten des Jupiters verschwinden, beziehungsweise den Augenblick des Austrittes aus dem Kernschatten.

18. Seite VII und VIII enthalten die gerade Aufsteigung, die Declination, dann den Halbmesser und die Horizontalparallaxe der vier grössten Planeten für den mittleren Greenwicher Mittag, ferner die mittlere Greenwicher Zeit des Meridiandurchganges derselben. Die Interpolation geschieht wie bei der geraden Aufsteigung und Abweichung der Sonne, mit dem Unterschiede, dass hier die stündliche Bewegung nicht angegeben, sondern erst durch Division der ganzen Differenz durch 24 zu finden ist.

19. Die Seiten IX bis XIV enthalten die vorausberechneten Distanzen des Mondes von der Sonne und von gewissen grösseren Gestirnen in Intervallen von 3 zu 3 Stunden mittlerer Greenwicher Zeit. Diese Tafeln werden benützt, um mit Hilfe einer beobachteten Distanz die entsprechende Greenwicher Zeit zu erhalten.

Selten wird die gegebene Distanz in den Efemeriden genau enthalten sein und man wird daher auch hier interpoliren müssen. Bezeichnet man den Unterschied der zwei Distanzen der Efemeride, zwischen welche die beobachtete fällt, mit d, ferner mit d' den Unterschied zwischen der beobachteten Distanz und jener, welche der Zeit nach voranging, so erhält man unter der Voraussetzung, dass die Aenderung der Distanz der Zeitänderung proportional ist:

$$d : d' = 10800^s : x^s,$$

wobei 10800ˢ = 3 Stunden die der Aenderung d, x die der Aenderung d' entsprechenden Zeiträume sind. Aus der aufgestellten Proportion folgt:

$$x = \frac{10800}{d} \, d'$$

oder logarithmisch:

$$3)\quad log\, x = log\, \frac{10800}{d} + log\, d'.$$

Die Efemeride vereinfacht diese Rechnung dadurch, dass sie den $log \frac{10800}{d}$ unter dem Namen **Proportional-Logarithmus**, dessen Charakteristik nicht angegeben, da sie immer Null ist, enthält.

Beispiel. Am 5. März 1872 wurde in der Länge 1^h 36^m 40^s W. die wahre Distanz des Mondes von der Sonne 45^0 $0'$ $45''$ gefunden. Welche ist die diesem Augenblicke entsprechende Greenw. Zeit?

Distanzen der Efemeride, zwischen welche die beobachtete fällt:

Zeit	Distanz	Prop. log.	Beobachtete Distanz
XV^h	46^0 $8'$ $25''$	0·2521	
XVIII^h	44^0 $27'$ $41''$	0·2521	$\cdots\cdots 45^0$ $0'$ $45''$.

An Zeit vorangehende Distanz 46^0 $8'$ $25''$

Beobachtete   „ 45^0 $0'$ $45''$

$$d' = 1^0\ 7'\ 40''.$$
$$= 4060''$$

(XV^h) *Prop. log* 0·2521

log d' 3·60853

$log\ x = 3·86063$

$x = 7255·0'' = 2^h\ 54^m$

$+\ XV^h$

17^h 54^m Greenw. Zeit der Distanzbeobacht.

20. Die gemachte Voraussetzung, dass die Aenderung der Distanzen den entsprechenden Zeitänderungen proportional sei, ist jedoch nicht zulässig. Betrachtet man eine Reihe von Distanzen desselben Gestirnes, so überzeugt man sich, dass dieselben keine arithmetische Reihe erster Ordnung bilden; es wird daher nothwendig sein, die Interpolation mit Berücksichtigung der zweiten Differenzen vorzunehmen.

Es seien A, B, C die aufeinander folgenden Angaben der Efemeride und t, $t + i$, $t + 2i$ deren entsprechende Zeiten. Indem die Distanzen von der Zeit abhängen, somit Functionen dieser letzteren sind, so ist, ohne die Beschaffenheit dieser Functionen näher zu untersuchen, allgemein:

$$A = f(t)$$
$$B = f(t + i)$$
$$C = f(t + 2i)$$

Es handle sich nun für eine Zeit $t + h$, welche zwischen den Zeiten t und $t + i$ liegt, das entsprechende Element der Efemeride a zu finden, also $a = f(t + h)$ zu bestimmen. Nach der Taylor'schen Reihe entwickelt, ist:

$$a = f(t + h) = f(t) + h\,f'(t) + \frac{h^2}{2}\,f''(t) +$$

wobei $f'(t)$, $f''(t)$ den ersten und zweiten Differentialquotienten von $f(t)$ bedeuten. Diese beiden Grössen sind, nachdem die Beschaffenheit der $f(t)$ hier nicht bekannt ist, auch unbekannt und handelt es sich vorläufig um ihre Bestimmung. Entwickelt man auch B und C nach der Taylor'schen Reihe, so ist:

$$\alpha)\ \ A = f(t)$$

$$\beta)\ \ B = f(t + i) = f(t) + i\,f'(t) + \frac{i^2}{2}\,f''(t)$$

$$\gamma)\ \ C = f(t + 2i) = f(t) + 2i\,f'(t) + 2i^2\,f''(t)$$

Subtrahirt man von Gleichung $\gamma)$ die Gleichung $\beta)$ und von Gleichung $\beta)$ die Gleichung $\alpha)$, so erhält man:

$$C - B = i\,f'(t) + \frac{3}{2}\,i^2\,f''(t)$$

$$B - A = i\,f'(t) + \frac{i^2}{2}\,f''(t)$$

Zieht man die letzten zwei Gleichungen von einander ab und bezeichnet den Unterschied $(C - B) - (B - A)$ mit $\triangle_2$, so ist:

$$\triangle_2 = i^2\,f''(t)$$

woraus folgt:

$$\delta)\ \ f''(t) = \frac{\triangle_2}{i^2}.$$

Bezeichnet man die Differenz $(B - A)$ mit $\triangle_1$, und setzt für $f''(t)$ den Werth $\delta)$, so erhält man:

$$\triangle_1 = i\,f'(t) + \frac{i^2}{2}\,\frac{\triangle_2}{i^2} = i\,f'(t) + \frac{\triangle_2}{2},$$

woraus:

$$\varepsilon)\ \ f'(t) = \frac{\triangle_1 - \frac{\triangle_2}{2}}{i}.$$

$\triangle_1$ und $\triangle_2$ können aus der Efemeride entnommen werden, i bedeutet das Zeitintervall zwischen den aufeinander folgenden Angaben der Efemeride, also 3 Stunden $= 10800^s$.

Setzt man die eben gefundenen Werthe von $f'(t)$ und $f''(t)$ in die Gleichung für a ein, so ist:

$$a = A + h\,\frac{\triangle_1 - \frac{\triangle_2}{2}}{i} + \frac{h^2}{2}\,\frac{\triangle_2}{i^2},$$

und schreibt man für $\frac{h}{i} = n$:

$$a = A + n\,\triangle_1 - \frac{n}{2}\,\triangle_2 + \frac{n^2}{2}\,\triangle_2,$$

oder:

$$\eta) \quad a = A + n\,\triangle_1 + \frac{n\,(n-1)}{2}\,\triangle_2.$$

Bei den Monddistanzen ist nun a gegeben und h zu suchen; letztere Grösse ist in n enthalten und es wird daher nöthig, die Gleichung η) für n aufzulösen. Bezeichnet man die Differenz $a - A$ mit d, so ist:

$$d = n\,\triangle_1 + \frac{n\,(n-1)}{2}\,\triangle_2,$$

und

$$n\,\triangle_1 = d - \frac{n\,(n-1)}{2}\,\triangle_2,$$

oder:

$$n = \frac{d}{\triangle_1} - \frac{n\,(n-1)}{2}\,\triangle_2.$$

Da $n = \frac{h}{i}$, und $i = 3$ Stunden $= 10800^s$ ist, so erhält man für h:

$$h = 10800^s\,\frac{d}{\triangle_1} - \frac{n\,(n-1)}{2}\,\triangle_2\,10800^s.$$

Ueber den ersten Ausdruck der rechten Seite — das annähernde Zeitintervall — wurde bereits gesprochen (Nr. 19). Der zweite Theil $\frac{n\,(n-1)}{2}\,10800^s\,\triangle_2$ bedeutet die an das genäherte Zeitintervall, der zweiten Differenzen wegen, anzubringende Correction. Das n, welches in dieser Correction vorkommt, kann aus dem genäherten Zeitintervall abgeleitet werden, wenn man aus $n = \frac{h}{i}$ und $h = 10800\,\frac{d}{\triangle_1}$, für $n = \frac{d}{\triangle_1}$ setzt. Bezeichne man diesen Werth von n mit n', und die kleine Grösse $\triangle_2$ als Aenderung von $\triangle_1$ mit $\delta\,\triangle_1$, so hat man, weil $\frac{\delta\,\triangle_1}{\triangle_1} = \delta\,log_n\,\triangle_1$ ist:

$$h = \frac{10800\,d}{\triangle_1} - \frac{n'\,(n'-1)}{2}\,\delta\,log_n\,\triangle_1\,10800.$$

Es ist nun $log\,\frac{10800}{\triangle_1} = prop.\,log\,\triangle_1 = log\,10800 - log\,\triangle_1$ und folglich $\delta\,prop.\,log\,\triangle_1 = -\,\delta\,log\,\triangle_1$. Da nun $\delta\,log_n\,\triangle_1 = \frac{\delta\,log\,\triangle_1}{0\cdot43429} = -\,\frac{\delta\,prop.\,log\,\triangle_1}{0\cdot43429}$, so folgt:

$$h = \frac{d}{\triangle_1}\,10800 + \frac{n'\,(n'-1)\,\delta\,prop.\,log\,\triangle_1}{2.\quad 0{\cdot}43429}\,10800.$$

Weil immer $n' < 1$ ist, so wird besser $-(1-n')$ statt $(n'-1)$ gesetzt, wodurch man zur Schlussgleichung:

$$4)\quad h = \frac{d}{\triangle_1}\,10800 - \frac{n'\,(1-n')}{2}\,\frac{10800}{0{\cdot}43429}\,\delta\,prop.\,log\,\triangle_1$$

gelangt.

Die Correction für die zweiten Differenzen besteht aus dem constanten Factor $\frac{10800}{2.\ 0{\cdot}43429}$ und aus den beiden Veränderlichen $n'\,(1-n')$ und $\delta\,prop.\,log\,\triangle_1$. Das Jahrbuch enthält eine Tabelle (Tab. I), in welcher diese Correction für verschiedene Werthe dieser beiden Veränderlichen enthalten ist. $\delta\,prop.\,log\,\triangle_1$ ist die Differenz zweier aufeinander folgenden Proportional-Logarithmen und von 2—142 in der Tabelle enthalten. Sollte diese Aenderung mehr als 142 betragen, so sucht man mit einem Bruchtheil dieses Betrages die entsprechende Zahl in der Tabelle und multiplicirt die entnommene Grösse mit jener Zahl, durch welche $\delta\,prop.\,log\,\triangle_1$ dividirt wurde. Das zweite Argument n' ist der genäherte Zeitabstand. Der Ausdruck $-\frac{10800}{2 \times 0{\cdot}43429}\,n'\,(1-n')\,\delta\,prop.\,log\,\triangle_1$ wird positiv, wenn $\delta\,prop.\,log\,\triangle_1$ negativ ist, d. h. wenn die Proportional-Logarithmen abnehmen. Es geht daraus die Regel hervor, dass die Correction zum genäherten Zeitintervall zu addiren, wenn die Proportional-Logarithmen abnehmen, jedoch abzuziehen ist, wenn selbe zunehmen.

Beispiel. Am 23. August 1872 wurde in der Länge $0^h\ 59^m$ die wahre Distanz des Mondes vom Saturn $111^0\ 45'\ 20''$ gefunden. Welche ist die mittlere Greenwicher Zeit dieses Augenblickes:

$$\begin{aligned}
&\text{Distanz VI}^h\ 110^0\ 48'\ 27''\quad prop.\ log\ 2593\\
&\qquad\ \ \text{IX}^h\ 112^0\ 27'\ 31''\qquad\qquad\ \,,,\ \ 2612\\
&\hline
&\qquad\qquad\qquad\qquad\qquad\qquad\qquad\quad 19
\end{aligned}$$

Distanz um $6^h\ 110^0\,48'\,27''$
Gegeb. Dist. $111^0\,45'\,20''$ $\qquad\qquad prop.\ log\ \text{VI}^h\ 0{\cdot}25930$

$$d = \quad 56'\,53'' = 3413''.\quad log\ 3413 = 3{\cdot}53314$$
$$log\ x = 3{\cdot}79244$$
$$x = 6200{\cdot}7^s = 1^h 43^m 20{\cdot}7^s$$

Mit der Differenz der Proportional-Logarithmen 19, und dem genäherten Zeitintervall x, findet man aus Tab. I der Efemeride: Correction wegen der zweiten Differenzen 6^s und zwar zu subtrahiren, weil die Proportional-Logarithmen zunehmen. Man hat also:

$$\begin{array}{ll} \text{Genäherter Zeitabstand} & 1^{\mathrm{h}}\,43^{\mathrm{m}}\,20{\cdot}7^{\mathrm{s}} \\ \text{Correction} & 6{\cdot}0^{\mathrm{s}} \\ \hline \text{Genauer Zeitabstand} & 1^{\mathrm{h}}\,43^{\mathrm{m}}\,14{\cdot}7^{\mathrm{s}} \\ + \text{VI} & \\ \hline \text{Gesuchte Greenwicher Zeit} & 7^{\mathrm{h}}\,43^{\mathrm{m}}\,14{\cdot}7^{\mathrm{s}} \end{array}$$

21. Nach den bisher besprochenen sechszehn Seiten der Efemeride eines jeden Monats folgt eine Tabelle, welche die mittleren Orte der Hauptsterne durch ihre Declination und Rectascension für den 1. Jänner angibt. Behufs Interpolation enthält die Tabelle die jährliche Aenderung dieser Grössen. Eine andere Tabelle gibt die gerade Aufsteigung und Abweichung von 75 Fixsternen für jeden zehnten Tag des Jahres, für den Augenblick der oberen Culmination; da die Veränderung dieser Elemente in einem Tage ganz unmerklich ist, so können sie auch für jede andere Jahreszeit beibehalten werden.

Die übrigen Tafeln, welche den Anhang der Efemeride bilden, werden dort, wo sie zur Anwendung kommen, näher erklärt werden.

III. Höhencorrectionen.

A. Refraction.

22. Geht ein Lichtstrahl S (Fig. 11) von einem Mittel in ein anderes von verschiedener Dichte über, so wird er von seiner ursprünglichen Richtung abgelenkt. Wird durch jenen Punkt, in welchem der einfallende Strahl S die Trennungsebene zweier Mittel MN trifft, ein Perpendikel ab gezogen, so nennt man dieses Perpendikel das **Einfallsloth.** Das Einfallsloth liegt mit dem einfallenden und mit dem gebrochenen Strahl in einer Ebene. Geht ein Lichtstrahl von einem dünneren in ein dichteres Mittel über, so geschieht die Brechung derart, dass sich der gebrochene Strahl dem Einfallslothe nähert — er wird **zum Loth gebrochen, wie**

z. B. OS'; geht aber der Strahl von einem dichteren in ein dünneres Mittel über, so geschieht die Brechung vom Einfallslothe, wie z. B. OS''. Das Verhältniss zwischen dem Sinus des Einfallswinkels und dem Sinus des Brechungswinkels heisst der Brechungsexponent; letzterer bleibt für dieselben zwei Mittel immer gleich.

Aus diesen Gesetzen folgt unmittelbar, dass der Lichtstrahl eines Gestirnes beim Durchgehen durch die Trennungsfläche zwischen Weltäther und Atmosfäre gebrochen wird, und zwar, da die Atmosfäre das dichtere Mittel ist, zum Einfallsloth. Nachdem jedoch die Dichte der Atmosfäre gegen die Erdoberfläche zu, fortwährend wächst, so besteht dieselbe eigentlich aus unendlich vielen Schichten, durch welche der Strahl beständig gebrochen wird. Der Weg desselben ist daher eine Curve. Deshalb sieht der Beobachter das Gestirn S' (Fig. 12) in der Richtung der Tangente AS_2, welche

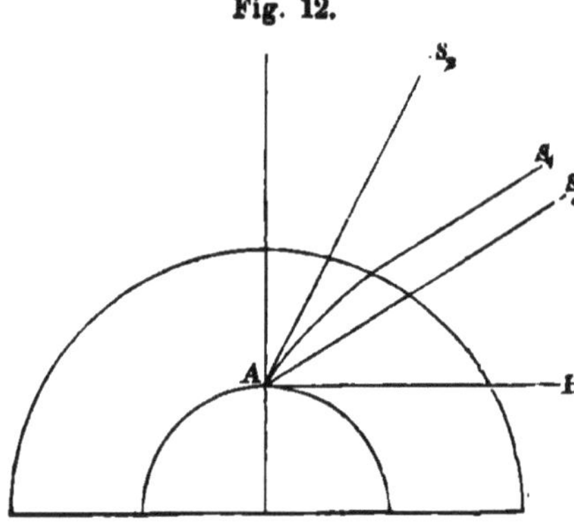

Fig. 12.

bei A an diese Curve gezogen ist. Das Gestirn erscheint also am Himmel in einer andern Lage, als in jener, welche es wirklich einnimmt. Der Beobachter in A misst daher die Höhe dieses Gestirnes $S_2 A H$ über dem scheinbaren Horizonte $A H$, während die wirkliche Höhe dem $\measuredangle\, S_3 A H$ entspricht. Die gemessene Höhe ist durch die Strahlenbrechung um den Winkel $S_2 A S_3$ zu gross. Weil jeder Lichtstrahl in der Atmosfäre zum Einfallsloth gebrochen wird, ist die hier gegebene Erklärung der Strahlenbrechung für die Lichtstrahlen aller Gestirne giltig, und somit jede gemessene Höhe um den Winkel $S_2 A S_3$, welchen man die astronomische Refraction nennt, zu gross.

Weil der einfallende und der gebrochene Strahl in einer Ebene liegen, in unserem Falle in der Ebene des Höhenkreises, bleibt die Lage dieser Ebene gegen den Meridian unverändert, d. h. das Azimuth des Gestirnes wird durch die Refraction nicht beeinflusst.

23. Um den Einfluss der Strahlenbrechung auf die Höhenwinkel in Rechnung zu bringen, ist es nothwendig, die Abhängigkeit der astronomischen Refraction von der Höhe durch Formeln auszudrücken oder erstere als Function der letzteren darzustellen. Um dies zu ermöglichen, wird von der continuirlichen Brechung der Strahlen innerhalb der Atmosfäre abgesehen und eine mittlere Dichte, also jeder Strahl als einmal gebrochen angenommen. Die Zenithlinie stellt für diesen Fall das Einfallsloth vor, die wahre Zenithdistanz den Einfallswinkel, und die scheinbare Zenithdistanz den Brechungswinkel.

Bezeichnet man die wahre Zenithdistanz mit z, die scheinbare mit z', und die astronomische Refraction mit ϱ, so ist $z = z' + \varrho$, und das Verhältniss $\frac{\sin(z' + \varrho)}{\sin z}$ constant. Bezeichnet z'' eine andere scheinbare Zenithdistanz und ϱ' die ihr zugehörige Refraction, so muss $\frac{\sin(z' + \varrho)}{\sin z'} = \frac{\sin(z'' + \varrho')}{\sin z''}$ sein. Wird $\sin(z' + \varrho)$ und $\sin(z'' + \varrho')$ entwickelt, und die Division durch $\sin z'$ und $\sin z''$ ausgeführt, so erhält man:

$$\cos \varrho + \sin \varrho \, cotg \, z' = \cos \varrho' + cotg \, z'' \sin \varrho'.$$

In Anbetracht der Kleinheit der Winkel ϱ und ϱ' kann die Einheit für den Cosinus und der Bogen für den Sinus gesetzt werden, wodurch obige Gleichung in:

$$\varrho \, cotg \, z' = \varrho' \, cotg \, z''$$

übergeht, woraus folgt:

$$\varrho = \varrho' \frac{tg \, z'}{tg \, z''}.$$

Aus vielen Beobachtungen hat man gefunden, dass die astronomische Refraction für 45° Höhe 57·7″ beträgt; werden diese Werthe für ϱ' und z'' eingesetzt, so ergibt sich:

$$\varrho = 57·7'' \, tg \, z',$$

nach welcher für jede beliebige Zenithdistanz die Refraction berechnet wird. Aus dieser Gleichung ist ersichtlich, dass ϱ um so grösser wird, je grösser z ist, dass die Refraction mit der Zenithdistanz zunimmt und die Höhe der Gestirne im Zenith unbeeinflusst bleibt, weil für $z = o$ auch $\varrho = o$ wird.

Die Erfahrung lehrte, dass die aufgestellte Gleichung $\varrho = 57·7 \, tg \, z'$ nur für Höhen von 90° bis zu 20° anwendbar ist, und dass für kleinere Höhen die Zenithdistanz um den dreifachen Betrag der Refraction zu vermindern ist. Man hat daher folgende Schlussformel:

$$5) \quad \text{für } h > 20° \ldots \varrho = 57·7 \, tg \, z'$$
$$\text{für } h < 20° \ldots \varrho = 57·7 \, tg \, (z' - 3\varrho).$$

Die Refraction findet man im nautischen Jahrbuch Tab. VII mit dem Argument „scheinbare Höhe". Diese vorausberechnete Refraction wird die mittlere Refraction genannt, weil sie für eine mittlere Dichte, d. h. für einen mittleren Barometerstand von 752 Millimeter und für eine Temperatur von 10° Celsius giltig ist. Für jeden anderen Luftdruck und für jede andere Temperatur ist an die mittlere Refraction eine Correction anzubringen.

24. Sind ϱ und ϱ' die zu den Barometerständen B und $B + \triangle B$ gehörigen Refractionen, so findet zwischen diesen Grössen folgende Proportion statt:

$$\varrho : \varrho' = B : B + \triangle B,$$

woraus:

$$\varrho' = \varrho + \frac{\varrho \cdot \triangle B}{B}$$

folgt. Ist ϱ die Refraction für den mittleren Barometerstand B, so ist für einen um $\triangle B$ verschiedenen Stand, an die mittlere Refraction die Correction $\frac{\varrho \cdot \triangle B}{B}$ anzubringen.

Da die atmosfärische Luft für eine Temperaturerhöhung von $1°$ R. um $\frac{1}{220}$ ihres Volumens zunimmt und nach dem Mariottschen Gesetze die Dichten der Gase sich umgekehrt wie ihre Volumina verhalten, die Refraction mit der Dichte der Atmosfäre jedoch gerade proportionirt ist, so folgt unmittelbar:

$$\varrho : \varrho' = 1 + \frac{\triangle t}{220} : 1,$$

wobei $\triangle t$ in Reaumur'schen Graden den Unterschied zwischen der beobachteten und der Temperatur, für welche die mittlere Refraction berechnet ist, bedeutet.

Aus der letzten Gleichung folgt:

$$\varrho' = \varrho \, \frac{1}{1 + \frac{\triangle t}{220}} = \varrho + \frac{220}{\triangle t}.$$

$\frac{220}{\triangle t}$ ist somit die wegen des Temperatur-Unterschiedes an die mittlere Refraction anzubringende Correction.

Beide Correctionen sind in Tab. VIII und IX des Jahrbuches enthalten.

Beispiel. Die Höhe der Sonne wurde $21° 15' 50''$ gemessen. Die Temperatur der Luft war $+ 19°$R., der Barometerstand 748 Millimeter. Es soll die Höhe für die Refraction corrigirt werden.

Gegebene Höhe 21° 15′ 50″
mittl. Ref. — 2′ 27″
Correction für Temperatur — — 7″
„ Barometer — — 1″
Von der Refraction corrigirte Höhe 21° 13′ 15″.

Mit der astronomischen Refraction ist die terrestrische nicht zu verwechseln. Letztere ist die Ablenkung eines Lichtstrahles, welcher von einem Punkte innerhalb der Atmosfäre kommt. Nach den Beobachtungen d'Alemberts beträgt sie ungefähr $\frac{1}{14}$ desjenigen Winkels, welchen die zum Beobachtungsorte und zum beobachteten Gegenstande gezogenen Erdradien bilden.

B. Kimmtiefe.

25. Der Meereshorizont wird in der nautischen Astronomie auch mit dem Namen **Kimm** bezeichnet.

Auf der See wird die Höhe der Gestirne über der Kimm gemessen. Die Höhe für diesen Fall ist durch den Winkel SAB (Fig. 13) gegeben, während die Höhe desselben Gestirnes über dem scheinbaren Horizont AH des Beobachters in A nur dem Winkel SAH gleich ist. Es ist somit die scheinbare Höhe SAH gleich der über der Kimm beobachteten SAB weniger Winkel HAB. Man nennt den Winkel HAB, d. i. der Winkel, den die vom Auge des Beobachters nach dem Seehorizont zu gezogene Gerade mit der Ebene des scheinbaren Horizontes einschliesst, die **Kimmtiefe** oder die **Depression des Horizontes**.

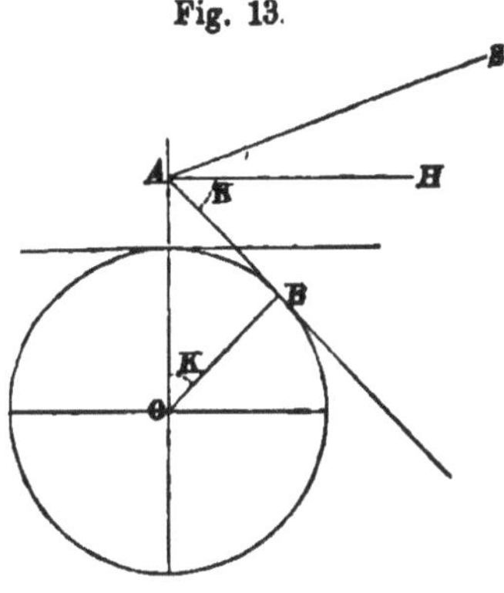

Fig. 13.

Um die Kimmtiefe als Function bekannter Grössen darzustellen, denke man sich durch A und B zwei Erdradien gezogen. Der $\angle HAB = \angle AOB$ ist die Kimmtiefe K. Aus $\triangle AOB$ hat man:

$$tg\,K = \frac{A'B}{BO}.$$

Bezeichnet man den Halbmesser der Erde mit R, die Höhe des Augpunktes mit h, so ist aus $\triangle ABO$:

und

$$AB = \sqrt{(R + h)^2 - R^2} = \sqrt{2Rh + h^2}$$

$$tg\,K = \frac{\sqrt{2Rh + h^2}}{R}$$

oder wenn h^2 im Verhältnisse zu R als unendlich kleine Grösse angesehen wird:

$$tg\,K = \frac{\sqrt{2Rh}}{R}.$$

Nun ist aber die trigonometrische Tangente eines kleinen Bogens durch den Bogen selbst ausgedrückt, gleich diesem Bogen multiplicirt mit $\frac{\pi}{10800}$, also in Anbetracht der Kleinheit des Winkels K:

$$tg\,K = K\,\frac{\pi}{10800}$$

und

$$K = \frac{10800}{\pi}\,\frac{\sqrt{2Rh}}{R}.$$

Durch die terrestrische Refraction wird der Winkel K um den dreizehnten Theil seines Werthes vergrössert und man beobachtet daher eine entferntere Kimm. Um diesen Fehler in Rechnung zu bringen, muss der Winkel K um $\frac{1}{13}\,K$ vermindert werden und man bekommt:

$$K = \frac{12}{13}\,\frac{10800}{\pi}\,\sqrt{\frac{2h}{R}}$$

oder:

$$K = \frac{12 \cdot 10800 \cdot \sqrt{2}}{13\,\pi}\,\sqrt{\frac{h}{R}},$$

wovon $\frac{12 \cdot 10800 \cdot \sqrt{2}}{13\,\pi}$ constant ist. Führt man die im constanten Factor angezeigte Rechnung durch und setzt man $R = 6377397 \cdot 151$ Meter, so resultirt:

$$6)\quad K = 1 \cdot 789\,\sqrt{h},$$

wo K in Secunden, h in Metern ausgedrückt ist. Tafel X der Efemeride enthält die Kimmtiefe für die Augeshöhe von $0 \cdot 5$ bis zu 20 Meter.

26. Im Falle die freie Kimm nicht sichtbar wäre, beobachtet man die Höhen der Gestirne über eine Strandlinie, deren Distanz vom Bord aus bekannt ist. Im schiefwinkligen Dreiecke zwischen Augpunkt A, Strandlinie B und Mittelpunkt der Erde C (Fig. 14) ist $\angle CAB$ das Complement des $\angle BAF$ und letzterer die gesuchte Kimmtiefe. Bezeichnet man die Distanz der Strandlinie vom

Fusspunkte des Beobachters BE mit E, so ist der Winkel BCE dieser Distanz in Bogenmass ausgedrückt gleich. Fällt man von B die Bm senkrecht auf die AC, so ist:

$$tg\, BAE = cotg\, BAF = \frac{Bm}{Am}$$

oder:

$$cotg\, BAF = \frac{Bm}{AC - mC}.$$

Aus $\triangle BmC$ ist:

$$Bm = BC \sin BCE$$

und

$$mC = BC \cos E.$$

Unter Beibehaltung der früheren Bezeichnung für Augeshöhe und Erdhalbmesser erhält man nach erfolgter Einsetzung obiger Werthe:

$$cotg\, BAF = \frac{R \sin E}{(R + h) - R \cos E}$$

und

$$tg\, BAF = \frac{h}{R \sin E} + tg\, \tfrac{1}{2} E.$$

Wird auf die Kleinheit der Winkel Rücksicht genommen und die terrestrische Refraction in Rechnung gebracht, so geht die strenge Gleichung in folgende Näherungsgleichung über:

$$7) \quad BAE = \tfrac{11}{13}\left(\frac{h}{RE} + \tfrac{1}{2} E\right).$$

Diese sogenannte scheinbare Kimmtiefe ist ebenfalls in Tafeln gebracht. Die Argumente zu dieser Tabelle sind die „Augeshöhe" und die „Distanz der Strandlinie", erstere in Metern, letztere in Seemeilen (Siehe Tab. V des Anhanges).

Beispiele. Die über dem Meereshorizonte beobachtete Höhe sei 35° 17′ 55″. Höhe des Auges 5·6 M.

$$\begin{aligned}
&\text{Beobachtete Höhe} \ldots\ldots\ldots\ldots\ldots\quad 35^\circ\ 17'\ 55'' \\
&\text{Tab. X der Efemeride } K \ldots\ldots\quad -\quad 4'\ 14'' \\
&\hphantom{\text{Tab. X der Efemeride }} h = \overline{35^\circ\ 13'\ 41''}
\end{aligned}$$

Die über eine $2^1/_2$ Seemeilen entfernte Strandlinie gemessene Höhe sei 21° 40′ 25″. Augeshöhe 4·5 M.

$$\begin{aligned}
&h' = 21^\circ\ 40'\ 25'' \\
&\text{Scheinbare Kimmtiefe}\quad -\quad 4'\ 42'' \\
&h = \overline{21^\circ\ 35'\ 43''}
\end{aligned}$$

C. Parallaxe.

27. Unter Parallaxe eines Gestirnes versteht man den Winkel, unter welchen ein Beobachter vom Gestirne aus, den Halbmesser der Erde sehen würde. Ist A (Fig. 15) ein Beobachter auf der Erdoberfläche und S ein Gestirn, so ist also der Winkel ASC die Parallaxe des Gestirnes. Es ist einleuchtend, dass die Parallaxe mit zunehmender Entfernung des Gestirnes von der Erde abnimmt. Die auf der Erdoberfläche gemessene Zenitbdistanz eines Gestirnes nennt man die beobachtete und wenn von Kimmtiefe und Refraction befreit die scheinbare Zenithdistanz zum Unterschied der wahren oder geocentrischen, welche sich auf den Mittelpunkt der Erde bezieht. Die in den nautischen Jahrbüchern angegebenen Orte der Gestirne beziehen sich immer auf den Mittelpunkt der Erde, während durch Beobachtung die jedesmalige Lage der Gestirne in Bezug auf den Beobachtungsort bestimmt wird. Um nun beobachtete und aus einer Efemeride genommene Grössen bei Lösung der nautisch-astronomischen Aufgaben mit einander verbinden zu können, reducirt man die ersteren durch Anbringung der Parallaxe auf das Centrum der Erde.

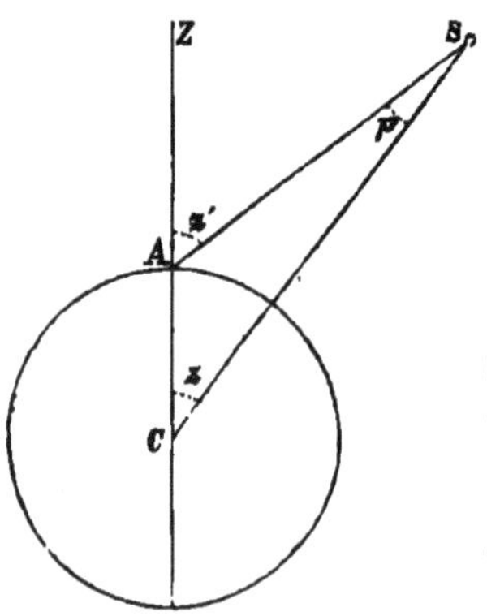

Bezeichnet man die Parallaxe mit p, die scheinbare Zenithdistanz des Gestirnes S für den Beobachter in A mit ε' und die geocentrische Zenithdistanz desselben Gestirnes mit ε, so wird, wie aus Fig. 15 zu ersehen, $\varepsilon' = \varepsilon + p$, oder wenn die Höhen eingeführt werden:

$$h' = h - p$$

und

$$8) \quad h = h' + p.$$

Die Parallaxe ist daher zur gemessenen Höhe stets zu addiren. Aus dem $\triangle ACS$ hat man:

$$\sin p : \sin \varepsilon' = AC : CS$$

und

$$\sin p = \frac{AC}{CS} \sin \varepsilon'.$$

Setzt man $AC = R$, $CS = d$ und berücksichtigt, dass p stets ein kleiner Winkel ist, so hat man:

$$p = \frac{R}{d} \sin z'.$$

Ist das Gestirn im Horizont, so ist $\sin z' = 1$ und

$$p = \frac{R}{d}.$$

Man nennt die Parallaxe der Gestirne im Horizonte die **Horizontalparallaxe** und bezeichnet sie mit π.

Weil die Parallaxe $p = \frac{R}{d} \sin z'$ ihren grössten Werth für $\sin z' = 1$ erreicht, so ist die grösste Parallaxe eines jeden Gestirnes die Horizontalparallaxe. Die Parallaxe nimmt also mit Zunahme der Höhe ab und wird 0 für $z' = 0$, d. h. wenn sich das Gestirn im Zenith befindet.

Setzt man in die Gleichung für p den Werth $\frac{R}{d} = \pi$ ein, so ist:

$$9)\quad p = \pi \sin z' = \pi \cos h'.$$

Die Grösse p heisst die **Höhenparallaxe**; man erhält sie demnach, wenn man die Horizontalparallaxe mit dem Cosinus der scheinbaren Höhe multiplicirt.

Für die Sonne findet man die Höhenparallaxe direct in Tab. XII des Jahrbuches mit den Argumenten „scheinbare Höhe" und „Monat". Tab. XIII gibt die Höhenparallaxe der Planeten an. Man entnimmt sie mit den Argumenten „Horizontalparallaxe und scheinbare Höhe". Für den Mond wird die Horizontalparallaxe des betreffenden Tages aus der Efemeride entnommen und die Höhenparallaxe aus $\pi \cos h'$ erhalten.

Beispiele. Die am 31. Mai 1872 beobachtete und von Kimmtiefe und Refraction befreite Höhe der Sonne ist $35^0\ 10'\ 30''$. Man soll die geocentrische Höhe finden.

$$h' = 35^0\ 10'\ 30''$$

$$\text{Tab. XIII der Efemeride} \quad p = +\ 7''$$

$$\overline{h = 35^0\ 10'\ 37''}$$

Es ist die geocentrische Höhe der Venus zu finden:

$$h' \text{ am 24. März 1872}\ \ldots\ldots\ 21^0\ 15'\ 35''$$

Aus der Efemeride bekommt man $\pi = 6{\cdot}1''$

Aus Tab. XIII der Efem. mit $\pi = 6{\cdot}1$ und $h = 21^0$

$$\text{findet man}\ \ldots\ldots\ldots\ldots\ldots\ldots\ldots\ p = \quad +\ 6''$$

$$\overline{h = 21^0\ 15'\ 41''}$$

Am 15. October 1872 um $5^h\ 27^m$ mittlere Ortszeit war in der Länge $0^h\ 59.6^m$ O. v. Gr., die scheinbare Höhe des Mondes $h' = 37^0\ 15'\ 25''$; es soll die wahre Höhe gefunden werden:

$$\text{Mittlere Ortszeit} \ldots\ldots\ldots\ldots\ldots\ 5^h\ 27^m$$
$$\text{Länge} \ldots\ldots\ldots\ldots\ldots\ldots\ldots\ 0^h\ 59.6^m$$
$$\text{Mittlere Greenwicher Zeit} \ldots\ldots\ldots\ 4^h\ 27.4^m$$

$$\pi\ \mathfrak{C}\ {}^{15}/_{10}\ 0^h \ldots 59'\ 3'' \ldots\ldots\ldots\ldots 59'\ 3''$$
$$12^h \ldots 58'\ 49'' \qquad \text{Correction} \qquad 5.4''$$

$$\text{Aenderung in } 12^h \ldots\ 14'' \qquad\qquad \pi = 58'\ 57.6'' = 3537.8''.$$

$$\frac{1.7 \times 4.5}{} = 5.4'' \text{ Aenderung in } 4^h\ 27.4^m.$$

$$\log \pi = 3.54873$$
$$\log \cos h' = 9.90087$$
$$\log p = 3.44960$$
$$p = 2815.8'' = \ldots\ldots\ldots\ 46'\ 55.8''$$
$$h' = \ldots\ldots\ 37^0\ 15'\ 25''$$
$$h = 38^0\ 2'\ 21''$$

Die erste Bestimmung der Parallaxe war mit grossen Schwierigkeiten verbunden. Schon im zweiten Jahrhundert n. Chr. bestimmte Ptolemäus von Alexandrien die Horizontalparallaxe des Mondes und fand die Entfernung des Mondes von der Erde 59 Erdhalbmesser.

Eine einfache und sichere Methode, die Mondparallaxe zu bestimmen, ist die von Lalande und Lacaille im Jahre 1751 angewendete. Danach ist die Entfernung der Erde vom Mond 59·94643 Halbmesser und die Horizontalparallaxe $0^0\ 58'\ 44.2''$. Wird der Mond von verschiedenen Punkten der Erdoberfläche aus zu gleicher Zeit beobachtet, so projecirt er sich auf der Himmelssfäre für jeden Beobachter verschieden; bestimmt man nun an zwei möglichst von einander entfernten, jedoch im gleichen Meridian liegenden Orten die Zenithdistanz desselben Mondrandes zur Zeit der Culmination, so kann daraus die Parallaxe wie folgt bestimmt werden. A und B (Fig. 16) seien zwei im gleichen Meridian liegende Orte, deren Zenithe Z und Z'; so ist die Zenithdistanz des südlichen Mondrandes L für den Ort B gleich $\measuredangle Z'BL$ und für

Fig. 16.

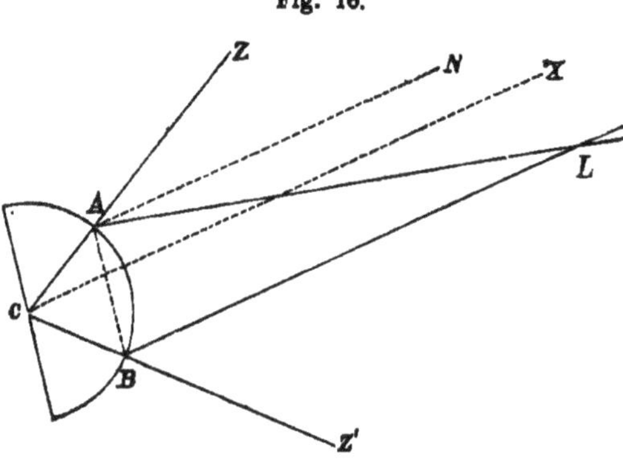

den Ort A $\measuredangle LAZ$. Wäre nun die Entfernung des Mondes von der Erde unendlich gross, so müssten auch die Visirlinien BL und AL mit einander parallel und $\measuredangle Z'BL + \measuredangle ZAL = \measuredangle BCA$ sein. Zieht man nämlich $CX \parallel BL \parallel AN$, so ist:

$$\measuredangle Z'BL = \measuredangle Z'CX$$
$$\text{und } \measuredangle ZAN = \measuredangle ACX$$

woraus $\measuredangle ZAN + \measuredangle Z'BL = \measuredangle ACX + \measuredangle Z'CX = \measuredangle BCA.$

Aus der Figur ersieht man ferners, dass $\measuredangle BLA = \measuredangle NAL$ gleich dem Unterschiede zwischen der Summe der beobachteten Zenithdistanzen und dem Winkel ACB ist. Der Winkel BLA, unter welchem man vom Monde aus die Sehne AB beobachten würde, ist somit bekannt und ebenso die Länge der Sehne AB. Im $\triangle ABL$ sind die Winkel und die Seite AB bekannt, somit kann daraus die Distanz des Mondes von der Erde, sowie die Horizontalparallaxe des Mondes berechnet werden.

Die Parallaxe der Sonne ist so klein, dass die Bestimmung derselben äusserst schwierig war. Die directe Bestimmung aus gleichzeitigen Zenithdistanzen ist hier gar nicht anwendbar. Indirect versuchte Aristarch von Samos eine Methode durch Messung einer Winkeldistanz zwischen der Sonne und dem Mond, als der Mond genau zur Hälfte erleuchtet war. Er fand die Sonnenparallaxe gleich 3′, Hipparch wollte sie durch Messung der Grösse des Erdschattens zur Zeit einer Mondesfinsterniss ableiten, erhielt aber auch nur einen genäherten Werth. Die Methode Aristarch's von Samos besteht in Folgendem:

Sind S, M und E (Fig. 17) die Sonne, der Mond und die Erde, so ist der Mond dann genau zur Hälfte erleuchtet, wenn $\measuredangle SME = 90°$ ist. Bestimmt man für diesen Augenblick den Winkel SEM durch Messung, so ist im rechtwinkligen Dreieck SME der Winkel β und die Seite ME bekannt; es lässt sich daraus die Distanz der Erde von der Sonne $SE = d$ und somit die Horizontalparallaxe der Sonne $\left(\dfrac{R}{d}\right)$ bestimmen. Die Ungenauigkeit der Beobachtung besteht darin, dass der Augenblick, in welchem am Mond die Grenze zwischen Licht und Schatten genau eine gerade Linie wird, sehr schwer wahrzunehmen ist.

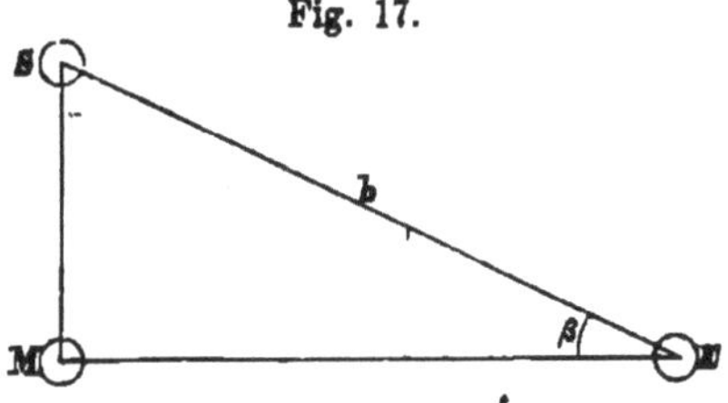

Ebenso kann die Entfernung solcher Sterne, welche zeitweise der Erde näher kommen (Mars, Venus) bestimmt und aus diesen Distanzen dann mit Hilfe der Keppler'schen Gesetze die Horizontalparallaxe der Sonne gerechnet werden. Nach dem dritten Keppler'schen Gesetze verhalten sich die Quadrate der Umlaufszeiten der Planeten wie die dritten Potenzen der mittleren Abstände von der Sonne. Ist nun der Abstand eines Planeten von der Sonne, die Umlaufszeit der Erde, sowie jene des Planeten bekannt, so kann die Entfernung der Erde von der Sonne leicht bestimmt werden. Die Verhältnisse der Entfernungen der Planeten von der Sonne sind seit Copernicus (1543) bekannt. Aus dem Dreiecke zwischen Sonne, Planet und Erde kann man den Winkel an der

Erde durch Beobachtung, jenen an der Sonne aus der Bewegung des Planeten
bestimmen und endlich aus dem bekannten Verhältniss der Distanz des Planeten
von der Sonne auf jene von der Sonne zur Erde und somit auf die Horizontalparallaxe der Sonne schliessen. So fand Keppler im 17. Jahrhundert, dass die
Horizontalparallaxe der Sonne bedeutend kleiner sein müsse als 3'. Erst 1672
wurde dieselbe durch genauere Beobachtungen des Planeten Mars als 9—10"
betragend herabgesetzt.

Die vorzüglichste und genaueste Methode zur Bestimmung der Horizontalparallaxe der Sonne ist die Beobachtung des Venusdurchganges. Zu gewissen
Zeiten sieht man die Venus als einen völlig schwarzen, scharf begrenzten run-
den Fleck vor der Sonnenscheibe vorüber gehen. Aus der in verschiedenen
Stationen beobachteten Zeit, welche die Venus zum scheinbaren Durchgange
braucht, lässt sich die Horizontalparallaxe bestimmen. Im Jahre 1769 bestimmte
man die Grösse der Horizontalparallaxe der Sonne auf diese Art und fand
sie $= 8{\cdot}57''$.

28. In dem bisher über Parallaxe Gesagten wurde die Erde
immer als kugelförmig angesehen, eine Annahme, die wegen der
Kleinheit der Parallaxe der Sonne und der Planeten gestattet ist.
Beim Mond jedoch erreicht die Horizontalparallaxe einen bedeuten-
den Werth und daher muss auf die ellipsoidische Gestalt der Erde
Rücksicht genommen werden.

Ist $ABA'B'$ ein elliptischer Meridian der Erde, so ist, wenn
ZMN (Fig. 18) die Normale des Punktes M, Z das geografische,

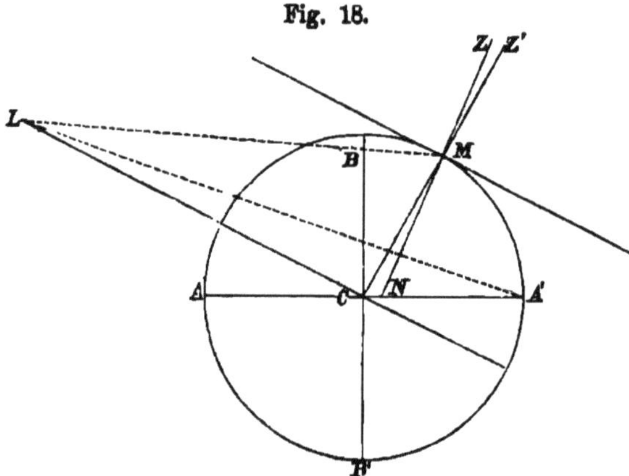

Fig. 18.

Z' das geocentrische Zenith dieses Punktes vorstellt, MNA' seine
geografische und MCA' seine geocentrische Breite. Bei Berücksichtigung der ellipsoidischen Gestalt der Erde ist die Horizontalparallaxe der Winkel, unter welchem man den Radiusvector im
Augenblicke, wo sich der Mond im Horizont befindet, von dort aus
sieht. Ist der Mond jedoch in L, so ist der Winkel CLM, unter

welchem man den Radiusvector CM vom Monde aus sieht, ein anderer als jener CLA', unter welchem man die grosse Achse des elliptischen Meridianes beobachten würde. Da die Efemeriden nur letzteren Winkel für den Augenblick des Auf- oder Unterganges unter dem Namen Aequatorial-Horizontalparallaxe gibt, so muss ersterer aus demselben gerechnet werden.

Weil die halbe kleine Achse einer Ellipse zugleich den kleinsten, die halbe grosse Achse den grössten Radiusvector vorstellt, so haben die Polbewohner die kleinste (α Fig. 19), die Aequatorbewohner die grösste (β) Horizontalparallaxe. Je mehr sich ein Punkt der Ellipse der grossen Achse nähert, desto grösser wird sein Radiusvector sein. Daher ist die Horizontalparallaxe von der geografischen Breite abhängig und um so grösser, je kleiner die Breite ist.

Um die der Efemeride entnommene Aequatorial-Horizontalparallaxe Π in die Horizontalparallaxe π eines beliebigen Ortes zu verwandeln, wobei die Entfernung des Mondes vom Mittelpunkt der Erde r, der Radiusvector des fraglichen Punktes ϱ und die halbe grosse Achse des elliptischen Meridians a seien, wird folgendermassen vorgegangen.

Nach der gegebenen Erklärung der Aequatorial-Horizontalparallaxe ist:

$$sin\,\Pi = \frac{a}{r} \quad \text{und} \quad sin\,\pi = \frac{\varrho}{r},$$

woraus:

$$sin\,\pi = \frac{\varrho}{a}\,sin\,\Pi$$

und da π und Π so kleine Grössen sind, dass an Stelle des Sinus der Bogen eingeführt werden kann:

$$\pi = \Pi\,\frac{\varrho}{a}.$$

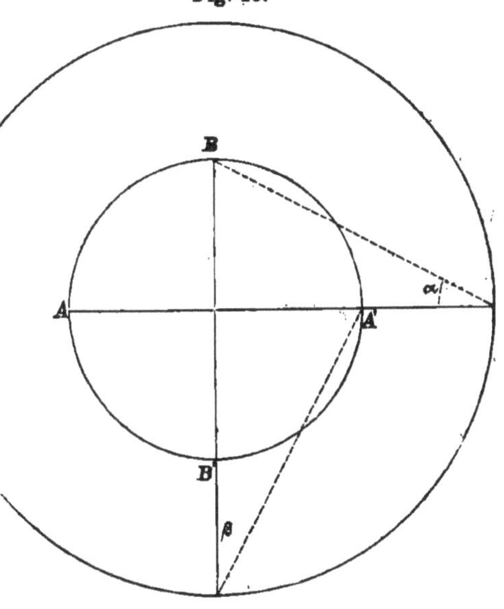
Fig. 19.

Unter Nr. 4 wurde das Verhältniss $\frac{\varrho}{a}$ als Function der geografischen und geocentrischen Breite ausgedrückt durch:

$$\frac{\varrho}{a} = \sqrt{\frac{\cos\varphi}{\cos\varphi'\cos(\varphi-\varphi')}},$$

oder als Function der geografischen Breite allein:

$$\frac{\varrho}{a} = 1 - \tfrac{1}{300}\,\sin^2\varphi.$$

Wird dieser Werth in $\pi = \Pi\,\frac{\varrho}{a}$ eingesetzt, so folgt:

$$10)\quad \pi = \Pi\,(1 - \tfrac{1}{300}\,\sin^2\varphi).$$

Um aus der Aequatorial-Horizontalparallaxe die Horizontalparallaxe für eine beliebige Breite φ zu finden, muss an selbe die Correction $\tfrac{1}{300}\Pi\sin^2\varphi$ angebracht werden. Diese Correction kann mit den Argumenten Π und φ der Tab. XVIII der Efemeride entnommen werden.

Beispiel. Für $\Pi = 56'\,40''$ soll in $\varphi = 42^0$, π gefunden werden.

Mit Π und φ findet man aus Tab. XVIII der Efem...... $-\ 5''$

Π..... $56'\,40''$

$\pi = 56'\,35''$

mit welchem Werth die Höhenparallaxe zu berechnen ist.

29. Handelt es sich um genauere Rechnungen (bei Monddistanzen), so muss nach Anbringung aller übrigen Correctionen die Zenithdistanz auch wegen der ellipsoidischen Gestalt der Erde corrigirt, d. h. auf das geocentrische Zenith bezogen werden. Ist P der sichtbare Pol, Z das geographische, Z' das geocentrische Zenith eines Ortes M (Fig. 20) und S ein Gestirn, so ist aus $\triangle Z Z' S$:

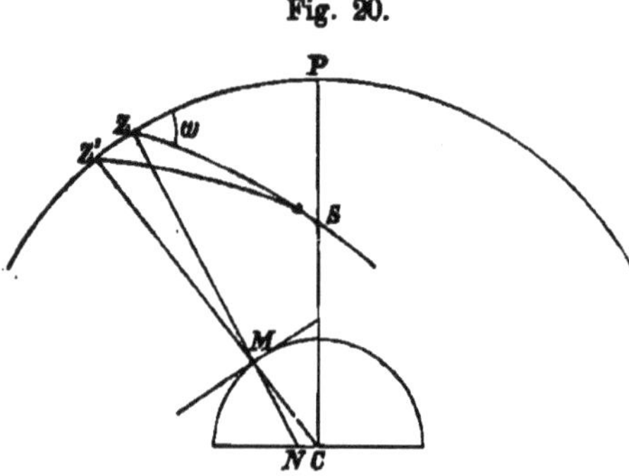

Fig. 20.

$$\cos Z'S = \cos ZS \cos ZZ' + \sin ZS \sin ZZ' \cos Z'ZS.$$

Nun ist $ZZ' = \measuredangle\ ZMZ' = CMN = \varphi - \varphi'$ und $Z'ZS = 180 - SZP = 180 - \omega$, daher:

$$\cos Z'S = \cos(\varphi - \varphi') \cos ZS - \sin(\varphi - \varphi') \sin ZS \cos\omega.$$

Und in Anbetracht der Kleinheit des Winkels $(\varphi - \varphi')$:

$$cos\,ZS - cos\,Z'S = (\varphi - \varphi')\,sin\,1''\,sin\,ZS\,cos\,\omega.$$

oder:

$$2\,sin\tfrac{1}{2}\,(ZS + Z'S)\,sin\tfrac{1}{2}\,(Z'S - ZS) = (\varphi - \varphi')\,sin\,1''\,sin\,ZS\,cos\,\omega.$$

Da $Z'S$ und ZS wenig von einander verschieden sind, kann man:

$$(Z'S - ZS')\,sin\,1''\,sin\,ZS = (\varphi - \varphi')\,sin\,1''\,sin\,ZS\,cos\,\omega$$

setzen, wodurch man schliesslich erhält:

$$11)\quad Z'S = ZS + (\varphi - \varphi')\,cos\,\omega.$$

Den Unterschied $(\varphi - \varphi')$ findet man in Tab. II des Anhanges. Bildet man das Product $(\varphi - \varphi')\,cos\,\omega$, so erhält man die Correction der beobachteten Zenithdistanz für das geocentrische Zenith. Das Azimuth ist hier immer vom sichtbaren Pol gegen Ost oder gegen West zu zählen, je nachdem das Gestirn östlich oder westlich vom Meridian, d. h. vor oder nach der Culmination beobachtet wurde; die Correction ist positiv oder negativ, je nachdem das Azimuth kleiner oder grösser als 90° ist.

Beispiel. Die von Kimmtiefe und Refraction befreite Höhe des Mondes ist 55° 7′ 23″; Azimuth N. 54° 10′ W.; geografische Breite 16° 49′; Greenwicher Zeit der Beobachtung am 2. Februar 1873, 22^h 28^m. Es soll die corrigirte Distanz des Mondes vom geocentrischen Zenith gefunden werden.

Π am 2./2. um 12^h ...58′ 19″		Tab. II des Anhanges
3./2. um 0^h ...57′ 52″		$\varphi - \varphi'$..6′ 21″ $= 381''$
Π zur Zeit der Beob. ...57′ 55·4″		$log\,(\varphi - \varphi') = 2{\cdot}58092$
Tab. XVIII der Efem... $- $ 1·0″		$log\,cos\,\omega = 9{\cdot}76747$
$\pi = 57′ 54·4″$		$2{\cdot}34839$
$= 3474·4″$		$(\varphi - \varphi')\,cos\,\omega = 223'' = +\,3′ 43″$
$h'\,\mathcopyright = 55° 7′ 23″$		$log\,\pi = 3{\cdot}54088$
scheinb. $z' = 34° 52′ 37″$		$log\,sin\,z' = 9{\cdot}75793$
$(\varphi - \varphi')\,cos\,\omega = +\ 3′ 43″$		$log\,p = 3{\cdot}29881$
geocentr...$z' = 34° 56′ 20″$		$p = 1989·8″ = 33′ 9·8″$
$p = -\ 33′ 10″$		
Corrig. geocentr. ...$z = 34° 23′ 10″$		

Um die Rechnung der Höhenparallaxe zu ersparen, kann man dieselbe mit den Argumenten „Horizontalparallaxe" und „scheinbare Höhe" aus Tab. XIII der nautischen Tafeln für die k. k. Kriegsmarine entnehmen. Man hat dann für obiges Beispiel nur folgende einfachere Rechnung:

$$h' \; \mathfrak{C} = \ldots \ldots \; 55^{\circ} \quad 7' \; 23''$$
$$\Pi = \ldots \ldots \qquad \qquad 57' \; 55{\cdot}4''$$
$$\text{Tab. XVIII der Efem} \ldots \ldots \qquad \underline{\;\; -\; 1{\cdot}0'' \;}$$
$$\pi = \qquad \quad 57' \; 54{\cdot}4''$$

Aus Tab. XIII der nautischen Tafeln findet man mit π und h'
$p = 33' \; 7{\cdot}5''$.

D. Halbmesser.

30. Halbmesser eines Gestirnes nennt man im nautisch-astronomischen Sinne den Winkel, welchen die zum Mittelpunkte eines
Gestirnes und zu einem Punkte seines Umfanges gezogenen Seh-
strahlen bilden. Bei der Sonne, beim Mond und bei den grösseren
Planeten wird die Höhe des oberen oder unteren Randes über der
Kimm gemessen und durch Abziehen oder Dazuzählen des Halbmessers die Höhe des Mittelpunktes erhalten.

Unter Contraction des Halbmessers versteht man die durch
Refraction hervorgebrachte Verkürzung desselben. Beim verticalen
Halbmesser wird die Höhe des oberen Randes des Gestirnes durch
die Refraction um weniger vermehrt als die Höhe des Centrums
und diese wieder um weniger als jene des unteren Randes. Auf
diese Art wird der verticale Halbmesser verkürzt erscheinen. Das
Mass der Verkürzung für den jeweiligen Halbmesser und für die
verschiedenen Höhen ist in Tafel XIV des nautischen Jahrbuches
enthalten.

Wie der verticale Halbmesser der Sonnen- und Mondscheibe
werden, auch alle Verticalsehnen und schrägen Halbmesser entsprechend ihrer Lage derart verkürzt,
dass uns diese Himmelskörper als
Ellipsen erscheinen. Es sei R der
verticale Halbmesser und y eine mit
demselben parallele halbe Sehne $m\,a$
(Fig. 21); die Verkürzung des ersteren
$(c\,d)$ bezeichne man mit v und jene
der verticalen Sehne $(a\,b)$ mit v', so ist annähernd:

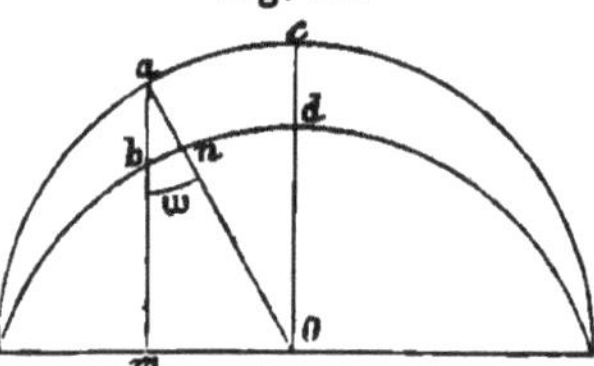

Fig. 21.

$$y : R = v' : v,$$

woraus folgt:

$$v' = v\,\frac{y}{R}.$$

Setzt man $\angle\, Oam = \omega$, so ist $\frac{y}{R} = \cos\omega$ und

$$v' = v\,\cos\omega.$$

$a\,n = V$ ist die Verkürzung des schrägen Halbmessers. Nimmt man das Dreieck $a\,b\,n$ als eben und bei n rechtwinklig an, so ist:

$$V = ab \cos \omega$$
$$ab = v' = v \cos \omega$$

und daher:

$$12) \quad V = v^2 \cos \omega.$$

Die Verkürzung des schrägen Halbmessers findet man in Tab. XV des nautischen Jahrbuches. Dieselbe wird zur Reduction der beobachteten Distanz des Mondrandes von der Sonne oder von anderen Gestirnen auf die des Mitlelpunktes gebraucht. In solchen Fällen ist ω durch den Winkel gegeben, welchen der Distanzkreis mit dem Verticalkreis bildet. Dieser Winkel ist das erste Argument der Tabelle. Aus Gleichung 12) ergibt sich die Verkürzung des verticalen Halbmessers als zweites Argument. Nachdem aber diese Grösse eine Function der Höhe ist, so wurde die Tabelle derart eingerichtet, dass man derselben für einen mittleren Werth des Halbmessers (= 15′ 40″) directe mit der Höhe die gesuchte Verkürzung entnehmen kann. Tab. XVI gibt die, an die erhaltene Verkürzung anzubringende Correction an, wenn der Halbmesser grösser oder kleiner als 15′ 40″ ist.

31. Die Efemeride gibt jenen verticalen Halbmesser an, welchen man vom Mittelpunkte der Erde aus beobachten würde. Wenn man daher die scheinbare Höhe eines Gestirnes sucht, so muss an die Höhe des beobachteten Randes jener Halbmesser angebracht werden, welcher dem Beobachtungspunkte entspricht. Da die Erdoberfläche dem Gestirn näher ist als das Centrum der Erde, so wird der verticale Halbmesser von der Erdoberfläche aus beobachtet, etwas grösser erscheinen; es ist folglich am verticalen Halbmesser der Efeme-

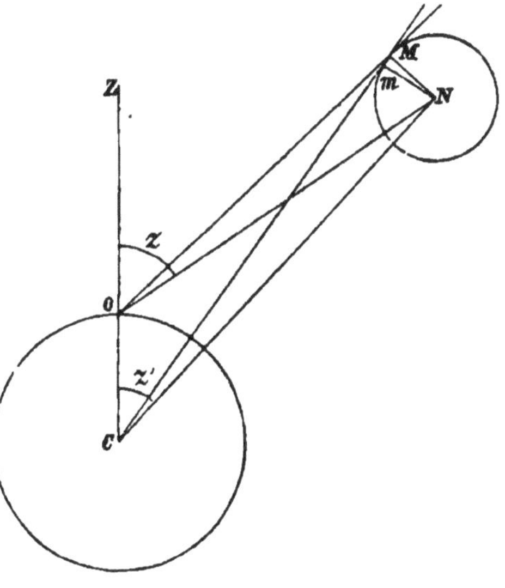

ride eine Correction, die sogenannte Vergrösserung anzubringen. Es sei O (Fig. 22) ein Punkt der Erdoberfläche, C der Mittelpunkt der Erde. Bezeichnet man den wahren Halbmesser des Gestirnes mit R, die Distanz CN mit $r_{\prime}$ und jene ON mit r, endlich den Halbmesser für den Punkt C mit ϱ', für den Punkt O mit ϱ, so ist aus den rechtwinkligen Dreiecken CNm und ONM:

$$sin\,\varrho = \frac{R}{r}, \quad sin\,\varrho' = \frac{R}{r'}.$$

Dividirt man diese zwei Gleichungen durch einander und setzt man der Kleinheit der Winkel wegen an Stelle der Sinuse die Bögen, so erhält man:

$$\frac{\varrho}{\varrho'} = \frac{r'}{r}.$$

Aus $\triangle CON$ (Fig. 22) hat man:

$$CN : ON = sin\,z : sin\,z'$$

oder:

$$\frac{r}{r'} = \frac{sin\,z'}{sin\,z}.$$

Dieses Verhältniss mit dem früheren $\frac{\varrho}{\varrho'} = \frac{r'}{r}$ verglichen, ergibt:

$$\frac{\varrho'}{\varrho} = \frac{sin\,z'}{sin\,z} = \frac{cos\,h'}{cos\,h}.$$

Reducirt man die in O beobachtete Höhe auf den Mittelpunkt der Erde, so ist:

$$\frac{\varrho'}{\varrho} = \frac{cos\,(h + \pi\,cos\,h)}{cos\,h}$$

oder:

$$\frac{\varrho'}{\varrho} = \frac{cos\,h\,cos\,(\pi\,cos\,h) - sin\,h\,sin\,(\pi\,cos\,h)}{cos\,h}.$$

Führt man die Division auf der rechten Seite der Gleichung durch und setzt wegen der Kleinheit von $\pi\,cos\,h$, $cos\,[\pi\,cos\,h] = 1$ und $sin\,[\pi\,cos\,h] = \pi\,cos\,h\,sin\,1''$, so erhält man:

$$\frac{\varrho'}{\varrho} = 1 - \pi\,tg\,h\,cos\,h\,sin\,1'',$$

woraus:

$$\varrho = \varrho'\frac{1}{1 - \pi\,sin\,h\,sin\,1''}.$$

Führt man nun neuerdings die Division mit Vernachlässigung der zweiten und höheren Potenzen von $\pi\,sin\,h\,sin\,1''$ aus, so erhält man:

$$\alpha)\quad \varrho = \varrho' + \pi\,\varrho'\,sin\,h\,sin\,1''.$$

$\pi\,\varrho'\,sin\,h\,sin\,1''$ ist also die, an den geocentrischen Halbmesser anzubringende Vergrösserung, um den an der Erdoberfläche beobachteten Halbmesser zu erhalten. Für $h' = 0$ ist $sin\,h = 0$ und $\varrho = \varrho'$. Man nennt diesen Halbmesser den horizontalen Halbmesser. Je grösser h', desto grösser auch der Sinus, und somit auch die Vergrösserung um so bedeutender, je grösser die Höhe.

Aus den bereits gefundenen Proportionen $r : r' = \pi : \pi'$ und $r : r' = \varrho : \varrho'$ folgt $\pi : \varrho = \pi' : \varrho'$. Das Verhältniss der Horizontal-Parallaxe zum Halbmesser ist daher constant. $\left(\dfrac{\pi}{\varrho} = 3{\cdot}6695\right)$. Setzt man den constanten Werth von $\dfrac{\pi}{\varrho}$ in Gleichung α, so bekommt man:

$$13)\quad \varrho = \varrho' + 3{\cdot}6695\,\varrho^2\,sin\,h'\,sin\,1''.$$

Die Vergrösserung des Mondradius ist in Tafel XI der Efemeride angegeben; die Argumente zur Tafel sind: ϱ und h'.

Beispiele. Die beobachtete Höhe des unteren Sonnenrandes war am 16. August 1873 ☉ $h' = 31^0\,15'\,40''$. Welche ist die Höhe des Centrums?

$$h' \,☉ = 31^0\,15'\,40''$$
$$\varrho = \underline{\quad +15'\,50''\quad}$$
$$'h'\,☉ = 31^0\,31'\,30''$$

Am 1. Jänner 1873 wurde die scheinbare Höhe des unteren Mondrandes ☾ $h' = 21^0\,49'\,6''$ gefunden. Es soll die scheinbare Höhe des Mittelpunktes gefunden werden. Greenwicher Zeit der Beobachtung: $13^h\,23^m$.

$$\text{Halbm. am 1. Jänner}\quad 12^h\qquad 16'\,34''$$
$$n\qquad n\ 2.\qquad n\qquad 0^h\qquad 16'\,30''$$
$$n\qquad \text{der beob. Zeit } \varrho' = 16'\,33{\cdot}5''$$
$$\text{Correction}\ \ \underline{+4{\cdot}0''}$$
$$\varrho = 16'\,37{\cdot}5''$$
$$h'\,☾ = \underline{21^0\,49'\,6''}$$
$$h'\,☾ = 22^0\,5'\,43''.$$

Tab. XIV der Efemeride mit ϱ', ☾ und h' ☾ ...... Verkürzung $-2{\cdot}0''$

Tab. XI mit ϱ' und h' ☾ Vergrösserung $\underline{+6{\cdot}0''}$

Correction $\ +4''.$

E. Verwandlung der wahren geocentrischen Zenithdistanz in die scheinbare.

32. Um aus einer gegebenen wahren geocentrischen Zenithdistanz die scheinbare zu bilden, hat man die entsprechenden Correctionen mit entgegengesetztem Vorzeichen an dieselbe anzubringen. Bei Berechnung der Höhenparallaxe des Mondes ist zu berücksichtigen, dass in die Formel $\pi \sin z'$ für z' die noch unbekannte scheinbare Zenithdistanz einzusetzen wäre. Man wird daher mit der wahren Zenithdistanz vorerst einen genäherten Werth von p rechnen und mit diesem die wahre Zenithdistanz corrigiren. Mit dieser genäherten scheinbaren Zenithdistanz wird p nochmals gerechnet und an die wahre Zenithdistanz angebracht, um das richtige z' zu erhalten.

Aus Gleichung 11) ist ersichtlich, dass die mit dem Argument „wahre Höhe“ der Tabelle entnommene Refraction einer Correction bedarf, da das Argument um den Betrag $(\varphi - \varphi') \cos \omega$ zu gross war. Bedeutet $\triangle$ die Aenderung der Refraction für eine Aenderung der Höhe um eine Minute, und x die Aenderung der Refraction für eine Aenderung der Höhe um $(\varphi - \varphi') \cos \omega$, so kann folgende Proportion aufgestellt werden:

$$(\varphi - \varphi') \cos \omega : x = 1 : \triangle,$$

woraus:

$$14) \quad x = \triangle \cdot (\varphi - \varphi') \cos \omega.$$

Beispiel. Am 2. Februar 1873 um $22^h 28^m 45{\cdot}5^s$ Greenwicher Zeit $z \; \mathrm{C} = 34^0 17' 23''$.

$z \; \mathrm{C} \ldots\ldots 34^0 17' 23''$

$\pi = 58' 4'' = 3484''$

$\log \pi = 3{\cdot}54208$

$\log \sin z = 9{\cdot}75080$

$\overline{\qquad\qquad 3{\cdot}29288}$

$p_1 = 1962{\cdot}8'' = - 32' 43''$

$\overline{\qquad z_1' \; \mathrm{C} \; 33^0 44' 40''}$

$\log \pi = 3{\cdot}54208$

$\log \sin z_1' = 9{\cdot}74478$

$\overline{\qquad\qquad 3{\cdot}28676}$

$p = 1935'' = .. - 32' 15''$

$z = .. \; 34^0 17' 23''$

$\overline{z_1 = .. \; 33^0 45' 46''}$

Anm. Da die Zenithdistanz zu klein ist, fällt für dieses Beispiel keine Correction für die Refraction aus, doch wird die Rechnung durchgeführt:

$\varphi - \varphi' = 11'. \quad \omega = $ N. 54^0 Ost.

Mit z' findet man Refraction $+ 38''$

$\triangle = 0{\cdot}016''$

$\log 0{\cdot}016'' = 8{\cdot}20412$

$\log \varphi - \varphi' = 1{\cdot}04139$

$\log \cos \omega = 9{\cdot}76922$

$\overline{\log x = 9{\cdot}01473 .. x = + 0{\cdot}1''}$

Corrig. Refraction $\underline{\underline{\quad 38{\cdot}1'' \quad}}$

IV. Das sfärische Dreieck zwischen Zenith, sichtbaren Pol und Gestirn.

33. Verbindet man den Ort eines Gestirnes einerseits durch den Bogen eines Declinationskreises mit dem sichtbaren Pole, anderseits mit dem Zenith durch den Bogen eines Höhenkreises, endlich Pol und Zenith durch einen Meridianbogen mit einander, so erhält man ein sfärisches Dreieck mit den Eckpunkten: Gestirn, Zenith und sichtbarer Pol. Es sei $HPZQO$ (Fig. 24) der Meridian, HO der wahre Horizont, EQ der Aequator, Pm und Zn Bögen eines Declinations- und eines Höhenkreises, so ist der Bogen $PS = p$ die Poldistanz des Gestirnes S, $ZS = z$ dessen Zenithdistanz, $PZ = 90 - \varphi = \psi$ das Complement der geografischen Breite. Der Winkel $ZPS = s$, welchen der Declinationskreis mit dem Meridian bildet, der Stundenwinkel, der Winkel des Höhenkreises mit dem Meridian $PZS = \omega$ das vom sichtbaren Pol gezählte Azimuth und endlich der Winkel beim Gestirn $PSZ = \nu$ der sogenannte parallaktische Winkel.

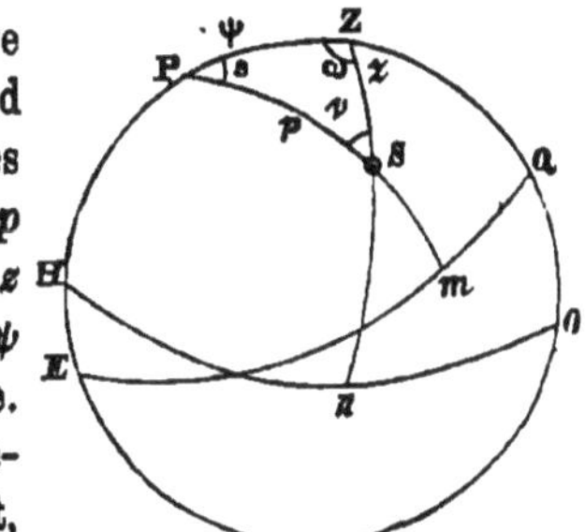

Sind die Bestimmungsstücke eines solchen sfärischen Dreiecks bekannt, so lassen sich auch die übrigen Stücke durch Rechnung finden.

Die zwei Grundgleichungen zwischen den drei Seiten und den beiden Winkel w und s des Dreiecks sind:

$$\cos z = \cos p \cos \psi + \sin p \sin \psi \cos s$$
$$\cos p = \cos z \cos \psi + \sin z \sin \psi \cos \omega$$

Die gewöhnlichen Fälle der nautisch-astronomischen Rechnungen sind, dass entweder s oder ω aus den drei Seiten oder z und ω aus p, ψ und s, beziehungsweise aus p, z und s gesucht werden.

Aus den aufgestellten Grundgleichungen folgt:

$$\cos s = \frac{\cos z - \cos p \cos \psi}{\sin p \sin \psi}, \quad \cos \omega = \frac{\cos p - \cos z \cos \psi}{\sin z \sin \psi}.$$

Bezüglich der hiebei vorkommenden Functionen gelten folgende Regeln. Nachdem das Dreieck so construirt wird, dass der sichtbare Pol als Eckpunkt vorkommt, so ist immer $\varphi < 90°$, die Poldistanz hingegen grösser oder kleiner als $90°$, je nachdem die Declination mit der Breite ungleichnamig oder gleichnamig ist. Das Azimuth ist immer vom sichtbaren Pol gegen Ost oder gegen West zu zählen, je nachdem sich das Gestirn zur Zeit der Beobachtung östlich oder westlich vom Meridian befindet.

Für die logarithmische Berechnung des Stundenwinkels und des Azimuthes hat man unter der Voraussetzung $\Sigma = \frac{1}{2}(s + p + \psi)$ folgende Gleichungen:

$$15) \quad \sin \frac{s}{2} = \sqrt{\frac{\sin (\Sigma - p) \sin (\Sigma - \psi)}{\sin \psi \, \sin p}},$$

$$\sin \frac{\omega}{2} = \sqrt{\frac{\sin (\Sigma - s) \sin (\Sigma - \psi)}{\sin z \, \sin \psi}},$$

$$\cos \frac{s}{2} = \sqrt{\frac{\sin \Sigma \, \sin (\Sigma - z)}{\sin \psi \, \sin p}},$$

$$\cos \frac{\omega}{2} = \sqrt{\frac{\sin \Sigma \, \sin (\Sigma - p)}{\sin s \, \sin \psi}},$$

$$tg \, \frac{s}{2} = \sqrt{\frac{\sin (\Sigma - p) \sin (\Sigma - \psi)}{\sin \Sigma \, \sin (\Sigma - z)}},$$

$$tg \, \frac{\omega}{2} = \sqrt{\frac{\sin (\Sigma - z) \sin (\Sigma - \psi)}{\sin \Sigma \, \sin (\Sigma - p)}}.$$

Da sich der Sinus eines kleinen Winkels rasch ändert, so wird man für kleinere Stundenwinkel oder Azimuthe die Sinusformel und aus dem gleichen Grunde für Winkel, welche an 90° sind, die Cosinusformel anwenden. Die Tangentenformel ist für alle Werthe von ω und s genügend genau.

Für die Bestimmung von s hat man aus:

$$\cos z = \cos p \, \cos \psi + \sin p \, \sin \psi \, \cos s$$

durch Umformung und nachherige Einführung eines Hilfswinkels:

$$\cos z = \cos p \, (\cos \psi + tg \, p \, \sin \psi \, \cos s)$$

und wenn man setzt:

$$tg \, p \, \cos s = tg \, y$$

$$16) \quad \cos z = \frac{\cos p \, \cos (\varphi + y)}{\cos y}.$$

Für die Bestimmung von ω aus:

$$\sin \omega : \sin s = \sin p : \sin z$$

$$17) \quad \sin \omega = \frac{\sin p \cdot \sin s}{\sin z}.$$

Gewöhnlich ist diese Aufgabe derart gestellt, dass man die mittlere Ortszeit eines Ereignisses kennt und die Höhe eines Gestirnes für diesen Augenblick sucht. Ist dieses Gestirn die Sonne, so wird die mittlere Ortszeit durch Anbringung, der Zeitgleichung in wahre Zeit verwandelt; letztere in Bogenmass ausgedrückt, ergibt die Grösse des Stundenwinkels. Für andere Gestirne verwandelt man die mittlere Ortszeit in Sternzeit und erhält den Stundenwinkel aus der Gleichung $t^{*} - \alpha = s$.

Beispiel. Es ist die Höhe der Sonne für den 2. Februar 1873 um $5^{h} 44^{m} 10.5^{s}$ in $\varphi = 16^{0} 42' 55''$ N., $\lambda = 1^{h} 45^{m}$ W. zu finden.

mittl. Ortszeit ....$5^{h} 44^{m} 10.5^{s}$..................$5^{h} 44^{m} 10.5^{s}$

λ.......$1^{h} 45^{m}$ W.   Zeitgleichung $+ 14^{m} 3.5^{s}$

mittl. Greenw. Zeit $= 7^{h} 29^{m} 10.5^{s}$ W. Zeit.....$5^{h} 30^{m} 7^{s}$

$$s = 82^{0} 31' 45''$$

Damit findet man:

$$\delta = \quad 16^{0} 36' 38'' \text{ S.}$$
$$p = 106^{0} 36' 38''$$
$$\text{Zeitgleichung} = + 14^{m} 3.5^{s}$$

$$\log \cos s = 9.11401 \qquad y = 23^{0} 33'$$
$$\log tg\, p = 0.52533 \qquad \varphi = 16^{0} 42' 55'' \qquad \log \cos p .. 9.45562$$
$$\log tg\, y = \overline{9.63934} \quad y + \varphi = \overline{40^{0} 15' 55''} \quad \log \sin (y+\varphi)\ \underline{9.81045}$$
$$9.26607$$
$$\log \cos y\ \underline{9.96223}$$
$$\log \cos z .. 9.30384 = \log \sin h$$
$$\underline{h = 11^{0} 36' 46''.}$$

34. Befindet sich der Mittelpunkt des Gestirnes S' im wahren Horizont HO (Fig. 25), so wird $h = 0$ und $z = 90^{0}$. Bezeichnet S den Stundenwinkel dieses Augenblickes, so ist aus:

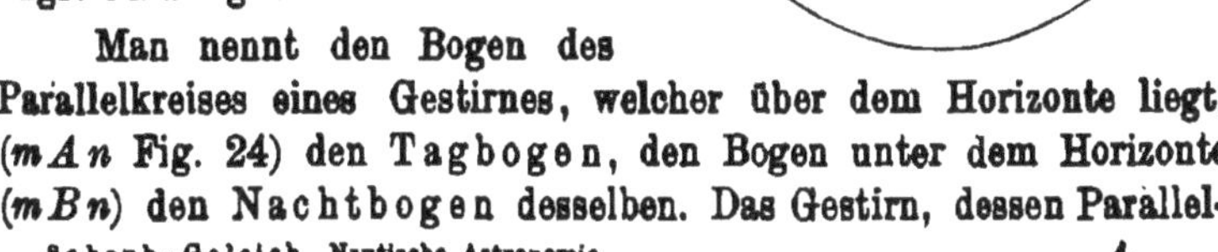

$$\cos s = \frac{\cos z - \cos p \cos \psi}{\sin p \sin \psi}$$

18) $\quad \cos S = - \cotg p \cotg \psi =$
$$- tg\, \delta\, tg\, \varphi.$$

Da die Breite immer positiv angenommen wird, so ist das Product $tg\, \delta\, tg\, \varphi$ negativ oder positiv, je nachdem φ und δ gleich- oder ungleichnamig sind.

Fig. 24.

Man nennt den Bogen des Parallelkreises eines Gestirnes, welcher über dem Horizonte liegt, (mAn Fig. 24) den Tagbogen, den Bogen unter dem Horizonte (mBn) den Nachtbogen desselben. Das Gestirn, dessen Parallel-

50

kreis AB ist, geht in m auf, culminirt in A und geht in n unter.
Der Winkel APn, d. i. der Stundenwinkel im Augenblick des
Unterganges (S) wird der halbe Tagbogen genannt. Derselbe gibt
in mittlere Zeit verwandelt die Zeit an, welche ein Gestirn, mit
Ausnahme des Mondes braucht, um den Weg An zurückzulegen
und man nennt deshalb den Stundenwinkel eines im wahren Horizonte liegenden Gestirnes den halben Tagbogen. 12^{h} weniger dem
halben Tagbogen ist dann der halbe Nachtbogen. Ist nun der
halbe Tag- oder Nachtbogen und die Culminationszeit eines Gestirnes
bekannt, so ergibt sich daraus die Zeit des Auf- und Unterganges,
denn es ist:

Untergangszeit $=$ Culminationszeit $+ \frac{1}{2}$ Tagbogen,

Aufgangszeit $= 12^{\mathrm{h}} - \frac{1}{2}$ Tagbogen.

Die Sonne geht um $0^{\mathrm{h}} 0^{\mathrm{m}}$ W. Zeit durch den Meridian; es ist daher
unmittelbar der berechnete halbe Tagbogen die wahre Zeit ihres
Unterganges. Für die anderen Gestirne ist die Rectascension gleich
der Sternzeit ihrer Culmination. Wird zur Rectascension der in
Zeit verwandelte halbe Tagbogen addirt oder von derselben subtrahirt, so erhält man die Sternzeit des Unter- oder des Aufganges.

Der Mond legt den halben Tagbogen S wegen der täglichen
Verspätung in der Zeit $S + x$ zurück. Aus der bereits aufgestellten
Proportion

$$24 : 24 + V = S : x$$

folgt:

$$x = S + \frac{VS}{24}.$$

Am halben Tagbogen ist daher die Correction $\frac{VS}{24}$ anzubringen. Der
so corrigirte halbe Tagbogen an die Culminationszeit angebracht,
ergibt die genäherte Zeit des Auf- oder Unterganges.

Für die Bildung des Productes $\frac{VS}{24}$ gelten die Regeln, welche
unter Nr. 16 angeführt wurden.

Der halbe Tagbogen kann auch aus Taf. XVI der nautischen
Tafeln für die k. k. Kriegsmarine entnommen werden, jedoch nur
für solche Gestirne, deren Declination kleiner als $23\frac{1}{2}^{\mathrm{o}}$ ist. Die
Argumente der Tafel sind Breite und Declination. Sind φ und δ
gleichnamig, so gibt die Tafel unmittelbar den halben Tagbogen,
wenn aber φ und d ungleichnamig sind, so erhält man den halben
Nachtbogen.

Zur Berechnung des halben Tagbogens des Mondes ist wegen
der raschen Declinationsänderung desselben eine ziemlich genaue

Kenntniss der Untergangszeit im Voraus nöthig. Für gewöhnlich führt man das erste Mal die Rechnung mit Hilfe der Tafeln aus, sucht mit der so erhaltenen Zeit des Unterganges aus der Efemeride die Declination und berechnet erst dann S aus der Formel.

Beispiele. Es soll die Zeit des Sonnenunterganges, sowie jene des Aufganges für den 18. August 1873 in $\varphi = 42^0\ 18'$ N. und $\lambda = 116^0\ 48'$ O. gefunden werden.

Ganz beiläuf. Zeit des Unterg. $6^h\ 30^m$		$log\,tg\,\varphi = 9{\cdot}95901$
$\triangle\lambda$ $7^h\ 47^m$ O.		$log\,tg\,\delta = 9{\cdot}36452$
Greenw. Zeit .. $22^h\ 43^m$		$cos\,S' = 9{\cdot}32353$
$\delta = 13^0\ 2'$ N.		$S = 180^0 - 77^0 50' 26''$
		$S = 102^0\ 9'\ 34''$

Wahre Zeit des Unterganges..... $= 6^h\ 48^m\ 38^s$

Zeitgleichung .... $+\ 3^m\ 36{\cdot}1^s$

Mittlere Zeit des Unterganges.... $= 6^h\ 52^m\ 14{\cdot}4^s$

„ „ „ Aufganges ..... $= 17^h\ 7^m\ 45{\cdot}6^s$

Anm. φ und δ gleichnamig, daher $cos\,S$ negativ und $S > 90^0$.

Mit den Tafeln hätte man folgende einfachere Rechnung:

$\delta = 13^0\ 2'$ ⎱ Taf. XVI $S = 6^h\ 49{\cdot}3^m$

$\varphi = 42^0\ 18'$ ⎰ Zeitgleich. $= +\ 3{\cdot}6^m$

Untergang $= 6^h\ 52{\cdot}9^m$

Aufgang $= 17^h\ 7{\cdot}1^m$

Es ist der Auf- und Untergang der Venus für den 18. November 1873 zu bestimmen. $\varphi = 38^0\ 20'$ N., $\lambda = 1^h\ 55^m$ W.

$\alpha_* = 14^h\ 5^m$ gleich der Sternzeit der Culmination.

Sternzeit ....$14^h\ 5^m$ $log\,tg\,d = 9{\cdot}29468\,n$ Anm. φ und

$\lambda = 1^h\ 55^m$ W. $log\,tg\,\varphi = 9{\cdot}89801$ δ ungleichnamig,

$T = 16^h\ 0^m$ $log\,cos\,S = 9{\cdot}19269$ daher $S < 90^0$.

Stzt. im mittl. Mittag $15^h\ 50^m$ $S = 81^0\ 2'\ 5'' = 5^h\ 24^m\ 8{\cdot}3^s$

Seit Mittag verflossene $\alpha = 14^h\ 5^m\ 33{\cdot}1^s$

Sternzeit .... $0^h\ 10^m$ Sternzeit d. Unterg. $= 19^h\ 29^m\ 41{\cdot}4^s$

Mittl. Greenw. Zeit . $0^h\ 9^m\ 58^s$ woraus nach Verwandlung in

$\lambda = 1^h\ 55^m$ mittlere Zeit:

Mittlere Ortszeit der   Mittl. Zeit d. Unterg. am 18. August

Culmination $*$.....$22^h\ 14^m\ 58^s$ $3^h\ 38^m\ 23{\cdot}13^s$

Beiläufige Zeit des   Mittl. Zeit des Aufg. am 17. August

Unterganges ..... 4^h. $20^h\ 21^m\ 36{\cdot}47^s$

Damit .....$\delta = -\ 11^0\ 9'$.

Für den 10. März 1873 soll die Untergangszeit des Mondes berechnet werden. $\varphi = 20^0$ S., $\lambda = 1^h 59^m$ Ost.

Culminationszeit am 10. März ..... $9^h 57\cdot8^m$
Ungefähre Zeit des Unterganges .... $15^h 58^m$
$\qquad\qquad\qquad\qquad \lambda$ ...... $\underline{1^h 59^m}$ Ost
Ungefähre Greenw. Zeit des Unterg. 14^h
Damit findet man .... $\delta = 20^0 45'$ N.

Mit δ und φ hat man aus der Tafel den halben Tagbogen $(12^h - 6^h 31\cdot7^m) = 5^h 28\cdot3^m$, welchen der Mond in beiläufig $5^h 39^m$ zurücklegt. Es ist:

Culminationszeit .... $9^h 57\cdot8^m$
Halber Tagbogen .... $\underline{5^h 39^m}$
I. Näherung für die Zeit des Unterg. $15^h 37^m$
$\qquad\qquad\qquad\qquad \lambda$ .... $\underline{1^h 59^m}$ Ost
Greenwicher Zeit .... $13^h 38^m$
Hiemit .... $\delta\ 20^0 47' 39''$ N.

$$\left.\begin{array}{l} log\,tg\,\varphi = 9\cdot56107 \\ log\,tg\,\delta = \underline{9\cdot57938} \\ log\,cos\,S = \underline{9\cdot14045} \end{array}\right\} \quad \text{An m.}\quad \varphi \text{ und } \delta \text{ ungleichnamig, } S < 90^\bullet.$$

$$S = 82^0\ 3'\ 26'' = 5^h 28^m 13\cdot7^s \dots\dots\dots\dots\dots 5^h 28\cdot23^m$$

$$\begin{array}{ll} S = 5\cdot47^h & \dfrac{VS}{24}\quad 10\cdot8^m \\[4pt] V = \overline{47\cdot4^m} & \\[4pt] \dfrac{VS}{24} = 10\cdot8^m & S + \dfrac{VS}{24} = \overline{5^h 39\cdot03^m} \end{array}$$

$$\text{Culminationszeit} = \underline{9^h 53\cdot90^m}$$

$$\text{Untergangszeit} \dots 15^h 32\cdot93$$

Aus der Gleichung $cos\,S = -\,tg\,\varphi\,tg\,\delta$ geht hervor, dass wenn φ oder δ gleich Null sind, $cos\,S = 0$ oder $S = 90^0 = 6^h$ wird. Für die Bewohner des Aequators gehen daher alle Gestirne 6 Stunden vor und nach der Culmination auf und unter. Eben dasselbe findet bei Gestirnen von Null Grad Declination für alle Breiten statt. Schreibt man die Gleichung 16) wie folgt:

$$cos\,S = -\,\frac{tg\,\varphi}{tg\,p},$$

so sieht man, dass $cos\,S$ nur dann kleiner als 1, d. h. einen reellen Werth haben kann, wenn $tg\,\varphi < tg\,p$ ist. Es lässt sich daraus der in der Einleitung besprochene Satz schliessen, dass jene Gestirne, deren Poldistanz kleiner als die geografische Breite eines Ortes ist, für diesen Pol circumpolar sind. Da für $\varphi = 0$ $cos\,S$ immer 0 und mithin immer reell ist, so gibt es für den Aequator gar keine Circumpolarsterne; ist $\varphi = 90^0$, so ist $\cos S = \mp \dfrac{\infty}{tg\,p}$, daher kein reeller Werth möglich, d. h. für den Pol sind alle Sterne circumpolar.

35. Für das Azimuth hat man im Augenblick des Auf- oder Unterganges aus der Gleichung:

$$\cos \omega = \frac{\cos p - \cos s \cos \psi}{\sin s \sin \psi},$$

wenn man darin $s = 90^0$ setzt und dieses Azimuth mit Ω bezeichnet:

$$19) \quad \cos \Omega = \frac{\cos p}{\sin \psi} = \frac{\sin \delta}{\cos \varphi}.$$

Da Azimuth und Amplitude complementäre Grössen sind und Ω entweder $90 - A$ oder $90 + A$ ist, so hat man für die Amplitude:

$$20) \quad \sin A = \frac{\sin \delta}{\cos \varphi}.$$

Aus Gleichung 19) folgt, dass $\Omega \lessgtr 90^0$, je nachdem δ und φ gleich- oder ungleichnamig sind und aus Gleichung 20), dass A und δ stets gleich bezeichnet sind. Sowie der halbe Tagbogen sind auch die Amplituden in Tabellen gebracht, aus welchen dieselben mit den Argumenten Breite und Declination herausgenommen werden können. (Taf. XVII A der nautischen Tafeln.)

Beispiel. $\varphi = 19^0\,49'$ N., $\delta \odot = 10^0\,45'$ S. Es soll die Amplitude der Sonne berechnet werden.

$$\begin{aligned}
log\,\sin \delta &= 9{\cdot}27073 \\
log\,\cos \varphi &= 9{\cdot}97349 \\
log\,\sin A &= \overline{9{\cdot}29724} \\
A &= 11^0\,26'\ \text{Süd.}
\end{aligned}$$

36. Die für die Auf- und Untergangszeit eines Gestirnes, sowie für die Amplitude aufgestellten Formeln beziehen sich auf den wahren Horizont. Ist das Gestirn am Meereshorizont, so ist es um den Betrag der Refraction und Kimmtiefe unter dem wahren Horizont. Will man daher sowohl Auf- oder Untergangszeit als auch Amplitude auf den Meereshorizont beziehen, so müssen Kimmtiefe und Refraction berücksichtigt werden. Die Refraction für ein Gestirn im Horizonte ist im Mittel 33'. Bezeichnet man den Betrag der Refraction und Kimmtiefe mit ζ, so ist die Zenithdistanz zur

Zeit des Durchganges durch den Meereshorizont $z = 90 + \zeta$. Man erhält durch Einsetzung dieses Werthes:

$$\cos S' = \frac{\cos (90 + \zeta) - \cos p \, \cos \psi}{\sin p \, \sin \psi}$$

$$\cos S' = - \frac{\sin \zeta}{\sin p \, \sin \psi} - tg \, \delta \, tg \, \varphi$$

oder:

$$\cos S' - \cos S = - \frac{\zeta \sin 1''}{\sin p \, \sin \psi}$$

und

$$2 \sin \frac{S + S'}{2} \sin \frac{S - S'}{2} = - \frac{\zeta \sin 1''}{\sin p \, \sin \psi}.$$

S und S' werden wenig von einander verschieden sein und man kann $\frac{1}{2}(S + S') = S$, $\sin \frac{1}{2}(S - S') = \frac{1}{2}(S - S') \sin 1''$ setzen, wodurch man erhält:

$$21) \quad S' = S + \frac{\zeta}{\sin p \, \sin \psi \, \sin S}.$$

An den berechneten oder den Tafeln entnommenen halben Tagbogen S ist also noch eine Correction anzubringen. In der Praxis kann man mit genügender Genauigkeit annehmen, dass der Mittelpunkt der Sonne den wahren Horizont passirt, wenn die scheinbare Höhe des unteren Randes zwei Drittel des Sonnendurchmessers beträgt.

Beispiel. In Nr. 34 wurde die Untergangszeit der Sonne am 18. August 1873 in $\varphi = 42^0 \, 18'$ N. und $\lambda = 116^0 \, 48'$ O., $6^h \, 48^m \, 38.3^s$ gefunden. $\delta = 13^0 \, 2'$. Welche ist die Zeit des scheinbaren Unterganges für eine Augeshöhe von 5 Meter.

$$\begin{array}{lr} \text{Kimmtiefe für 5 M.} & 4' \\ \text{Refraction} \ldots\ldots\ldots\ldots & 33' \\ \hline & \zeta = 37'. \end{array}$$

$$\begin{array}{ll} log \, \zeta = 1\cdot5682 & S = 102^0 \quad 9' \, 34'' \\ log \, \sin S = 9\cdot9901 & C = \quad + \quad 52' \, 30'' \\ log \, \sin p = 9\cdot9887 & \overline{S' = 103^0 \quad 2' \, 4''} \\ log \, \sin \psi = 9\cdot8690 & \quad = \quad 6^h \, 52\cdot1^m. \; \text{Wahre Zeit des schein-} \\ log \, C = 1\cdot7204 & \qquad\qquad\qquad\qquad \text{baren Durchganges.} \\ C = 52\cdot5'. & \end{array}$$

Setzt man auch in der Formel für $\cos \omega$ statt z, $90 + \zeta$ ein, so erhält man in gleicher Weise:

$$\cos \Omega' = \frac{\cos p - \cos \psi \, \sin \zeta}{\sin \psi \, \cos \zeta}$$

$$= \frac{\cos p}{\sin \psi} - \zeta \, cotg \, \psi$$

$$2 \sin \tfrac{1}{2} (\Omega' + \Omega) \sin \tfrac{1}{2} (\Omega' - \Omega) = \zeta \, tg \, \varphi$$

$$22) \quad \Omega' = \Omega + \frac{\zeta \, tg \, \varphi}{\sin \Omega}.$$

Bei der Amplitude ist zu unterscheiden, ob Declination und Breite gleich- oder ungleichnamig sind.

1. Fall: φ und δ gleichnamig. Ist NZS (Fig. 25) der Meridian, N der Nordpunkt, S der Südpunkt, O und W der Ost- und Westpunkt, EQ der Aequator, so geht ein Gestirn, dessen Declination mit der Breite gleichnamig ist, bei a auf und bei b unter. Für den Augenblick des Aufganges ist dann $Na = \Omega$ und $aO = A$. Es ist nun $Na + aO = NO = 90^0 = \Omega + A$. Setzt man in Gleichung 22) $\Omega = 90 - A$ und $\Omega' = 90 - A'$, so erhält man:

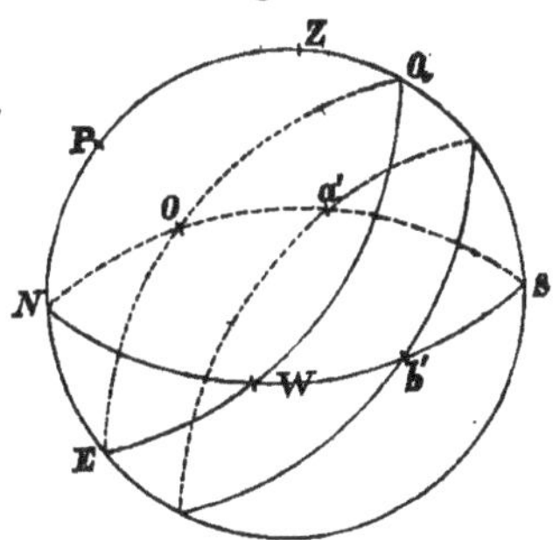

$$90 - A' = 90 - A + \frac{\zeta \, tg \, \varphi}{\sin (90 - A)},$$

woraus:

$$23) \quad A' = A + \frac{\zeta \, tg \, \varphi}{\cos A}.$$

Die an die Amplitude anzubringende Correction ist daher positiv, wenn Breite und Declination gleichnamig sind.

II. Fall: φ und δ ungleichnamig. Ein Gestirn, dessen Declination mit der Breite ungleichnamig ist, geht bei a' (Fig. 26) auf und bei b' unter und ist dann das vom sichtbaren Pol gezählte Azimuth des Aufganges Na' und die Amplitude Oa'. Nun ist:

$$Oa' = Na' - NO = \Omega - 90^0 = A,$$

Setzt man also in 22) $A + 90 = \Omega$, so erhält man:

$$90 + A' = 90 + A + \frac{\zeta \, tg \, \varphi}{- \cos A}$$

oder:

$$24) \quad A' = A - \frac{\zeta \, tg \, \varphi}{\cos A}.$$

Die Correction ist daher von der Amplitude abzuziehen, wenn φ und δ ungleichnamig sind.

Diese Correction kann auch der Tafel XVII B der nautischen Tafeln mit den Argumenten φ und δ entnommen werden. Diese Tafel ist für eine mittlere Augeshöhe von 5 Meter gerechnet, kann jedoch mit genügender Genauigkeit für Augeshöhen von 3 bis 8 Meter angewendet werden.

Beispiel. Für die unter Nr. 34 berechnete Amplitude soll die Correction wegen Kimmtiefe und Refraction gefunden werden. $A = 11^0\ 26'$ S.; $\delta = 10^0\ 45'$ S.; $\varphi = 19^0\ 49'$ N.; Augeshöhe 8 Meter.

$$\begin{aligned} \text{Refraction} &= 33' \\ \text{Kimmtiefe} &\quad\ 5' \\ \zeta &= 38' \end{aligned}$$

$$\begin{aligned} log\ \zeta &= 1{\cdot}5798 \\ log\ tg\ \varphi &= 9{\cdot}5567 \\ &\quad\ 1{\cdot}1365 \\ log\ cos\ A &= 9{\cdot}9913 \\ log\ C &= 1{\cdot}1452 \\ C &= 14{\cdot}0 \end{aligned}$$

Da φ und δ ungleichnamig sind, ist $A' = A - C$.

$$\begin{aligned} A &= 11^0\ 26' \\ C &= -\ 14' \\ A' &= 11^0\ 12'\ \text{S.} \end{aligned}$$

37. Wenn im sfärischen Dreieck zwischen Zenith, Pol und Gestirn der Winkel bei Z ein rechter ist, so ist der Verticalkreis senkrecht auf den Meridian, mithin das Gestirn im ersten Vertical. Man hat dann für die Bestimmung von h und s:

$$25)\quad sin\ h = \frac{sin\ \delta}{sin\ \varphi}, \quad cos\ s = \frac{tg\ \delta}{tg\ \varphi}.$$

$sin\ h$ und $cos\ s$ können nur dann reelle Werthe haben, wenn $sin\ \delta < sin\ \varphi$ und $tg\ \delta < tg\ \varphi$ ist. Es können daher nur solche Gestirne durch den ersten Winkel gehen, deren Declination kleiner ist als die geografische Breite des Ortes. Da der grösste Werth der Declination der Sonne $23\tfrac{1}{2}^0$ ist, so passirt dieselbe für unsere Gegenden jeden Tag den ersten Vertical.

Ist der parallaktische Winkel ein rechter, so sagt man, das Gestirn befindet sich im stationären Azimuth. Man hat für diesen Fall:

$$26)\quad sin\ h = \frac{sin\ \varphi}{sin\ \delta}, \quad cos\ s = \frac{tg\ \varphi}{tg\ \delta}.$$

$sin\ h$ und $cos\ s$ werden nur dann reell, wenn $\varphi < d$ ist. Die Sonne kann daher nur für die Bewohner der Tropen diese Stellung einnehmen.

V. Die nautischen Instrumente.

Die Instrumente, welche in der nautischen Astronomie zur Verwendung kommen, sind:

1. Solche, welche zum Messen der Höhen der Gestirne und zum Messen von Winkeln gehören.

2. Solche, welche zur Zeitmessung dienen.

A. Höhen und Winkelmessinstrumente.

38. Geschichtliches. Die Lösung der Aufgabe, ein Instrument zu erfinden, um in See mit genügender Genauigkeit Gestirnshöhen zu messen, hatte ihre Hauptschwierigkeit darin, dass zu diesem Zwecke nur Instrumente anwendbar sind, welche gestatten, mit freier Hand, unbeschadet der Schwankungen des Schiffes, die Tangirung oder Deckung zweier Gegenstände herzustellen.

Als die oceanische Schifffahrt begann, machte sich der Mangel an nautischen Instrumenten fühlbar und in diese Epoche fallen die ersten sehr primitiven Erfindungen.

Das **See-Astrolabium** bestand aus einem in 'Viertelgrade getheilten Ring aus Metall, mit an der Reversseite angebrachter beweglicher Handhabe. Zwei auf einander senkrechte Durchmesser waren am Ring fest, während ein beweglicher Durchmesser als Alhidade diente. Damit das an der Handhabe gehaltene Instrument eine möglichst verticale Stellung einnehme, war am Ring ein 2 bis 3 Klg. schweres Laufgewicht angebracht. Wurde nun über die Alhidade AL gegen ein Gestirn S

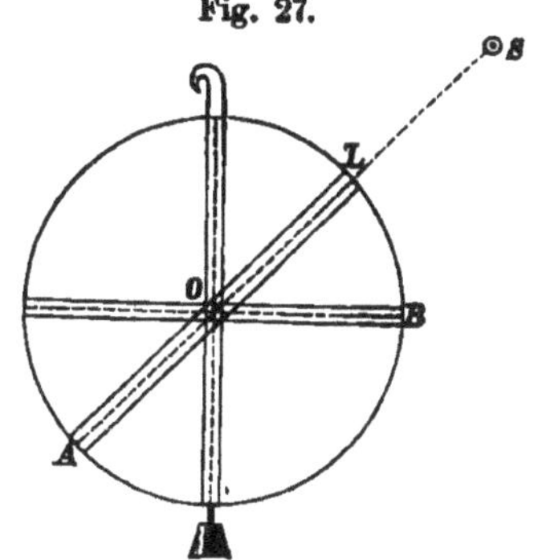

Fig. 27.

visirt, so konnte die Höhe unmittelbar am Ring als Abstand der Alhidade vom horizontalen fixen Halbmesser abgelesen werden. $(\sphericalangle SOB = h.)$

Der **Jacobstab.** An einem Stab od war ein zweiter etwas kürzerer und breiterer ab als Schieber angebracht. Beim Beobachten wurde das Auge an das Ende des längeren fixen Stabes O (Fig. 28) gehalten und über die Ränder des kürzeren derart hinwegvisirt, dass man einerseits den Meereshorizont gegen Oa, anderseits das Gestirn S über den Rand des Schiebers sah. Der Schieber

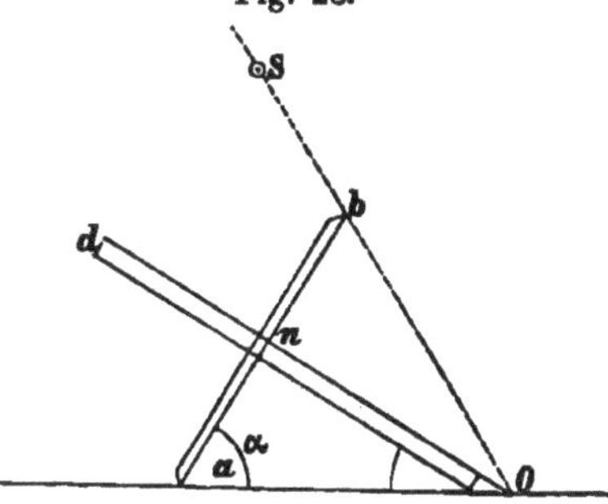

Fig. 28.

hatte eine solche Breite, dass bei Beobachtungen der Sonne diese bis zum Rande verdeckt und mithin das Auge geschützt wurde. Der längere Arm war getheilt und ergab unmittelbar die Höhe des Gestirnes auf $^1/_{10}$ Grad. Die Höhe ist durch den Winkel SOa gegeben und weil $an = nb$ ist und $\angle\, ano = 90^{\circ}$, folgt $\alpha = 90 - \dfrac{h}{2}$. Ferners ist $tg\,\alpha = \dfrac{no}{an} = cotg\,\dfrac{h}{2}$; no ist also direct von der Höhe abhängig und bleibt für gleiche Höhen immer gleich, da an constant ist. Wird für jede Höhe die entsprechende Länge des Stabes gerechnet und am Stab aufgetragen, so gibt die Ablesung unmittelbar die Höhe. Der Jacobstab wurde durch Vasco de Gama im Jahre 1497 nach Europa gebracht und ist eine indische Erfindung älteren Datums.

Seit dem Jahre 1594 war der vom bekannten englischen Seefahrer David erdachte Quadrant im Gebrauch. Die zwei Bogen ab und cd waren concentrisch

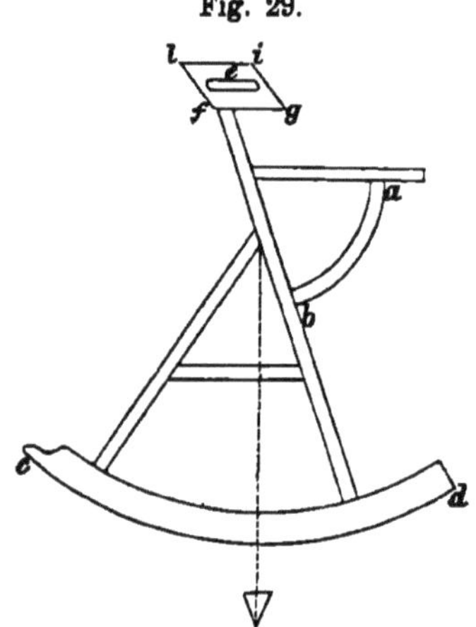

Fig. 29.

und ergänzten sich zu 90°. Der zum kleineren Radius gehörende Bogen ab betrug gewöhnlich 60°, der zum grösseren Radius gehörende cd 30°. Im Centrum dieser Bögen war in einem Querstücke $ilgf$ eine Spalte e und auf jedem Bogen ein Diopter angebracht. Durch das untere Diopter wurde gegen den Meereshorizont, durch das obere und die Spalte gegen das Gestirn visirt. Bei Sonnenbeobachtungen war das Visiren nach der Sonne nicht nöthig, da die Visur durch den Sonnenstrahl gegeben war, welcher durch die Spalte ging. Die Höhe ergab sich bei diesen Instrumenten als Summe der Ablesungen an beiden Bögen, von ihrer Verbindungslinie an gezählt.

Im 18. Jahrhundert wurden die Reflexionsinstrumente eingeführt. Man schrieb die Erfindung des ersten Reflexionsinstrumentes dem Vice-Präsidenten der Royal-Society John Hadley zu, dessen Namen auch ein von einem englischen Mechaniker im Jahre 1731 nach Angabe Hadley's verfertigtes Reflexionsinstrument trug (Hadley's Quadrant). Es ist jedoch erwiesene Thatsache, dass schon ein Jahr früher Thomas Godfrey, ein Glasindustrieller aus Philadelphia dem Präsidenten von Pennsilvanien und dieser wieder der Royal-Society zu London, die Erfindung desselben Instrumentes mittheilte. Immerhin wäre es möglich, dass Hadley und Godfrey dieselbe Erfindung fast gleichzeitig gemacht hätten; allein, ein die Sache darlegender Umstand ist wohl der, dass man in den nachgelassenen Schriften Hadley's die Beschreibung eines solchen Instrumentes von Newton's Hand geschrieben vorfand.

Der jetzt im Gebrauch stehende Spiegelsextant, sowie der Octant bestehen aus einem metallenen Kreisausschnitte, dessen Bogen — Limbus genannt — getheilt und dessen Fläche zur Gewichtsverminderung mehrfach ausgenommen ist. Ein beweglicher

Halbmesser bildet die Alhidade; im Drehungspunkte der letzteren ist der sogenannte grosse Spiegel senkrecht auf der Ebene des Instrumentes befestigt. Der zweite — kleiner Spiegel genannt — ist fix auf der vom Nullpunkte entfernteren Seite des Limbus befestigt und zur Hälfte mit Spiegelfolie belegt. Jenes Ende der Alhidade, welches auf dem Limbus aufliegt, bildet den Weiser zur Eintheilung des letzteren. Behufs genauerer Ablesung ist an der Alhidade ein Nonius angebracht. Die Länge des Bogens ist beim Sextanten $^1/_6$, beim Octanten $^1/_8$ des Kreisumfanges, wovon auch die Benennung Sextant und Octant herrührt.

Der grosse und der kleine Spiegel sind eingefasst. Am Fusse des grossen Spiegels ist eine Schraube angebracht, welche die Fassung desselben mit der Alhidade verbindet; das Anziehen oder Lüften dieser Schraube bewirkt eine Aenderung der Lage der Spiegelfläche gegen die Ebene des Instrumentes. Hinter dem kleinen Spiegel befinden sich zwei Schräubchen, mittelst welchen dieser um eine verticale und um eine horizontale Achse gedreht werden kann.

Auf gleicher Höhe mit dem kleinen Spiegel und demselben gegenüber befindet sich auf der Ebene des Sextanten ein Ring mit Gewinden, in welche ein Fernrohr oder ein einfaches Durchsehrohr eingeschraubt wird. Gewöhnlich werden zu jedem Sextanten ein astronomisches Fernrohr von zwei- bis zwölffacher Vergrösserung mit Fadenkreuz, ein terrestrisches Fernrohr und ein gewöhnliches Durchsehrohr geliefert. Der zur Aufnahme des Fernrohres bestimmte Ring besteht aus zwei aneinander liegenden Scheiben, die durch Schräubchen verbunden sind. Eine grössere auf der rückwärtigen Seite des Instrumentes angebrachte Schraube dient dazu, das Fernrohr parallel mit sich selbst zu verschieben. Ist die optische Achse des Fernrohres der Sextantenebene näher, so fallen mehr Strahlen eines durch den kleinen Spiegel reflectirten Bildes in das Gesichtsfeld; ist hingegen die Achse des Fernrohres entfernter, so fallen mehr Strahlen eines durch den unbelegten Theil direct gesehenen Bildes auf das Gesichtsfeld und es wird somit eines oder das andere der durch das Fernrohr gesehenen Bilder schärfer erscheinen.

Damit das Auge beim Visiren gegen sehr helle Gegenstände möglichst geschont werde, sind vor dem grossen Spiegel und dem unbelegten Theil des kleinen Spiegels Blendgläser von verschiedener Farbe derart angebracht, dass sie um eine Seite der Fassung drehbar sind. Am rückwärtigen Theil des Instrumentes befindet sich eine Handhabe.

39. Theorie des Sextanten. Sind die Spiegel parallel und senkrecht zur Ebene des Instrumentes und die optische Achse des Fernrohres mit der Sextantenebene parallel, so wird ein Strahl HO (Fig. 30), welcher den grossen Spiegel in O trifft, gegen O' und von da gegen das Auge in A reflectirt. Ist nun H genügend weit vom Auge, so werden die zwei Linien HO und AO' parallel sein, somit H vom Auge durch den unbelegten Theil des kleinen Spiegels gesehen werden; gleichzeitig aber sieht das Auge das Bild, welches im kleinen Spiegel durch die Reflexion entstanden ist. Fallen nun die Lichtstrahlen eines Gestirnes S auf den grossen

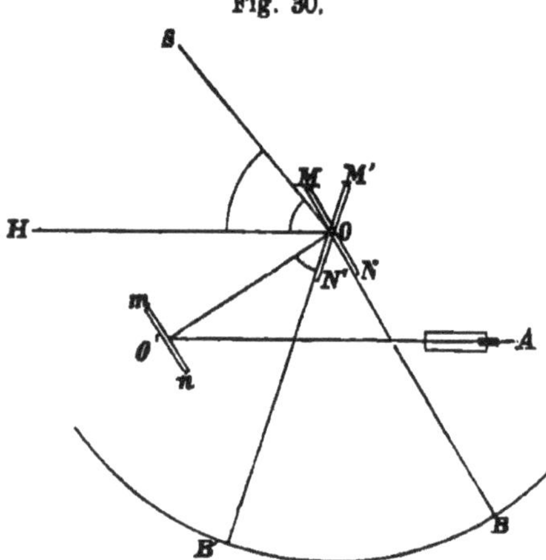

Fig. 30.

Spiegel, so werden dieselben durch doppelte Reflexion zum Auge gelangen, wenn der grosse Spiegel derart gedreht wird, dass die reflectirten Strahlen in der Richtung OO' auf den kleinen Spiegel fallen, also wenn $\angle SOM' = O'ON'$ wird. SOH ist der Winkel, den das Gestirn S mit dem Gegenstande H beim Augpunkt bildet, oder wenn H die Kimm vorstellt, ist Winkel SOH die Höhe des Gestirnes über der Kimm. Dieser Winkel ist durch die Drehung des grossen Spiegels von der parallelen Stellung hinweg, beziehungsweise durch die Drehung der Alhidade gegeben. Es ist nämlich:

$$\angle HOM = \angle HOS + \angle SOM' - \angle MOM'$$

und

$$\angle O'ON = \angle O'ON' + \angle N'ON.$$

$\angle HOM = \angle O'ON$, daher:

$$\angle HOS + \angle SOM' - \angle MOM' = \angle O'ON' + \angle N'ON.$$

Nun ist: $\angle MOM' = \angle NON'$ als Scheitelwinkel und $\angle SOM' = \angle O'ON'$, weil Einfalls- und Reflexionswinkel, daher:

$$\angle HOS = 2NON' = 2BOB'.$$

Die Drehung der Alhidade gibt somit die Hälfte des zu messenden Winkels. Um nicht jede Ablesung durch zwei dividiren zu müssen, ist der Limbus in halbe Grade, die als ganze Grade bezeichnet sind, eingetheilt, so dass mit dem Sextanten Winkel bis zu $120°$ gemessen werden können.

40. Der Nonius. Jeder Grad am Limbus ist in 2, 3, 4 oder 6 Theile getheilt, was die Ablesung auf $1/_2$ bis $1/_6$ Grad ermöglicht und die Schätzung auf 2·5′ gestattet. Um die Genauigkeit nach Möglichkeit zu erhöhen, trägt die Alhidade statt eines einfachen Zeigers einen Nonius. Der Nonius besteht aus einem getheilten mit dem Limbus concentrischen Bogen, welcher eine gewisse Anzahl Theilstriche des Limbus umfasst. Mit Hilfe desselben ist je nach seiner Einrichtung die Ablesung auf 20 oder 15 Secunden, die Schätzung auf 5, beziehungsweise 3 Secunden möglich. Zur Erleichterung der Ablesung am Nonius ist ober demselben eine Loupe und eine Blende angebracht.

Es sei allgemein a Minuten der Werth eines Theilstriches am Limbus und es umfasse der Nonius n solche Theile, so ist seine Länge $n a$ Minuten. Wird die ganze Länge des Nonius in $n \pm 1$ Theile getheilt, so ist der Werth eines Theilstriches gleich $\frac{n a}{n \pm 1}$. Der Unterschied zwischen einem Limbus- und einem Noniustheil ist dann $a - \frac{n a}{n \pm 1} = \pm \frac{a}{n \pm 1}$. Im ersten Falle, wenn der Nonius in $n + 1$ Theile getheilt wurde, ist die Differenz $\frac{a}{n + 1}$, d. h. jeder Theil des Nonius ist um diese Grösse kleiner als ein Theilstrich am Limbus. Nonien mit solcher Theilung sind bei den meisten Sextanten im Gebrauch und heissen vorwärts tragende. Ihr Nullpunkt ist rechts, die Theilung von rechts gegen links von 0 bis 10.

Ist der Nonius in $n - 1$ Theile getheilt, so ist jeder Theil des Limbus um $\frac{a}{n - 1}$ grösser als ein Theil des Nonius. Ein solcher Nonius wird rückwärts tragend genannt. Die Bezifferung läuft in diesem Falle jener am Limbus entgegen.

Coincidirt beim vorwärts tragenden Nonius der Nullpunkt desselben mit dem Nullpunkt des Limbus, so weichen die folgenden Theilstriche um $\frac{a}{n + 1}$, $\frac{2 a}{n + 1}$, $\frac{3 a}{n + 1}$ etc. von einander ab, und weil die Noniustheile kleiner als die Limbustheile sind, bleibt jeder Theilstrich des Nonius um den jeweiligen Betrag dieser Verkürzung rechts vom Theilstrich des Limbus. Hieraus folgt, dass die nächstfolgenden Theilstriche des Nonius um $\frac{a}{n + 1}$, $\frac{2 a}{n + 1}$ etc. nach links verschoben werden müssen, um mit jenen am Limbus übereinzustimmen. Coincidirt daher Theilstrich x des Nonius mit einem Theilstrich des Limbus, so liegt der Nullpunkt des Nonius um $\frac{a x}{n + 1}$

links vom Nullpunkt des Limbus, und wenn der Nullpunkt des Nonius als Zeiger der Limbustheilung dient, die Ablesung $\frac{ax}{n+1}$. Jede andere Ablesung am Nullpunkt des Nonius bei beliebiger Stellung der Alhidade ist daher um den Betrag $\frac{ax}{n+1}$ zu vermehren, wobei x jenen Theilstrich des Nonius bedeutet, welcher mit einem Theilstrich des Limbus coincidirt.

Bei den meisten Sextanten ist jeder Grad des Limbus in 6 Theile getheilt. Der Nonius umfasst bei diesen Sextanten 59 Theilstriche; es ist also $na = 59$ und $\frac{a}{n+1} = \frac{60}{6} = 10''$. Der Werth eines Theilstriches des Nonius ist somit um 10" kleiner als jener der Limbustheile. Ist nun der 6., 12., 18. etc. Theilstrich in Coincidenz, so ist der Index der Theilung um 6.$\frac{1}{6}'$, 12.$\frac{1}{6}'$ etc. links vom letzten Strich und die Ablesung um 1', 2'... etc. zu vermehren. Diese Theilstriche sind am Nonius schärfer markirt und jeder zweite ist mit 0, 2, 4 etc. bis 10 bezeichnet. Bei der Beobachtung werden somit die Grade und Zehner von Minuten direct am Limbus abgelesen und nachgesehen, welcher der Hauptstriche des Nonius am besten übereinstimmt; dieses gibt die Einheiten der Minuten. Nun sieht man nach, welcher Strich zwischen der abgelesenen und der nächsten Minuteneinheit des Nonius mit einem Theilstrich am Limbus am besten übereinstimmt und erhält auf diese Weise entsprechend $1 \times \frac{1}{6}' = 10''$, $2 \times \frac{1}{6}' = 20''$ etc. bis $5 \times \frac{1}{6}' = 50''$. Ein geübter Beobachter kann das mangelhafte Uebereinstimmen der Theilstriche benützen, um 5, ja selbst 3" abzuschätzen.

41. Der Gebrauch des Instrumentes zum Messen von Höhen und Winkeln ist folgender:

Soll die Höhe eines Gestirnes über der Kimm beobachtet werden, so wird, nachdem das astronomische Fernrohr eingeschraubt und dem Auge angepasst wurde, dasselbe mittelst der grossen Schraube des Fernrohrringes so lange gehoben oder gesenkt, bis man beide Bilder, so gut als möglich, gleich hell sieht. Die Fäden des Ocularrohres werden hierauf parallel mit der Ebene des Instrumentes gestellt. Wird das Instrument im Verticalkreis eines Gestirnes gehalten und gegen jenen Punkt der Kimm visirt, welcher im Höhenkreis des Gestirnes liegt und die Alhidade so lange bewegt, bis das reflectirte Bild nahezu die Kimm berührt, so ist die Alhidade mit der an der unteren Fläche derselben angebrachten

Schraube an den Limbus festzuklemmen. Zur Herstellung der genauen Berührung dient die an der Alhidade angebrachte Mikrometerschraube. Um beurtheilen zu können, ob man genau im Vertical des Gestirnes beobachtet hat, wird das Instrument während der Beobachtung um die Fernrohrachse langsam gegen rechts und links gedreht, bei welchem Vorgang das Gestirn nie in die Kimmlinie einschneiden darf. Bei Beobachtungen des Mondes und der Sonne bringt man einen der beiden Ränder mit der Kimm in Berührung und hat dann den oberen oder unteren Rand eingestellt, je nachdem sich die Sonne ober- oder unterhalb der Kimm befand, da das astronomische Fernrohr die Bilder umkehrt.

Bei Nacht können die zur Beobachtung gewählten Gestirne leicht mit anderen verwechselt werden; aus diesem Grunde ist es besser, das Gestirn direct anzuvisiren und durch Drehung der Alhidade das reflectirte Bild des Meereshorizontes mit demselben zur Berührung zu bringen. Dreht man dann das Instrument gegen den Meereshorizont derart, dass derselbe direct gesehen wird, so ist auch das Gestirn so ziemlich auf seine Höhe eingestellt und es geschieht nun die feinere Einstellung mit Hilfe der Mikrometerschraube.

Soll die Distanz des Mondes von irgend einem Gestirne genommen werden, so wird die Beobachtung dadurch erleichtert, dass man die beiläufige Distanz der Efemeride entnimmt und die Alhidade für diese Distanz einstellt. Nun wird gegen eines der Gestirne gesehen und das Instrument so lange um die Gesichtslinie gedreht, bis auch das andere Gestirn sichtbar wird, worauf die schärfere Einstellung erfolgt.

Die Höhe wird stets über jenem Horizont beobachtet, der dem Gestirne näher liegt.

Der Sextant kann auch zum Messen des Winkels zweier terrestrischer Gegenstände gebraucht werden. Man visirt in diesem Falle gegen das links liegende Object und bringt durch Drehung der Alhidade das reflectirte Bild des anderen Gegenstandes mit ersterem zur Deckung, wobei unter Umständen der Sextant horizontal oder schräg gehalten werden muss. Für die Messung solcher Winkel gebraucht man entweder ein Fernrohr oder das Durchsehrohr.

42. Vor der Anschaffung eines Sextanten oder wenn ein solcher durch längere Zeit ausser Gebrauch war, wird man sich überzeugen müssen, ob die einzelnen Theile desselben ihre normale Stellung einnehmen und die angeforderte richtige Beschaffenheit haben. Es gibt Fehler am Sextanten, die jeder Beobachter aufheben oder in Rechnung bringen kann, es gibt aber auch solche, welche das Instrument unbrauchbar machen.

Vor der Besprechung der allgemeinen Prüfung, die ein für alle Mal oder nur seltener ausgeführt wird, soll hier ein Fehler besprochen werden, welcher bei jeder Beobachtung geprüft und bestimmt werden muss. Dieser Fehler ist der sogenannte Indexfehler.

Damit die Ablesung am Nullpunkt des Nonius den gemessenen Winkel gebe, muss bei paralleler Stellung der Spiegel der Nullpunkt der Alhidade genau mit dem Nullpunkt auf dem Limbus übereinstimmen, eine Bedingung, der kein Instrument entspricht. Man kann diesen Fehler durch die bei Beschreibung des kleinen Spiegels erwähnten Schräubchen corrigiren. Stellt man die Alhidade auf Null, so sollen sich, wenn man gegen einen scharf markirten und genügend entfernten Gegenstand visirt, das direct gesehene und das reflectirte Bild decken. Findet dies nicht statt, so wird der kleine Spiegel durch Lüften oder Anziehen der äusseren Schraube so lange gedreht, bis die Deckung vollkommen hergestellt ist. Da dieses Vorgehen zu zeitraubend und bei manchen, besonders bei oft in Gebrauch stehenden Instrumenten sehr schwer durchzuführen ist, ist es zweckmässiger, die Abweichung des Index vom Nullpunkte der Theilung bei paralleler Stellung der Spiegel zu ermitteln und in Rechnung zu bringen. Diese Abweichung ist der Betrag des Indexfehlers. Man kann selben ermitteln, indem man die beiden Bilder eines entfernten scharf begrenzten Gegenstandes, z. B. der Sonne oder eines Gestirnes zur Deckung bringt und die Abweichung des Index am Nonius vom Nullpunkte des Limbus abliest. Fällt der Index rechts vom Nullpunkt, so werden alle Ablesungen zu klein, daher der Indexfehler positiv; fällt der Index links vom Nullpunkt, so ist der Indexfehler negativ. Zur See eignet sich zu dieser Bestimmung der Meereshorizont.

Eine zweite und zugleich die genaueste Methode, den Indexfehler zu bestimmen, ist folgende. Visirt man das Instrument vertical haltend die Sonnenscheibe an und bringt die Ränder der beiden Bilder zur Tangirung, so dass das reflectirte Bild einmal oben und einmal unten ist, so gibt die halbe algebraische Summe der beiden Ablesungen den Indexfehler, wobei man die Ablesung, bei welcher der Index rechts vom Nullpunkt des Limbus fällt als positiv, die andere als negativ ansieht. Bei der Ablesung rechts vom Nullpunkt ist die Theilung des Nonius verkehrt zu nehmen, d. h.

den 10 als 0, die 0 als 10 anzunehmen. Ist a der Nullpunkt des Limbus (Fig. 31) $ab = m$ die positive, $ac = n$ die negative Ablesung, so ist, wenn $m > n$, $m - n = 2x$ der Unterschied der Ablesungen. Ist nun $bd = cd$, so ist $m = db + ad$ und $n = dc - ad$, folglich:

Fig. 31.

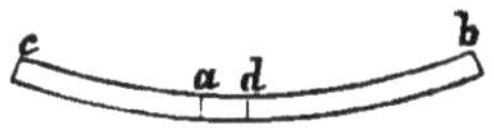

$$m - n = (db - dc) + 2ad$$

und

$$\frac{m + (-n)}{2} = ad.$$

ad ist aber nichts anderes als der Betrag des Indexfehlers. Bei dieser Bestimmungsmethode hat man gleichzeitig eine vorzügliche Controle für die Richtigkeit der Beobachtung, da der vierte Theil der beiden Ablesungen dem scheinbaren Halbmesser der Sonne gleich sein muss.

B e i s p i e l. Am 3. November wurde der Indexfehler bestimmt.

Beobachtungen . . . . . + 31' 40"
        − 33' 0"

Differenz . . . − 1' 20"   Summe 64' 40"
Indexfehl. . . − 40".   Halb. 16' 10".

Der Indexfehler soll bei Beobachtungen, welche längere Zeit in Anspruch nehmen oder grössere Genauigkeit erfordern, vor und nach der Beobachtung bestimmt werden, da er sich durch Temperaturänderungen und sogar durch das feste Halten des Instrumentes beim Rollen und Stampfen des Schiffes ändern kann. Wird der Indexfehler nach der zuletzt beschriebenen Art bestimmt, so wende man für die zwei Bilder verschiedenartige Blendgläser an, da hiedurch eine bessere Beurtheilung der Berührung ermöglicht wird.

Die übrige Prüfung des Instrumentes erstreckt sich auf folgende Punkte:

1. Beide Spiegel müssen senkrecht auf der Sextantenebene stehen.

2. Die optische Achse des Fernrohres muss mit der Sextantenebene parallel sein.

3. Die Drehungsachse der Alhidade und der Mittelpunkt der Theilung des Limbus müssen übereinander fallen.

4. Die Theilungen des Gradbogens und des Nonius müssen richtig ausgeführt sein.

5. Die Flächen der beiden Spiegel müssen eben und parallel sein.

6. Die Flächen der Blendgläser müssen eben und parallel sein.

Um die normale Stellung des grossen Spiegels zu prüfen, halte man den Sextanten horizontal und zwar so, dass der grosse Spiegel zum Auge zu stehen komme, stelle hierauf die Alhidade ungefähr auf die Mitte des Limbus und sehe nach, ob das reflectirte Bild des Limbus mit dem direct gesehenen eine ungebrochene Fläche bildet. Ist dies nicht der Fall, so ist der grosse Spiegel gegen die Sextantenebene geneigt und zwar nach vorne oder nach rückwärts, je nachdem das reflectirte Bild des Gradbogens höher oder tiefer als der direct gesehene Theil steht. Der Fehler wird durch Lüften oder Anziehen der Schraube an der Fassung des grossen Spiegels corrigirt.

Die senkrechte Stellung des kleinen Spiegels ist auf folgende Art zu prüfen. Es wird mit dem Sextanten gegen die Sonne, Kimm oder sonst einen weit entfernten Gegenstand gesehen, die beiden Bilder einander genähert und nachgesehen, ob dieselben zur vollkommenen Deckung gebracht werden können, oder ob sie rechts und links aneinander vorübergehen. Ist letzteres der Fall, so wird dieser Fehler durch die zweite Schraube des kleinen Spiegels corrigirt. In See wird dieser Fehler am einfachsten annähernd dadurch untersucht und berichtigt, dass man, das Instrument vertical haltend, die beiden Bilder der Kimm genau zur Deckung bringt und nachsieht, ob die Deckung auch bei horizontaler Lage des Sextanten stattfindet.

Die parallele Stellung der optischen Achse des Fernrohres mit der Sextantenebene wird folgendermassen geprüft. Stellt man den Sextanten auf eine horizontale Unterlage, so ist auch die Ebene des Instrumentes horizontal; visirt man nun gegen einen sehr weit entfernten Gegenstand über die Ebene des Instrumentes hinweg, so wird dieser Gegenstand, wenn die optische Achse des Fernrohres mit der Ebene des Instrumentes parallel ist, im Mittelpunkt des Gesichtsfeldes sichtbar sein. Sind die Fäden des Oculars mit der Instrumentenebene parallel gestellt und erscheint das Bild des anvisirten Gegenstandes dem unteren oder dem oberen Faden näher, so ist das Fernrohr im letzteren Falle mit dem Objectivende, im ersteren mit dem Ocularende gegen die Sextantenebene geneigt. Dieser Fehler wird mit den am Fernrohrring befindlichen zwei Schräubchen corrigirt.

Die Genauigkeit der Theilung wird dadurch geprüft, dass man in verschiedenen Stellungen der Alhidade nachsieht, ob Nullpunkt und Zehner des Nonius gleichzeitig mit Theilstrichen des Limbus coincidiren. Wenn der Sextant von einer bewährten Firma herrührt, kann man wohl annehmen, dass die Theilung fehlerlos ist.

Die Genauigkeit der Ablesung hängt von der Beschaffenheit, d. i. von der Breite oder Dicke der Theilstriche ab; sind letztere zu breit, so wird die Ablesung ungenau, weil dicke Theilstriche einen zu grossen Theil des Bogens bedecken; sind die Theilstriche zu schmal, so ist durch ihre Feinheit die Schätzung der Coincidenz und somit die Ablesung besonders bei Nacht erschwert und ungenau.

Das am schwersten zu erfüllende Erforderniss, welches an einen guten Sextanten gestellt wird, ist das Zusammenfallen des Drehungspunktes der Alhidade mit dem Mittelpunkt der Theilung. Ein diesfälliger Fehler wird Excentricitätsfehler genannt; derselbe kann nicht aufgehoben werden und muss daher ermittelt und in Rechnung gebracht werden. Es sei C (Fig. 32) der Mittelpunkt der Theilung, K der Drehungspunkt der Alhidade, und es wäre der Winkelabstand a zweier Objecte M und N zu bestimmen. Bei der Messung dieses Winkels wird die Alhidade den zum Winkel AKB gehörigen Bogen $2a$ beschreiben; da der Mittelpunkt der Theilung mit dem Mittelpunkt der Alhidade nicht zusammenfällt, wird man einen anderen Winkel als den gemessenen, $\angle ACB = 2\alpha$ ablesen. Es ist dann

Fig. 32.

$2a - 2\alpha = 2x$ oder $a - \alpha = x$ der Fehler, welcher in der Winkelmessung gemacht wurde. Zur Ermittelung dieses Fehlers ist die Berechnung gewisser Grössen nöthig. Es sei CK (Fig. 33) gleich e, r der Halbmesser der Limbustheilung, p der Winkel BKP y und z, $\angle CAK$ und $\angle CBK$. Verlängert man die AC, AK, BC und BK, so ist: $\angle BKA = A''KB'' = a$ und $\angle BCA = A'CB' = \alpha$; wenn $A''KB'' - A'CB'$ der Kleinheit des Stückes CK wegen, gleich $A'A'' + B'B''$ angenommen wird, so erhält man:

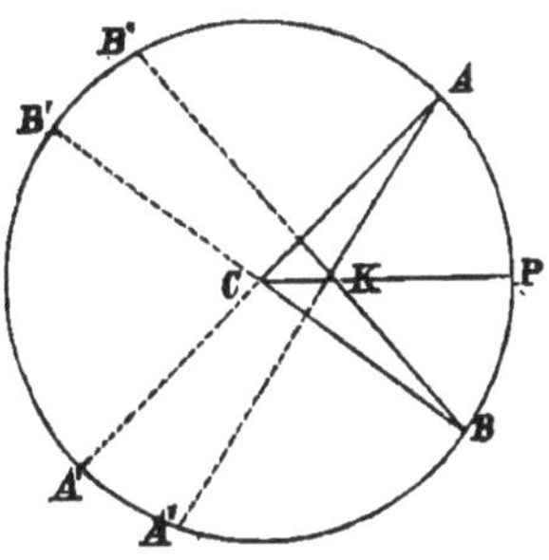

$$x = a - \alpha = A'A'' + B'B'' = y + z.$$

Aus $\triangle CKA$ ist: $\sin y = \dfrac{e \sin p}{r}$, aus $\triangle CBK : \sin z = \dfrac{e \sin (a - p)}{r}$ oder wegen der Kleinheit von y und z:

$$y = \frac{e}{r \sin 1''} \sin p, \qquad z = \frac{e}{r \sin 1''} \sin (a - p).$$

Addirt man y und z, so erhält man:

$$y + s = x = \frac{e}{r\,\sin 1''}\,[\sin p + \sin (a - p)]$$

$$= \frac{e}{r\,\sin 1''}\, 2\,\sin\frac{a}{2}\,\cos\left(\frac{a}{2} - p\right).$$

Setzt man der Einfachheit wegen $\frac{e}{r\,\sin 1''} = E$, so wird:

$$\alpha) \quad x = 2\,E\,\sin\frac{a}{2}\,\cos\left(\frac{a}{2} - p\right).$$

Wenn für einen anderen gemessenen Winkel $2\,a'$ die entsprechende Ablesung am Limbus $2\,\alpha'$ und der Fehler $2\,x'$ ist, so geht Gleichung α) in:

$$\beta) \quad x' = a' - \alpha' = 2\,E\,\sin\frac{a'}{2}\,\cos\left(\frac{a'}{2} - p\right)$$

über. e, r und p bleiben für dasselbe Instrument immer gleich; es sind daher in den Gleichungen α) und β) E und p constante Grössen. Aus den beiden Gleichungen folgt:

$$\gamma) \quad \frac{x}{2\,\sin\frac{a}{2}} = E\,\cos\left(\frac{a}{2} - p\right) = m$$

$$\frac{x'}{2\,\sin\frac{a'}{2}} = E\,\cos\left(\frac{a'}{2} - p\right) = m'.$$

m und m' sind Bezeichnungen, die zur Erleichterung der Rechnung eingeführt wurden. Nun ist:

$$\frac{a'}{2} - p = \left(\frac{a'}{2} - p\right) + \frac{a}{2} - \frac{a}{2} = \left(\frac{a}{2} - p\right) + \tfrac{1}{2}\,(a' - a)$$

und

$$\cos\left(\frac{a'}{2} - p\right) = \cos\left[\left(\frac{a}{2} - p\right) + \tfrac{1}{2}\,(a' - a)\right]$$

$$= \cos\left(\frac{a}{2} - p\right)\cos\tfrac{1}{2}\,(a' - a) - \sin\left(\frac{a}{2} - p\right)\sin\tfrac{1}{2}\,(a' - a).$$

Multiplicirt man die ganze Gleichung mit E, so ist:

$$E\cos\left(\frac{a'}{2} - p\right) = E\cos\left(\frac{a}{2} - p\right)\cos\tfrac{1}{2}\,(a' - a) -$$

$$E\,\sin\left(\frac{a}{2} - p\right)\sin\tfrac{1}{2}\,(a' - a)$$

Setzt man für $E\cos\left(\frac{a}{2} - p\right)$ und $E\cos\left(\frac{a'}{2} - p\right)$, m und m', so hat man:

$$m' = m\cos\tfrac{1}{2}\,(a' - a) - E\,\sin\left(\frac{a}{2} - p\right)\sin\tfrac{1}{2}\,(a' - a)$$

und daraus:

$$\delta) \quad E \sin\left(\frac{a}{2} - p\right) = \frac{m \cos\frac{1}{2}(a' - a) - m'}{\sin\frac{1}{2}(a' - a)}.$$

Die Gleichungen γ) und δ) enthalten nur zwei Unbekannte E und p, wenn die anderen in denselben enthaltenen Grössen durch zwei Winkelmessungen bestimmt wurden. Ist es nicht möglich aus Detailplänen den genauen Winkelabstand der Objecte zu bestimmen, so wird man denselben mittelst eines Theodoliten messen müssen. Sind die zwei Grössen E und p bekannt, so muss an jede Lesung am Sextanten $2L$, die Grösse

$$\eta) \quad 2x = 4E \sin\frac{M}{2} \cos\left(\frac{M}{2} - p\right)$$

angebracht werden, um den richtigen Winkel zu erhalten. Es ist also:

$$2M = 2L + 4E \sin\frac{M}{2} \cos\left(\frac{M}{2} - p\right).$$

Auf der rechten Seite der Gleichung kommt die noch unbekannte Grösse M vor, statt welcher der Kleinheit des Unterschiedes zwischen M und L wegen, für M, L eingesetzt wird, wodurch man erhält:

$$27) \quad 2M = 2L + 4E \sin\frac{L}{2} \cos\left(\frac{L}{2} - p\right).$$

Beispiel. Die Winkel, welche drei verschiedene Objecte mit dem Augpunkte bildeten, wurden mittelst eines Repetitionstheodoliten gemessen und $2a = 65^{\circ}\ 45'\ 20''$, $2a' = 109^{\circ}\ 33'\ 10''$ gefunden. Die wiederholte Messung mit einem Sextanten ergab im Mittel $2\alpha = 65^{\circ}\ 45'\ 15''$ und $2\alpha' = 109^{\circ}\ 33'$. Es sind die Constanten E und p und der Werth eines gemessenen Winkels $2L = 58^{\circ}\ 50'\ 10''$ zu ermitteln.

$2a = 65^{\circ}\ 45'\ 20''$	$2a' = 109^{\circ}\ 33'\ 10''$	$\frac{1}{2}(a'-a) = 10^{\circ}\ 56'\ 57{\cdot}5''$
$2\alpha = 65^{\circ}\ 45'\ 15''$	$2\alpha' = 109^{\circ}\ 33'\ \ 0''$	$\frac{a}{2} = 16^{\circ}\ 26'\ 20''$
$2x = \quad +\ 5''$	$2x' = \quad +\ 10''$	
$x = \quad +2{\cdot}5''$	$x' = \quad +\ 5''$	$\frac{a'}{2} = 27^{\circ}\ 23'\ 17{\cdot}5''$

Zur Berechnung der Constanten hat man:

$$E \sin\left(\frac{a}{2} - p\right) = \frac{m \cos\frac{1}{2}(a' - a) - m'}{\sin\frac{1}{2}(a' - a)}.$$

$$E \cos\left(\frac{a}{2} - p\right) = m,$$

woraus:

$$tg\left(\frac{a}{2} - p\right) = \frac{m \cos\frac{1}{2}(a' - a) - m'}{m \sin\frac{1}{2}(a' - a)}$$

und

$$m = \frac{x}{2\sin\frac{a}{2}}, \qquad m' = \frac{x'}{2\sin\frac{a'}{2}}.$$

$$\log x = 0\cdot39794 \qquad\qquad \log x' = 0\cdot69897$$

$$\log\sin\frac{a}{2} = 9\cdot45177 \qquad\qquad \log\sin\frac{a'}{2} = 9\cdot66277$$

$$\log 2 = 0\cdot30103 \;. \qquad\qquad\qquad 0\cdot30103$$

$$\log m = 0\cdot64514 \qquad\qquad \log m' = 0\cdot73517$$

$$m = 4\cdot417 \qquad\qquad m' = 5\cdot435.$$

$$\log m = 0\cdot64514$$

$$\log\cos\tfrac{1}{2}(a'-a) = 9\cdot99202$$

$$0\cdot68715$$

$$\text{Zahl} = 4\cdot3366$$

$$m' = 5\cdot4350$$

$$(\text{Zahl} - m') = 1\cdot0984 \quad \log\ldots 0\cdot04062 \qquad \frac{a}{2} - p = 52^{0}\ 37'\ 4''$$

$$\log m = 0\cdot64514 \qquad\qquad$$

$$\log\sin\tfrac{1}{2}(a'-a) = 9\cdot27862 \qquad \frac{a}{2} \qquad = 16^{0}\ 26'\ 10''$$

$$\log\operatorname{tg}\left(\frac{a}{2}-p\right) = 0\cdot11686 \qquad \frac{a}{2} \qquad\qquad p = 36^{0}\ 10'\ 44''$$

$$E = \frac{m}{\cos\left(\frac{a}{2}-p\right)} \quad \text{Correction für}\ \angle\ 2L = 4E\sin\frac{L}{2}\cos\left(\frac{L}{2}-p\right)$$

$$\log m = 0\cdot64514 \qquad \frac{L}{2} = 14^{0}\ 42'\ 33'' \qquad \log 4 = 0\cdot60206$$

$$\log\cos\left(\frac{a}{2}-p\right) = 9\cdot78328 \qquad p = 36^{0}\ 10'\ 44'' \qquad \log E = 0\cdot86332$$

$$0\cdot86186 \qquad \frac{L}{2}-p = 21^{0}\ 28'\ 11'' \qquad \log\sin\frac{L}{2} = 9\cdot40468$$

$$E = 7\cdot3''. \qquad\qquad\qquad \log\cos\left(\frac{L}{2}-p\right) = 9\cdot96876$$

$$0\cdot83882$$

$$\text{Correct.} = +\ 6\cdot9''$$

$$2L = 58^{0}\ 50'\ 10''$$

$$2M = 58^{0}\ 50'\ 17''$$

Hat man keine genauen Instrumente zur Verfügung, um den fehlerfreien Betrag des zu messenden Winkels zu ermitteln, so kann die Excentricität bestimmt werden, indem man die scheinbare Distanz von hellen und gut' bestimmten Fixsternen nimmt und mit der bekannten Sternzeit der Beobachtung, den Stundenwinkel, die scheinbare Zenithdistanz und das Azimuth jedes Sternes berechnet. Die Differenz der Azimuthe gibt den Winkel, den die Höhenkreise der beiden Gestirne am Zenith bilden. Im Dreieck zwischen Zenith und den beiden Gestirnen kennt man also die Zenithdistanzen z, z' und den von ihnen eingeschlossenen Winkel $(\omega - \omega')$; man kann somit die dritte Seite d' berechnen. Es ist:

$$cos\,d' = cos\,z'\,cos\,z + sin\,z'\,sin\,z\,cos\,(\omega - \omega')$$
$$= cos\,z'\,(cos\,z + sin\,z\,tg\,z'\,cos\,(\omega - \omega').$$

Wird ein Hilfswinkel x eingeführt und

$$tg\,x = tg\,z'\,cos\,(\omega - \omega')$$

gesetzt, so resultirt:

$$cos\,d' = \frac{cos\,z'\,cos\,(z - x)}{cos\,x}.$$

Der Unterschied dieser berechneten und der beobachteten Distanz ist, wenn die übrigen Fehler in Rechnung gebracht oder aufgehoben wurden, gleich dem Excentricitätsfehler.

Die Prüfung der Spiegelflächen, ob dieselben eben und parallel und von parallelen Ebenen begrenzt sind, geschieht auf nachstehende Art. Sind die beiden Flächen des Spiegels nicht parallel miteinander, so werden sie sich, wenn genügend verlängert gedacht, in einer geraden Linie treffen, die bei normaler Stellung des Spiegels auf der Sextantenebene senkrecht steht. Es sei $ABCD$ ein solcher Spiegel und E die Projection der Durchschnittlinie der zwei Flächen AB und CD (Fig. 33). Ein Lichtstrahl Fw, der parallel mit der Sextantenebene auf die Spiegelfläche fällt, wird bei w gebrochen und abgelenkt; in P angelangt, wird dieser Strahl gegen v reflectirt, um bei v abermals gebrochen und gegen vG abgelenkt zu werden. Ist der Punkt F unendlich weit entfernt, so wird ein bei v ankommender Strahl, welcher der Natur der Sache gemäss mit Fw parallel ist, nicht gegen vG zurückgeworfen, da

$$\angle\,KvG < \angle\,LwF$$

ist, sondern gegen vG' und zwar derart, dass $\angle\,G'vK = \angle\,LwF$

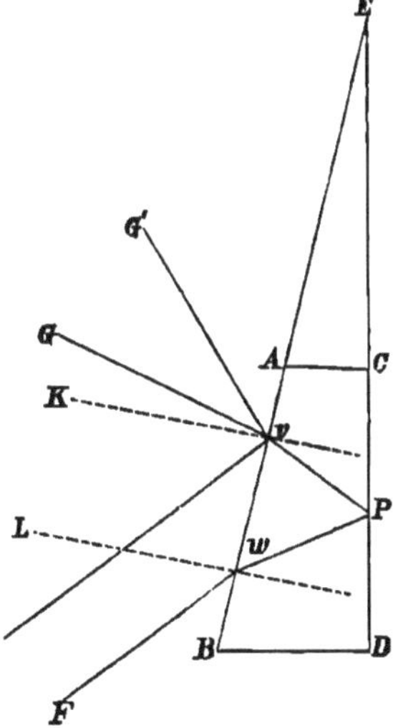

wird. Von einem unendlich weit entfernten Gegenstand entstehen daher beim prismatischen Spiegel zwei Bilder, welche um so weiter von einander abstehen, je grösser der Einfallswinkel FwL ist. Lässt man die Strahlen der Sonne unter einem sehr spitzen Winkel auf den Spiegel einfallen, so wird man nur ein Bild der Sonne sehen, wenn die Flächen des Spiegels parallel sind, hingegen zwei, wenn der Spiegel prismatisch geformt ist. Hieraus ergibt sich die einfache Art der Prüfung. Ist ein Fehler vorhanden, so wird die Grösse seines Einflusses ermittelt und bei jeder Winkelmessung in Rechnung gebracht. Zur Eruirung dieses Fehlers wird der Winkelabstand zwischen zwei scharf begrenzten Gegenständen gemessen, der Spiegel in seiner Fassung umgelegt und die Messung wiederholt. Der halbe Unterschied der beiden Messungen ist der für diese Stellung der Alhidade durch die prismatische Form des Spiegels bedingte Fehler. Bestimmt man für diesen letzteren verschiedene Stellungen der Alhidade, so kann man durch Interpolation eine Tabelle anfertigen, welche für jeden gemessenen Winkel die anzubringende Correction enthält.

Weil die Lichtstrahlen stets unter demselben Winkel vom grossen auf den kleinen Spiegel fallen, ist der durch die prismatische Form des letzteren entstehende Fehler constant und durch die Anbringung des Indexfehlers beseitigt.

Um zu prüfen, ob die Spiegel scharfe, nicht verzerrte Bilder liefern, was ein Beweis der Unebenheit des Spiegels wäre, wird das im Spiegel entstehende Bild der Sonne mit einem Fernrohre angesehen.

Sind die Flächen der Blendgläser nicht parallel, so werden die Lichtstrahlen beim Durchgang von der geraden Richtung abgelenkt; da aber diese Gläser immer die gleiche Stellung gegen die einfallenden Strahlen haben, so wird auch dieser Fehler von constantem Einfluss sein. Können die Sonnengläser mit der Fassung umgelegt werden, so bringt man die Sonnenbilder in Berührung, liest am Limbus ab, kehrt das Sonnenglas um und stellt die Berührung wieder her. Der halbe Unterschied der beiden Ablesungen gibt die Grösse des gesuchten Fehlers. Sind die Sonnengläser fix, so wird vor beide Spiegel ein Glas von mittlerer Helligkeit gestellt, die Bilder werden in Berührung gebracht, abgelesen, ein zweites Glas vorgeschoben und abermals die Berührung hergestellt und abgelesen. Der halbe Unterschied der beiden Ablesungen gibt den Fehler des zuletzt vorgeschobenen Glases.

Hat man alle Fehler genau untersucht, diejenigen, welche sich aufheben lassen, aufgehoben und die übrigen beim Beobachtungsresultate in Rechnung gebracht, so ist selbst beim besten Instrument und für geübte Beobachter noch immer eine Ungenauigkeit von circa 20″ möglich. Unter der Voraussetzung, das kein Excentricitätsfehler vorhanden, dass die Flächen der Spiegel eben und parallel sind, hat man als Minimalwerthe der übrigen Fehler: durch Abweichung der Fernrohrachse von der parallelen Stellung ± 15″, durch Neigung des grossen Spiegels gegen die Ebene des Sextanten circa ± 10″, durch den Fehler in der Abschätzung beim Ablesen ± 5″, endlich durch den Fehler in der Herstellung der Berührung der beiden Bilder ± 10″. Man hat dann als wahrscheinlichen Fehler einer einzelnen Beobachtung:

$$\sqrt{10^2 + 15^2 + 10^2 + 5^2} = 22''.$$

43. Capitain Davis brachte am gewöhnlichen Sextanten eine sehr sinnreiche Verbesserung zur Erhöhung der Genauigkeit im Beobachten bei Nacht an. Beim Beobachten ist nämlich die Pupille weit geöffnet, während sich dieselbe beim Ablesen mit Beleuchtung rasch zusammenzieht, wodurch die Schärfe und Genauigkeit der Ablesung stark beeinträchtigt wird. Diese Verbesserung besteht darin, dass eine Reihe von Beobachtungen rasch hintereinander ausgeführt werden kann, ohne das Auge jedesmal vom Fernrohre entfernen und ablesen zu müssen. Zu diesem Zwecke ist die gewöhnliche Mikrometerschraube, durch welche die feinere Einstellung hergestellt wird, in ein Mikrometer umgewandelt. Am Schaft innerhalb des Kopfes der sehr sorgfältig gearbeiteten Mikrometerschraube ist die sogenannte Mikrometertrommel a (Fig. 34) angebracht, deren Periferie durch keilförmige Einschnitte b in 10 gleiche Theile getheilt ist. Wenn die Trommel von einem Einschnitte bis zum nächsten gedreht wird, rückt die Schraube um $^1/_{10}$ der Höhe des ganzen Schraubenganges vor und es kann somit ermittelt werden, welcher Winkeländerung der Alhidade diese Drehung entspricht. Ein kleiner Sperrkegel c, der in die Einschnitte der Trommel passt und durch einen federnden Ansatz mit der Alhidade in

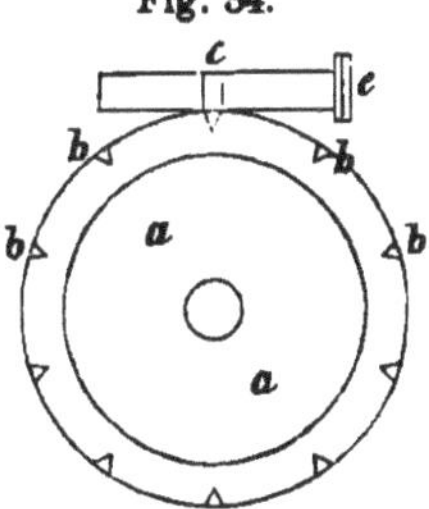

Fig. 34.

Verbindung steht, gibt beim Drehen der Schraube durch Einschnappen die jeweiligen Zehntel der Mikrometertrommel dem Gefühle und dem Gehör nach zu erkennen. Ist nun bekannt, um „wie viel der Nullpunkt des Nonius vorrückt, wenn die Trommel um $^1/_{10}$ gedreht wird (α), so braucht man nur die Alhidade einzustellen und die erste Ablesung zu notiren. Wird nun die Trommel um $^1/_{10}$

gedreht und die Zeit notirt, wann das Gestirn die dieser Stellung der Alhidade entsprechende Höhe annimmt, dann wieder um $^1/_{10}$ gedreht etc., so ist es nicht mehr nothwendig, jede gemessene Höhe abzulesen, da jede Höhe der vorhergehenden, um α vermehrt, gleich ist. Am besten wird es sein, die erste Ablesung zu unterlassen und erst nach der Beobachtung, wenn das Auge genügend ausgeruht hat, die letzte Höhe abzulesen. Um aber selbst die erste Einstellung markirt zu haben und sie später ablesen zu können, hat Davis am Limbus zwei Schieber mit Klampen angebracht, die mittelst Klammern festgehalten werden. Schiebt man nachträglich die Alhidade an den Schieber, welcher bei der ersten Beobachtung festgeklemmt wurde, so kann die erste Beobachtung abgelesen werden.

44. Die besten Instrumente für Höhenmessungen zur See sind die Reflexionskreise. Der Reflexionskreis von Pistor und Martin hat folgende Einrichtung. Der Limbus dieser Instrumente ist ein vollständiger Kreis und die Alhidade ein Durchmesser AB (Fig. 35) mit zwei Nonien A und B. Jeder Nonius ist als solcher

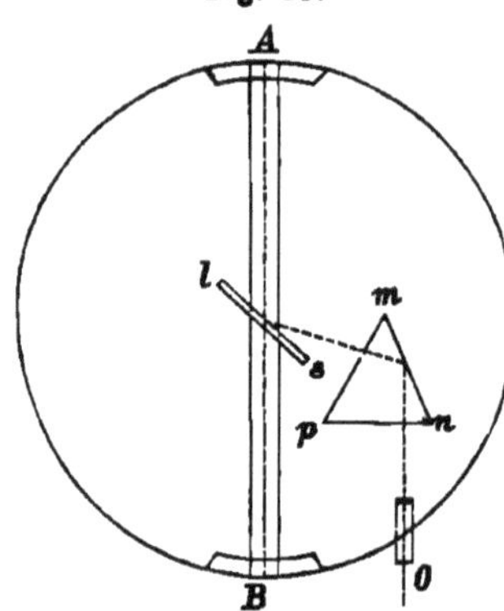
Fig. 35.

ein doppelter, wodurch bei jeder Messung eine vierfache Ablesung möglich ist. Der grosse Spiegel ist wie beim Sextanten im Centrum des Limbus angebracht, während der kleine Spiegel durch ein gleichschenkliges dreiflächiges Prisma mnp ersetzt ist. Die doppelte Reflexion findet wie beim Sextanten statt; das directe Bild wird frei über das Prisma hinweg gesehen. Um das direct gesehene und das reflectirte Bild gleich hell sehen zu können, ist der Fernrohrring zum Hinauf- und Hinabschrauben eingerichtet. Endlich sind wie beim Sextanten Blendgläser angebracht.

Mit dem Reflexionskreise können Winkel von $0-130^0$ und von 180 bis 260^0 gemessen werden. Von 130 bis 180^0 steht nämlich das Prisma oder der Kopf des Beobachters in der Richtung der Lichtstrahlen des einen Gegenstandes, über 260^0 hinaus fallen die Lichtstrahlen auf die belegte Seite des Spiegels. Haltet man aber das Instrument verkehrt, mit der Handhabe nach oben, so können analog wie früher Winkel von 360^0 bis 230^0, dann wieder von 100 bis 180^0 gemessen werden.

Die Lichtstärke von Spiegelbildern hängt vom Winkel ab, den der einfallende Strahl mit der Ebene des Spiegels bildet. Je kleiner dieser Winkel ist, desto schwächer sind die reflectirten Strahlen; je grösser der Winkel, desto vollständiger und folglich stärker wird der zurückgeworfene Strahl sein. Beim Sextanten bildet der zweimal reflectirte Strahl mit der Ebene des grossen Spiegels einen Winkel von 75° bei der Stellung der Alhidade auf Null und einen Winkel von 15° bei der Stellung auf 120°. Je grösser also der zu messende Winkel, desto schwächer werden die Bilder. Beim Reflexionskreise fallen hingegen die Lichtstrahlen bei der Stellung der Alhidade auf Null unter 20° und unter 80° bei der Stellung auf 120. Die Schärfe der Bilder wächst daher beim Reflexionskreise mit der Grösse des zu messenden Winkels.

45. Der Gebrauch und die Prüfung des Reflexionskreises geschieht wie beim Sextanten. Die Reflexionskreise sind frei vom Excentricitätsfehler, da jeder gemessene Winkel an beiden Nonien abgelesen wird. Beschreibt bei einer Winkelmessung der eine Nonius den Bogen AB (Fig. 36), so bewegt sich der gegenüberliegende von A' nach B'. Bezeichnet $2\alpha'$ den Bogen $A'B'$, p' den Winkel $A'KP$ von KA' an im Sinne der Theilung gezählt, so ist $p' = 180 + p$ und man hat:

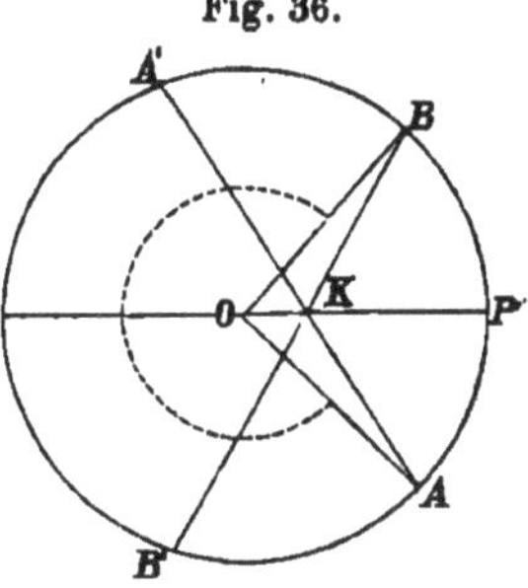

Fig. 36.

$$2M = 2L + 4E \sin \frac{M}{2} \cos\left(\frac{M}{2} - p\right),$$

$$2M = 2L' - 4E \sin \frac{M}{2} \cos\left(\frac{M}{2} - p\right),$$

woraus:

$$28)\quad 2M = \frac{2L + 2L'}{2}$$

folgt. Liest man daher bei der Messung eines Winkels beide Nonien ab, so gibt das Mittel der Lesungen den Betrag des gemessenen Winkels frei vom Excentricitätsfehler.

Arago weist in seinen Schriften unter Anführung einer grossen Serie von Beobachtungen nach, dass wegen der grossen Veränderlichkeit der Strahlenbrechung die berechneten Tafeln der Kimmtiefe Fehler bis zu $3\frac{1}{2}'$ enthalten können. Mittelst des Reflexionskreises kann die Höhe unmittelbar frei von der Kimmtiefe erhalten, oder es kann der Reflexionskreis zum Messen derselben verwendet werden. Hiezu muss ein Prisma vor dem Ocularende des Fernrohres angeschraubt werden. Hiedurch wird es möglich, von der Seite, d. h. senkrecht auf die Ebene des Instrumentes in das Fernrohr hineinzusehen, mithin zwei diametral gegenüberliegende Theile der Kimm gleichzeitig zu sehen und zur Berührung zu bringen. Die vom Indexfehler befreite und um 180° verminderte Ablesung gibt die doppelte Kimmtiefe.

Um die Zenithdistanz durch die directe Beobachtung frei von der Kimmtiefe zu erhalten, wird die Höhe des Gestirnes über dem Nord und über dem Südhorizont beobachtet. Ist Z (Fig. 37) das Zenith,

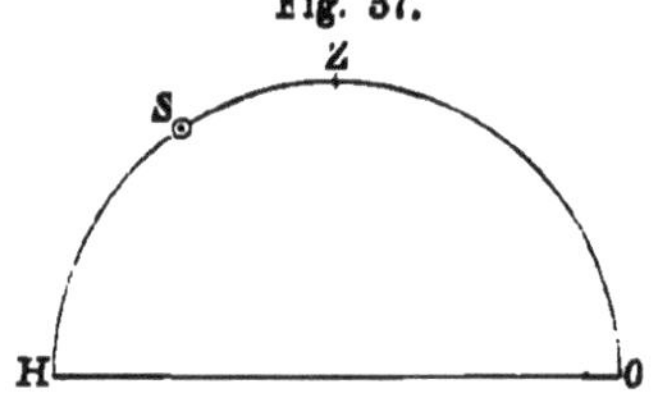

Fig. 37.

HO der Horizont, HZO ein Verticalkreis, endlich S das Gestirn, so ist: $SZ = 90 - (SH - K) =$ $= (SO - K) - 90°$; wobei K die Kimmtiefe bedeutet. Aus diesen beiden Gleichungen ergibt sich: $2SZ = SO - SH$ und $SZ = \frac{SO - SH}{2}$. Die beiden Höhen SO und SH müssen rasch nach einander genommen werden. Die resultirende Zenithdistanz entspricht dem Mittel der Beobachtungszeiten.

Eine wichtige und wohl die wichtigste Sache beim Beobachten ist die Uebung. Besonders schwierig ist die Messung von Winkeln zwischen Gegenständen, welche in einer schrägen Ebene liegen, und es kann nur fortgesetzte Uebung die hiezu nöthige Fertigkeit liefern.

B. Künstliche Horizonte.

46. Auf dem Lande, wenn die Kimm nicht sichtbar ist, beobachtet man die Höhe der Gestirne im künstlichen Horizonte. Es sind dies horizontale spiegelnde Flächen, in welchen durch Reflexion ein Bild des Gestirnes entsteht. Die Höhe eines Gestirnes mittels des künstlichen Horizontes wird gemessen, indem man das reflectirte Bild des grossen Spiegels und das im künstlichen Horizont direct gesehene Bild zur Berührung bringt. Bei der Sonne und beim Monde bringt man die Ränder zur Berührung und hat dann bei Anwendung des astronomischen Fernrohres die Höhe des oberen oder unteren Randes beobachtet, je nachdem das bewegliche Bild ober oder unter dem unbeweglichen steht. Am künstlichen Horizonte soll man bei Sonnenbeobachtungen stets gleich viele Höhen beider Ränder beobachten; das Mittel gibt die Höhe des Mittelpunktes.

Bei Beobachtungen über dem künstlichen Horizonte erhält man aus der Ablesung am Limbus den Betrag der doppelten Höhe. Ist S' (Fig. 38) das Bild des Gestirnes S, so steht ersteres von der Spiegelfläche MN um das Stück $S'N = SN$ ab und das Auge O beobachtet den Winkel $S'OS = 2SON = 2h$. Die Ablesungen am Instrument sind daher durch zwei zu dividiren, um die Höhe zu erhalten.

Fig. 38.

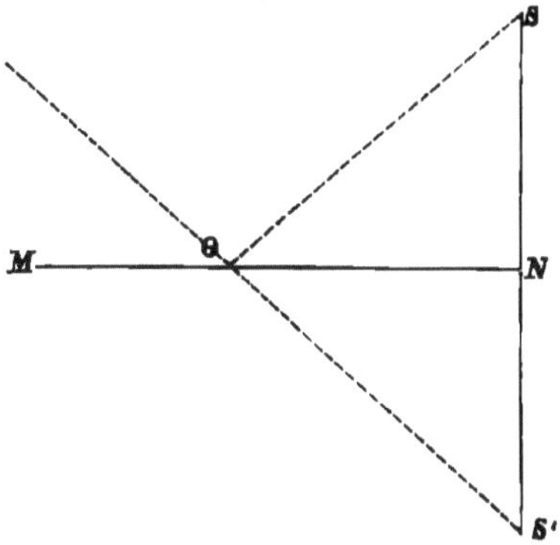

Zur Herstellung der künstlichen Horizonte werden gewöhnlich Flüssigkeiten, als: Oel, Theer, Tinte, Quecksilber etc. verwendet, da diese sich von selbst horizontal stellen. In der Regel wird Quecksilber angewendet, weil es am besten spiegelt und am wenigsten beweglich ist. Um das Quecksilber vor Luftzug zu schützen, stellt man über die Schale ein aus parallel geschliffenen Glasplatten oder aus Marienglas hergestelltes Dach. Bei Beobachtungen mit Glasdach wird man gut thun, letzteres umzukehren und für beide Stellungen desselben gleich viel Höhen zu nehmen, um so den Einfluss einer allfälligen prismatischen Gestalt der Gläser zu eliminiren.

C. Chronometer.

47. Die Einrichtung der Chronometer wird als bekannt vorausgesetzt und hier nur der Zweck und die Verwendung dieser Instrumente zur See besprochen.

Man nennt die Zeit, um welche ein Chronometer in einem bestimmten Augenblick gegen die Zeit eines Ortes voraus oder zurück ist, den Stand des Chronometers gegen diese Ortszeit. Die Aenderung des Standes in 24 Stunden wird der tägliche Gang genannt. Der Stand ist positiv, wenn das Chronometer zurück ist, weil in diesem Falle die Chronometerzeit um den Stand vermehrt werden muss, um die Zeit des betreffenden Ortes zu erhalten; hingegen negativ, wenn das Chronometer voraus ist. Der positive Stand wird immer mit (+), der negative mit (—) bezeichnet. In Uebereinstimmung mit der Bezeichnung des Standes wird der tägliche Gang mit (+) bezeichnet, wenn das Chronometer zurück bleibt, also wenn der positive Stand wächst oder der negative abnimmt; mit (—), wenn das Chronometer voraus eilt, d. h. der positive Stand ab-, der negative zunimmt. Wenn zwei Stände eines Chronometers gegen eine bestimmte Ortszeit und das Zeitintervall bekannt sind, so findet man den täglichen Gang, indem man den Unterschied der Stände durch die Zahl der verflossenen Tage dividirt.

Nach der Regelmässigkeit des Ganges eines Chronometers, die von höchster Wichtigkeit ist, wird dessen Güte beurtheilt. Selbst die besten Instrumente haben keinen absolut unveränderlichen Gang.

Ist der Gang gleichförmig und bekannt, und der Stand des Chronometers gegen die Zeit eines gegebenen Ortes für einen bestimmten Zeitpunkt gegeben, so kann der Stand für beliebige Augenblicke und gegen die Zeit eines beliebigen Meridianes leicht ermittelt werden. Zu diesem Zwecke wird der tägliche Gang mit der Anzahl der verflossenen Tage multiplicirt und das Product mit seinem Zeichen an den Stand des Chronometers, eventuell auch noch an die Längendifferenz entsprechend angebracht.

Beispiele. Stand des Chronometers gegen mittl. Greenw. Zeit am
5. März um $0^h\,0^m\,0^s$ . . . .$5./3.\,0^h\,0^m\,St. = +1^h\,55^m\,26{\cdot}5^s$
Stand gegen mittl. Greenw. Zeit am
11. April um $9^h\,35^m$ a. m. . . . .$11./4.\,9{\cdot}6^h$ a. m. $+1^h\,55^m\ \ 1{\cdot}0^s$

$$\text{Unterschied} \ldots\ldots\ldots 25{\cdot}5^s$$

Vom $5./3.\ 0^h\,0^m$ bis $11./4.\ 9{\cdot}6^h$ a. m. oder astronomisch

bis $10./4.\ 21{\cdot}6^h$ sind $36{\cdot}9$ Tage verflossen, daher Gang $= \dfrac{25{\cdot}5}{36{\cdot}9} = 0{\cdot}69^s$

Der positive Stand nimmt ab, daher Gang . . . . $-0{\cdot}69^s$.

2. Stand gegen mittl. Greenw. Zeit am $10./8.\,0^h\,0^m\,0^s$ . . . $-2^h\,13^m\,47{\cdot}0^s$
   „   „   „   „   „ $25./8.\,3^h$ p. m. $-2^h\,13^m\,40{\cdot}0^s$

$$7{\cdot}0^s$$

Zeitintervall vom $10./8.\ 0^h\,0^m$ bis $25./8.\ 3^h\,0^m = 15{\cdot}1$ Tage; der negative Stand nimmt ab, daher Gang: $\dfrac{7{\cdot}0}{15{\cdot}1} = +0{\cdot}46^s$.

3. Der Stand des Chronometers gegen mittl. Greenw. Zeit am 24. Juni $0^h\,0^m\,0^s$ war $-1^h\,45^m\,33^s$; der tägliche Gang $-0{\cdot}4^s$. Welcher ist der Stand gegen mittlere Greenw. Zeit am 29. Juni um 9^h a. m.

Vom 24. bis 28. Juni um 21^h sind 4·9 Tage verflossen.

$$\frac{4·9 \times - 0·4}{- 1·96} \quad \begin{array}{l} \text{Stand am 24./6. } 0^h\,0^m\ldots\ldots - 1^h\,45^m\,33^s \\ \text{Aenderung bis zum 28. um } 21^h \qquad\quad 1·96^s \end{array}$$

$$\text{Stand am 28. um } 21^h\ldots\ldots - 1^h\,45^m\,34·96^s.$$

4. Der Stand eines Chronometers gegen die mittlere Greenwicher Zeit des Ortes A ist $+ 3^h\,59^m\,26^s$. Welcher ist der Stand des Chronometers im selben Augenblick gegen die mittlere Zeit des Ortes B, welcher $0^h\,59^m$ Ost von A, und welcher der Stand gegen die Zeit des Ortes C, der $1^h\,4^m$ W. von A liegt.

Stand gegen mittl. Ortszeit $A + 3^h\,59^m\,26^s\ldots\ldots\ldots\ldots + 3^h\,59^m\,26^s$

B östlich vom Orte $A\ldots + 0^h\,59^m \qquad C$ westl. von $A - 1^h\,4^m$

Stand des Chronometers gegen $\qquad$ Gegen die mittl.

die mittlere Ortszeit in $B\ldots + 4^h\,58^m\,26^s$ Ortszeit in $C + 2^h\,55^m\,26^s$

48. Bildet man die Unterschiede der Stände eines Chronometers, deren Beobachtungszeiten um je einen Tag verschieden sind, so geben dieselben die täglichen Gänge und die Differenzen der Gänge die Aenderungen derselben. Wird die Aenderung des Ganges constant angenommen, so bilden die Chronometerstände eine arithmetische Reihe zweiter Ordnung. Es sei S der Stand des Chronometers gegen eine gegebene Zeit, g der zugehörige Gang und γ die Aenderung des Ganges, so sind g und γ die Anfangsglieder der ersten und zweiten Differenzreihe, und man hat für den Stand nach T Tagen oder für das Tte Glied der Reihe:

$$\alpha)\quad St = S + Tg + \binom{T}{2}\gamma.$$

Wird die Aenderung des Ganges unberücksichtigt gelassen, so ist $St = S + gT$. Aus dem allgemeinen Glied für den Stand nach T Tagen lässt sich der Einfluss eines fehlerhaften Ganges auf den ermittelten Stand ersehen. Differenzirt man die Gleichung $\alpha)$ nach St, g und γ, d. h. sucht man den Einfluss eines fehlerhaften Ganges und einer fehlerhaft angenommenen Aenderung desselben auf den Stand, so erhält man:

$$\delta St = T \delta g + \frac{T(T-1)}{1.2}\,\delta\gamma.$$

Man ersieht, dass bei grossen Zwischenzeiten das zweite Glied $\frac{T(T-1)}{1.2}\,\delta\gamma$ sehr gross werden kann, weshalb die Aenderung des Ganges nicht unberücksichtigt zu lassen ist.

Bei der angegebenen Art der Bestimmung des Ganges aus der Standesänderung in einer bestimmten Zeit blieb die Aenderung des Ganges unberücksichtigt. Unter Berücksichtigung der Aenderung des Ganges hat man, wenn S_0, S_1, S_2 die Stände zu den Zeiten T_0, T_1, T_2 und t_1, t_2 die Zwischenzeiten $T_1 - T_0$ und $T_2 - T_1$ bedeuten:

$$S_1 = S_0 + t_1 g + \binom{t_2}{2} \gamma$$

$$S_2 = S_0 + t_2 g + \binom{t_2}{2} \gamma$$

daher:

$$S_1 - S_0 = s_1 = t_1 g + \binom{t_1}{2} \gamma$$

$$S_2 - S_0 = s_2 = t_2 g + \binom{t_2}{2} \gamma.$$

Aus diesen Gleichungen ist g und γ bestimmbar und man erhält:

$$g = \frac{s_1 t_2 (t_2 - 1) - s_2 t_1 (t_1 - 1)}{t_1 t_2 (t_2 - t_1)}$$

$$\gamma = \frac{2 (s_2 t_1 - s_1 t_2)}{t_1 t_2 (t_2 - t_1)}.$$

Eine Formel zur Berechnung des wahrscheinlichsten Ganges ist folgende:

Bedeutet S_0 den Chronometerstand zur Zeit t_0

$$
\begin{array}{ll}
S_0 + S_1 & \qquad t_0 + t_1 \\
S_0 + S_2 & \qquad t_0 + t_2 \\
\vdots & \\
S_0 + S_n & \quad , \qquad t_0 + t_n
\end{array}
$$

so ist, wie hier nicht nachgewiesen werden kann:

$$\text{Gang} = \frac{S_1 t_1 + S_2 t_2 + \dots\dots S_n t_n}{t_1{}^2 + t_2{}^2 + \dots\dots t_n{}^2}.$$

VI. Chronometer-Controle.

49. In manchen Häfen wird der mittlere Mittag oder irgend eine bestimmte mittlere Zeit, durch das Fallenlassen eines Ballons signalisirt. Beobachtet man die Chronometerzeit dieses Augenblickes, so ist der Unterschied dieser und der Zeit, um welche das Zeitsignal gegeben wurde, der Stand der Uhr gegen die mittlere Zeit. Aus einer Serie solcher Beobachtungen kann der tägliche

Gang ermittelt werden. Der ermittelte Stand kann durch Anbringung der Länge auf den ersten Meridian bezogen werden.

Beispiel. Zu Liverpool beobachtete man am 15. November das Zeitsignal als das Chronometer $10^h 45^m 19{\cdot}5^s$ zeigte; am 20. November zeigte das Chronometer zur selben Zeit $10^h 45^m 24^s$. Welcher ist der tägliche Gang des Chronometers? (Die Zeitkugel fällt in Liverpool um 1^h mittlere Ortszeit.)

Zeitsignal am 15./11.... 1^h (oder 13^h) Am 20./1..... 1^h
Chronometerzeit........$10^h 45^m 19{\cdot}5^s$ ....$10^h 45^m 24^s$

Stand am 15./11. $+ 2^h 14^m 40{\cdot}5^s$ 20./1. $+ 2^h 14^m 36^s$
am 20./1. $+ 2^h 14^m 36{\cdot}0^s$

Aenderung $- 4{\cdot}5$ daher Gang $= - 0{\cdot}9^s$.

Geht das Schiff zum Beispiel am 20. November in See, so reducirt man den Stand auf den Greenwicher Meridian.

20./11. Chronometerstand gegen Liverpool um 1^h ....$+ 2^h 14^m 36^s$
Liverpool, West von Greenwich ....$- 12^m$

Chronometerstand gegen $1^h 12^m$ Greenwicher Zeit $= + 2^h 2^m 36^s$

Viele Seeleute pflegen zu diesen Beobachtungen das Chronometer auf Deck zu tragen; es ist jedoch rathsamer, sich hiebei eines genau verglichenen Pointers zu bedienen.

In Häfen, in welchen Sternwarten sind, kann der Vergleich des Bordchronometers auch directe mit der Normaluhr der ersteren stattfinden. Nachdem jedoch der Transport des Chronometers immer eine sehr heiklige Sache ist, so wird man auch in diesem Falle vorziehen, eine gute Secundenuhr zu benützen und dieselbe vor und nach der Beobachtung mit dem Bordchronometer zu vergleichen.

50. Zeitbestimmung aus Einzelhöhen. Misst man zu einer bestimmten Zeit die Höhe eines Gestirnes und ist die geografische Position des Beobachtungsortes gegeben, so kennt man im sfärischen Dreieck zwischen Zenith, Pol und Gestirn die drei Seiten s, p und ψ und es lässt sich daraus s nach Nr. 33 bestimmen. Bezüglich der für die Berechnung von s zu wählenden Formeln sei erwähnt, dass in der Praxis stets jene den Vorzug verdienen, welche die kürzeste Berechnungsart gestatten. Eine sehr bequeme Formel ist folgende :

$$\Sigma = \tfrac{1}{2}(p + \varphi + h)$$

und

$$\sin \frac{s}{2} = \sqrt{\frac{\sin \Sigma \sin (\Sigma - h)}{\cos \varphi \sin p}}.$$

Hat man Tafeln der natürlichen Functionen zur Verfügung, so wird die Rechnung des Stundenwinkels am schnellsten nach einer der folgenden Formeln ausgeführt:

$$2\,sin^2\frac{t}{2} = \frac{cos\,(\varphi - \delta) - sin\,h}{cos\,\varphi\,\,cos\,\delta}, \qquad 2\,cos^2\frac{t}{2} = \frac{cos\,(\varphi + \delta) + sin\,h}{cos\,\varphi\,\,cos\,\delta}.$$

Um die unvermeidlichen Beobachtungsfehler so gering als möglich zu machen, wird man bei Ausführung der Beobachtung gleich viel Höhen des oberen und unteren Randes hintereinander messen und für die Rechnung das Mittel derselben verwenden; dieses Mittel wird durch Anbringung der Correctionen in die wahre Höhe verwandelt.

Der Zählungsart des Stundenwinkels entsprechend, ist bei Sonnenbeobachtungen am Nachmittag der berechnete und in Zeit verwandelte Stundenwinkel die wahre Ortszeit der Beobachtung. Bei vormittägigen Beobachtungen ist der Stundenwinkel östlich, daher von 360° abzuziehen und erst dann in Zeit zu verwandeln. Wird an die wahre Zeit die Zeitgleichung mit ihrem Zeichen angebracht, so erhält man die mittlere Ortszeit der Beobachtung, welche mit der Chronometerzeit der Beobachtung verglichen, den Stand des Chronometers gegen mittlere Ortszeit ergibt.

Wurde die Höhe des Mondes, eines Planeten oder eines Fixsternes genommen, so muss nach Gleichung $t^s = s + \alpha$ an den berechneten Stundenwinkel die gerade Aufsteigung angebracht werden; die erhaltene Sternzeit wird dann in mittlere Zeit verwandelt.

Bei Fixsternen fällt die Correction der Höhe wegen Halbmesser und Parallaxe weg und man braucht für die Elemente der Efemeride keine Kenntniss der Greenwicher Zeit, sondern nur des Datums der Beobachtung.

Beim Mond ändern sich Declination und Rectascension sehr rasch; es ist daher eine ziemlich genaue Kenntniss der Greenwicher Zeit nothwendig.

Beispiele. In $\varphi = 12^0\,47'$ N., $\lambda = 42^0\,52'\,51''$ O. v. G. wurden am Vormittag des 1. Februars 1873 folgende Unterrandshöhen der Sonne über dem Meereshorizonte beobachtet.

$$\begin{array}{llr}
\text{Uhrzeit} \quad 9^h\ 53^m\ 54^s & \ldots\ldots\ldots\odot = 17^0\ 37'\ 40'' \\
54^m\ \ 8^s & \ldots\ldots\ldots\ldots\ 43'\ 40'' \\
21^s & \ldots\ldots\ldots\ldots\ 47'\ 10'' \\
33^s & \ldots\ldots\ldots\ldots\ 51'\ 10'' \\
46^s & \ldots\ldots\ldots\ldots\ 53'\ 30'' \\
58^s & \ldots\ldots\ldots\ldots\ 56'\ 50''
\end{array}$$

Stand der Secundenuhr gegen das Bordchronometer $+ 5^h 41^m 18.5^s$; Chronometer gegen mittlere Greenwicher Zeit beiläufig $+ 1^h 12^m$; Indexfehler $+ 10''$; Augeshöhe 5 Meter,

Man soll den genauen Stand des Chronometers gegen mittlere Greenwicher Zeit bestimmen.

$$\text{Mittlere Zeit der Secundenuhr} = 9^h 54^m 26.7^s$$
$$\text{Uhr gegen Chronometer} \ldots = 5^h 41^m 18.5^s$$
$$\text{Chronometerzeit} \ldots = 15^h 35^m 45.2^s$$
$$\text{Chronometer gegen Greenw.} + 1^h 12^m$$
$$\text{Beiläufige Greenwicher Zeit} = 16^h 47^m 45.2^s$$
$$= 16.8^h.$$

Damit findet man:

$$\delta \odot = 17^0\ 4'\ 41''\ \text{S.}$$
$$\text{Zeitgleichung} = + 13^m 52.1^s.$$

$$\odot h' = 17^0\ 48'\ 20''$$
$$\text{Indexfehler} \ldots + \quad 10''$$
$$\text{Kimmtiefe} \ldots - \quad 4'\ 00''$$
$$\text{Refraction} \ldots - \quad 2'\ 58''$$
$$\text{Parallaxe} \ldots + \quad 8''$$
$$\text{Halbmesser} \ldots + \quad 16'\ 16''$$
$$h \odot = 17^0\ 57'\ 56''$$
$$z = 72^0\ 2'\ 4'' \ldots \Sigma - z = 56^0\ 7'\ 48''$$
$$\psi = 77^0\ 13' \qquad \Sigma - \psi = 50^0\ 56'\ 52''$$
$$p = 107^0\ 4'\ 41'' \qquad \Sigma - p = 21^0\ 5'\ 11''$$
$$2\Sigma = 256^0\ 19'\ 45''$$
$$\Sigma = 128^0\ 9'\ 52''$$

$$tg\ \frac{s}{2} = \sqrt{\frac{sin\ (\Sigma - \psi)\ sin\ (\Sigma - p)}{sin\ \Sigma\ sin\ (\Sigma - z)}}$$

$$log\ sin\ (\Sigma - \psi) = 9.89018 \qquad \frac{s}{2} = 33^0\ 11'\ 34''$$
$$log\ sin\ (\Sigma - p) = 9.55603$$
$$9.44621 \qquad s = 66^0\ 23'\ 8''$$
$$= 4^h 25^m 23.5^s$$
$$log\ sin\ z \ldots = 9.89555 \qquad \text{Wahre Zeit} = 19^h 34^m 27.5^s$$
$$log\ sin\ (\Sigma - z) = 9.91924 \qquad \text{Zeitgleichung} = + 13^m 52.1^s$$
$$log\ tg^2\ \frac{s}{2} = 9.63142 \qquad \text{Mittl. Ortszeit} = 19^h 48^m 19.6^s$$

$$log\ tg\ \frac{s}{2} = 9.81571$$

$$
\begin{aligned}
\text{Mittlere Ortszeit} \ldots\ldots\ldots\ldots &= 19^{\mathrm{h}}\ 48^{\mathrm{m}}\ 19{\cdot}6^{\mathrm{s}}\\
\text{Länge} \ldots\ldots\ldots\ldots\ldots\ldots &= \ \ 3^{\mathrm{h}}\ \ 3^{\mathrm{m}}\ 31{\cdot}4^{\mathrm{s}}\\
\text{Mittlere Greenwicher Zeit} \ldots &= 16^{\mathrm{h}}\ 44^{\mathrm{m}}\ 48{\cdot}2^{\mathrm{s}}\\
\text{Chronometerzeit} \ldots\ \ldots\ldots\ldots &= 15^{\mathrm{h}}\ 35^{\mathrm{m}}\ 45{\cdot}2^{\mathrm{s}}\\
\text{Stand gegen mittl. Greenw. Zeit} &= +\ 1^{\mathrm{h}}\ \ 9^{\mathrm{m}}\ 43{\cdot}0^{\mathrm{s}}
\end{aligned}
$$

In den Morgenstunden des **23. Mai 1873** wurde um $3^{\mathrm{h}}\ 12^{\mathrm{m}}\ 40^{\mathrm{s}}$ Chronometerzeit die Höhe des unteren Mondrandes $\mathbb{C} = 9^{\circ}\ 15'\ 50''$ beobachtet. Die Augeshöhe betrug $7{\cdot}9$ Meter; Indexfehler $= -\ 10''$; beiläufiger Stand des Chronometers gegen mittlere Greenwicher Zeit $= +\ 2^{\mathrm{h}}\ 57^{\mathrm{m}}\ 29{\cdot}5^{\mathrm{s}}$. Der Mond war an der östlichen Seite des Meridians. Die geografische Position ist $\varphi = 35^{\circ}\ 17'$ Süd, $\lambda = 1^{\mathrm{h}}\ 38^{\mathrm{m}}\ 50^{\mathrm{s}}$ W.

Anm. In diesem Falle wird, weil die Breite südlich ist, die gleichnamige südliche Declination als positiv, die nördliche Declination als negativ angesehen.

Chronometerzeit $\ldots\ldots 3^{\mathrm{h}}\ 12^{\mathrm{m}}\ 40^{\mathrm{s}}$

Stand gegen Greenw. $2^{\mathrm{h}}\ 57^{\mathrm{m}}\ 29{\cdot}5^{\mathrm{s}}$

$$6^{\mathrm{h}}\ 10^{\mathrm{m}}\ \ 9{\cdot}5^{\mathrm{s}}$$

und da die Beobachtung in der Früh stattfand:

Greenw. Zeit am 22./5. $18^{\mathrm{h}}\ 10^{\mathrm{m}}\ 9{\cdot}5^{\mathrm{s}}$

$$
\begin{aligned}
\delta\ \mathbb{C} &= \ \ 6^{\circ}\ \ 6'\ \ 3''\ \text{N.}\\
\alpha &= +\ 1^{\mathrm{h}}\ 27^{\mathrm{m}}\ 40{\cdot}3^{\mathrm{s}}\\
T &= \ \ \ 4^{\mathrm{h}}\ \ 0^{\mathrm{m}}\ 43{\cdot}4^{\mathrm{s}}\\
\varrho &= 16'\ \ 4''\\
\pi &= 58'\ 49''
\end{aligned}
$$

$$
\begin{aligned}
\mathbb{C} &= 9^{\circ}\ 15'\ 50''\\
\text{Indexfehler} &\quad -\ 10''\\
&\quad 9^{\circ}\ 15'\ 40''\\
\text{Kimmtiefe} &\quad -\ \ 5'\ \ 2''\\
&\quad 9^{\circ}\ 10'\ 38''\\
\text{Refraction} &\quad -\ \ 5'\ 43''\\
\text{Scheinbare Höhe} &= 9^{\circ}\ \ 4'\ 55''
\end{aligned}
$$

Aus Tab. XIII der naut. Tafeln $\quad p = +\ 58'\ \ 3''$

$$\varrho = +\ 16'\ \ 4''$$

$$\text{Wahre Höhe} = 10^{\circ}\ 19'\ \ 2''$$

Mit ε, p und ψ oder mit h, φ und δ findet man nach einer der Formeln:

$$
\begin{aligned}
s &= 72^{\circ}\ 45'\ 50''\\
&= \ \ 4^{\mathrm{h}}\ 51^{\mathrm{m}}\ 3{\cdot}3^{\mathrm{s}}
\end{aligned}
$$

Der Mond war östlich, daher:

$$
\begin{aligned}
s &= \quad\ \ 19^{\mathrm{h}}\ \ 8^{\mathrm{m}}\ 56{\cdot}7^{\mathrm{s}}\\
\alpha &= +\ \ 1^{\mathrm{h}}\ 27^{\mathrm{m}}\ 40{\cdot}3^{\mathrm{s}}\\
\text{Ortssternzeit} &= \quad\ \ 20^{\mathrm{h}}\ 36^{\mathrm{m}}\ 37{\cdot}0^{\mathrm{s}},
\end{aligned}
$$

welche in mittlere Greenwicher Zeit verwandelt, Folgendes ergibt

$$
\begin{aligned}
\text{Mittlere Zeit in Greenwich} \ldots\ldots &= 18^{\mathrm{h}}\ 11^{\mathrm{m}}\ 44{\cdot}66^{\mathrm{s}}\\
\text{Chronometerzeit} \ldots\ldots\ldots\ldots &= 15^{\mathrm{h}}\ 12^{\mathrm{m}}\ 40{\cdot}00^{\mathrm{s}}\\
\text{Stand gegen mittlere Greenw. Zeit} &+\ \ 2^{\mathrm{h}}\ 59^{\mathrm{m}}\ \ 4{\cdot}66^{\mathrm{s}}
\end{aligned}
$$

Bestimmung des Chronometerstandes durch eine Höhe der Venus am 1. Jänner 1873; Uhrzeit $= 8^h 38^m 17^s$; Secundenuhr gegen Chronometer $= 3^h 38^m 50^s$; Chronometer gegen Greenwich $+ 1^h 6^m 5^s$. Beobachtete Höhe des Centrums $31^0 21'$. Augeshöhe 7·2 Meter; Indexfehler 0; $\varphi = 15^0 54'$ N., $\lambda = 4^h 51^m 40·4^s$ O. Die Venus wurde auf der westlichen Seite des Meridians beobachtet.

Secundenuhr ..... $8^h 38^m 17^s$	$h' = 31^0 21' 00''$	
Uhr gegen Chr. $+ 3^h 38^m 50^s$	I	$\cdot 0$
Chronometerzeit ...$12^h 17^m 7^s$	K	$- 4' 48''$
Chron. gegen Gr. $+ 1^h 6^m 5^s$	R	$- 1' 35''$
Greenwicher Zeit $= 13^h 23^m 12^s$	Taf. XIII der Efemeride $p + 7''$	
$\delta = 15^0 36' 47''$ S.	$h = 31^0 14' 44''$	
$\alpha = 21^0 42' 36·6''$	Man findet $s = 50^0 20' 16''$.	
$\pi = 8·3''$		

$$s = \quad 3^h 21^m 21·07^s$$
$$\alpha = 21^h 42^m 36·60^s$$
$$t^s = 25^h 3^m 57·67^s,$$

welche in mittlere Zeit verwandelt, ergibt:

Mittlere Greenwicher Zeit.......... $1^h 27^m 12·2^s$

Chronometerzeit ....$12^h 17^m 7·0^s$

Stand des Chronometers gegen mittlere

Greenwicher Zeit ....$= + 1^h 10^m 5·2^s$.

51. Die Elemente einer jeden Rechnung sind Ungenauigkeiten unterworfen, welche einen grösseren oder minderen Einfluss auf die mögliche und wahrscheinliche Genauigkeit des Resultates ausüben. Für den Seemann ist es von grösster Wichtigkeit, diesen Einfluss beurtheilen und schätzen zu können, um daraus auf die Zuverlässigkeit der Beobachtung schliessen zu können.

Differencirt man die Grundgleichung für $\cos z$ nach allen darin vorkommenden Grössen, so können die Differentialgrössen als die Fehler der Elemente angesehen werden; bestimmt man aus der so erhaltenen Gleichung irgend eine der Differentialgrössen, so lassen sich Schlüsse über die Einwirkung der Fehler auf das Resultat der Rechnung ziehen. Man hat aus:

$$\cos z = \cos p \, \cos \psi + \sin p \, \sin \psi \, \cos s,$$

wenn man φ statt ψ einführt und nach z, p, φ und s differencirt:

$$- \sin z \, dz = \cos p \, \cos \varphi \, d\varphi - \sin p \, \sin \varphi \, dp + \cos p \, \cos \varphi \, \cos s \, dp$$
$$- \sin p \, \sin \varphi \, \cos s \, d\varphi - \sin p \, \cos \varphi \, \sin s \, ds$$

oder:

$$\alpha) \quad - \sin z \, dz = d\varphi \, (\cos p \, \cos \varphi - \sin p \, \sin \varphi \, \cos s)$$
$$+ dp \, (\cos \varphi \, \cos p \, \cos s - \sin p \, \sin \varphi) - \sin p \, \cos \varphi \, \sin s \, ds.$$

Um eine übersichtlichere Form dieser Gleichung zu erhalten, wird dieselbe noch wie folgt vereinfacht.

Setzt man in:

$$cos\,p = cos\,z\,sin\,\varphi + sin\,z\,cos\,\varphi\,cos\,\omega$$

für $cos\,z$ den Werth aus der Grundgleichung, so hat man:

$$cos\,p = cos\,p\,sin^2\varphi + sin\,\varphi\,cos\,\varphi\,cos\,z\,sin\,p + sin\,z\,cos\,\varphi\,cos\,\omega$$

und daraus:

$$cos\,p\,cos\,\varphi = sin\,p\,sin\,\varphi\,cos\,z + sin\,z\,cos\,\omega$$

oder:

$$\beta)\quad sin\,z\,cos\,\omega = cos\,p\,cos\,\varphi - sin\,p\,sin\,\varphi\,cos\,z.$$

Der rechte Theil der Gleichung β) ist der in α) enthaltene Factor von $d\varphi$. Durch das gleiche Verfahren erhält man aus der Gleichung für $cos\,\psi$, wenn der Werth für $cos\,z$ eingesetzt wird:

$$\gamma)\quad cos\,p\,cos\,\varphi\,cos\,z - sin\,p\,sin\,\varphi = - sin\,z\,cos\,v.$$

Setzt man die Werthe γ) und β) in α) ein, so erhält man:

$$- sin\,z\,dz = d\varphi\,sin\,z\,cos\,\omega - dp\,sin\,z\,cos\,v - sin\,p.cos\,\varphi.sin\,z\,.\,ds$$

und

$$ds = \frac{sin\,z\,dz + d\varphi\,cos\,\omega\,sin\,z - dp\,sin\,z\,cos\,v}{sin\,p\,cos\,\varphi\,sin\,s}.$$

Es ist aber:

$$sin\,p\,sin\,s = sin\,\omega\,sin\,z$$

und

$$cos\,\varphi\,sin\,s = sin\,v\,sin\,z.$$

Setzt man im Nenner von ds einmal den Werth für $sin\,p\,sin\,s$, einmal jenen für $cos\,\varphi\,sin\,s$, und dividirt man den ganzen Bruch durch $sin\,z$, so erhält man:

$$29)\quad ds = \frac{dz + d\varphi\,cos\,\omega - dp\,cos\,v}{sin\,\omega\,.\,cos\,\varphi} = \frac{dz + d\varphi\,cos\,\omega - dp\,cos\,v}{sin\,v\,sin\,p}.$$

Aus dieser Doppelgleichung geht hervor, dass ds ein Minimum wird, wenn die Nenner der Brüche ihren Maximalwerth erreichen, dass also Fehler in z, p und φ einen um so geringeren Einfluss auf die Genauigkeit des berechneten Stundenwinkels haben, je grösser $sin\,\omega$, $sin\,p$, $sin\,v$ und $cos\,\varphi$, d. h. je näher ω, v und p an 90° sind. Es lassen sich somit folgende Regeln bezüglich der Zuverlässigkeit der Zeitbestimmung aus Einzelhöhen aufstellen. ds wird um so kleiner:

1. Je näher ω an 90° ist, d. h. wenn sich das Gestirn nahe am ersten Vertical befindet;

2. je näher p an 90°, je kleiner also die Declination des zu beobachtenden Gestirnes, und endlich

3. je näher φ an 0°, v an 90°, je kleiner also die geografische Breite und je näher das Gestirn am Ort des stationären Azimuthes ist.

52. In hoher See kann diese Methode der Chronometercontrole nicht angewendet werden.

In Sicht von Land kann der Chronometerstand controlirt werden, indem man zur Zeit der Beobachtung die genaue Position des Schiffes durch eines der Probleme aus der Küstenschiffahrt bestimmt und die daraus erhaltene Länge und Breite zur Durchführung der Rechnung verwendet.

In Fällen, wo man durch längere Zeit in See war und besonders wenn das Schiff Stürmen, starken Temperatursänderungen etc. ausgesetzt war, soll man sich auf den Chronometerstand nicht verlassen und bei Annäherung des Landes sehr vorsichtig sein.

53. Zeitbestimmungen aus correspondirenden Sonnenhöhen. Aus der Gleichung:

$$cos\,s = \frac{cos\,z - cos\,p\,cos\,\psi}{sin\,p\,sin\,\psi}$$

geht hervor, dass jeder Höhe eines Gestirnes zwei Stundenwinkel entsprechen, indem der Cosinus eines positiven Winkels gleich dem Cosinus des gleich grossen negativen Winkels ist. Demselben Werthe von s, p und ψ entsprechen somit zwei Werthe von s. Beobachtet man vor und nach der Culmination eines Gestirnes gleiche Höhen desselben (correspondirende Höhen) und notirt man die zugehörigen Uhrzeiten, so sind die den Beobachtungen entsprechenden Stundenwinkel, wenn vom Meridian in kürzester Richtung gezählt $+\,s$ und $-\,s$ oder in Zeit ausgedrückt $+\,t$ und $-\,t$; das Mittel der beiden Zeiten ist der Augenblick der Culmination und das Mittel der zu den Höhen gehörigen Uhrzeiten daher die Uhrzeit der Culmination des Gestirnes. Berechnet man die mittlere Ortszeit der Culmination, so hat man aus dem Unterschiede der Uhrzeit und der Ortszeit der Culmination den Stand der Uhr gegen mittlere Ortszeit.

Hat man correspondirende Höhen eines Fixsternes beobachtet, so ist die der Efemeride entnommene Rectascension die Sternzeit der Culmination; diese Sternzeit in mittlere Zeit verwandelt, ist die mittlere Zeit der Culmination des Gestirnes.

Gewöhnlich werden correspondirende Höhen der Sonne beobachtet. Die Sonne culminirt um $0^h \; 0^m$ wahrer Ortszeit, die durch Anbringung der Zeitgleichung in mittlere Ortzeit verwandelt wird. Diese mittlere Ortzeit kann jedoch mit der Uhrzeit nicht direct verglichen werden, da sich in der Zwischenzeit der Beobachtungen die Declination der Sonne ändert und dadurch der gleichen Höhe am Nachmittag ein grösserer oder kleinerer Stundenwinkel entspricht. Es muss daher an das Mittel der Uhrzeiten eine Correction angebracht werden.

54. Denke man sich zwei sfärische Dreiecke zwischen Zenith, Pol und Gestirn und bezeichne man sie mit den Namen Vor- und Nachmittagsdreicke Ist PZS das Vormittagsdreieck, so würde bei gleicher Declination PZS' das Nachmittagsdreieck sein und es müsste dann $\angle ZPS = \angle ZPS'$ sein. Angenommen nun, dass die Declination steige, so wird das Gestirn am Nachmittag nicht in S', sondern in S'' die gleiche Höhe des Vormittages erreichen. (Ist ab der Betrag der Declinationsänderung bis zum Augenblick der Nachmittagsbeobachtung, so wird

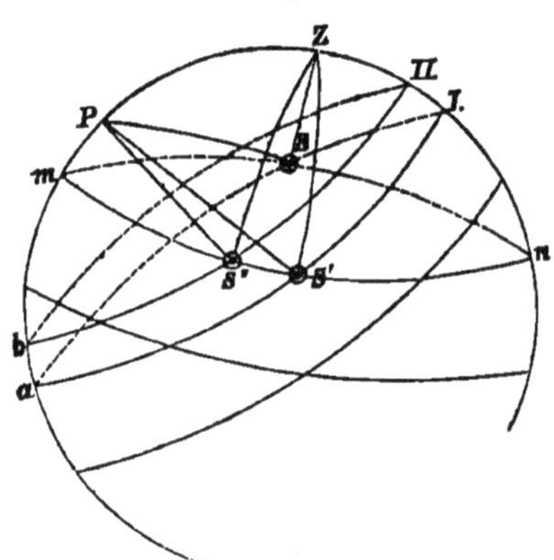

sich das Gestirn am Nachmittag im Parallel II befinden und erreicht die Höhe ZS' im Höhenparallel mn.) Das Nachmittagsdreieck ist ZPS'', in welchem der Winkel ZPS'' grösser als der Winkel ZPS' des Dreiecks ZPS' ist; weil aber $ZPS' = ZPS$, so folgt $ZPS'' > ZPS$. Ist die Declination des Gestirnes im Steigen begriffen, so wird für die gleiche Höhe der Nachmittagsstundenwinkel grösser als der vormittägige sein und daher das Mittel der Stundenwinkel westlich vom Meridian, beziehungsweise das Mittel der Uhrzeiten nicht der mittleren Zeit des wahren Mittags, sondern einer späteren Zeit entsprechen. Ist die Declination im Abnehmen, so findet das Entgegengesetzte statt und das Mittel der Uhrzeiten fällt dann etwas vor die Zeit der Culmination. An das Mittel der Uhrzeiten ist also in beiden Fällen eine Correction anzubringen, welche der in Zeit ausgedrückten halben Aenderung des Stundenwinkels, hervorgebracht durch die Aenderung der Declination in der

Zwischenzeit der Beobachtung gleich ist. Bedeutet $\frac{ds}{30}$ diese Aenderung in Zeitmass und T die Uhrzeit der Culmination, so ist:

$$T = \frac{t+t'}{2} - \frac{ds}{30},$$

wenn die Sonne sich dem sichtbaren Pol nähert und

$$T = \frac{t+t'}{2} + \frac{ds}{30},$$

wenn sie sich von demselben entfernt. Die Correction $\frac{ds}{30}$ nennt man die Mittagsverbesserung.

Würden die Höhen zuerst am Nachmittag und dann am darauffolgenden Vormittag beobachtet, so gibt das corrigirte Mittel der Uhrzeiten den Augenblick der wahren unteren Culmination. Zur Ermittlung des Zeichens der Correction zähle man die Stundenwinkel vom Augenblick der unteren Culmination an und betrachte das Dreieck zwischen Nadir, entfernterem Pol und Gestirn. Für die zweite Beobachtung (am Vormittag) wird die Seite SP' grösser werden, wenn sich die Sonne vom entfernteren Pol entfernt, d. h. dem sichtbaren nähert, und es wird $\angle HNS$ grösser als $\angle HNS'$ (Fig. 40). Das Mittel T' fällt daher vor die Zeit der wahren Mitternacht. Man hat daher

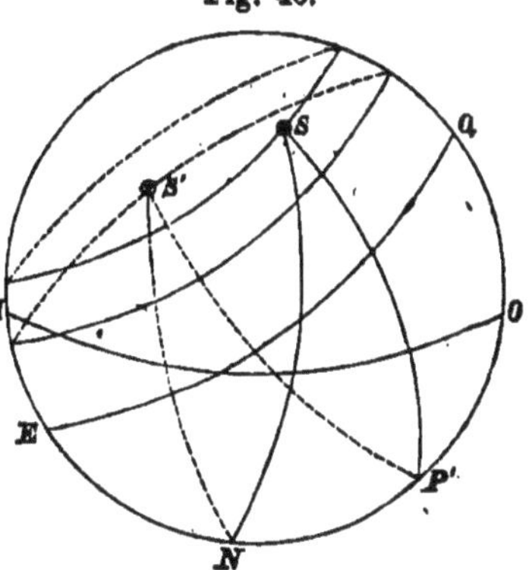

Fig. 40.

$$T' = \frac{t+t'}{2} + \frac{ds}{30},$$

wenn sich die Sonne dem sichtbaren Pol nähert und

$$T' = \frac{t+t'}{2} - \frac{ds}{30},$$

wenn sie sich von demselben entfernt.

55. Es handelt sich nun darum ds zu bestimmen. Differencirt man die Gleichung

$$\cos z = \sin\delta \sin\varphi + \cos\delta \cos\varphi \cos s$$

nach δ und s, so erhält man:

$$O = \sin\varphi \cos\delta\, d\delta - \sin\delta \cos\varphi \cos s\, d\delta - \cos\delta \cos\varphi \sin s\, ds,$$

woraus:

$$\frac{ds}{30} = \frac{d\delta}{30}\left[\frac{tg\,\varphi}{\sin s} - tg\,\delta\,\cot g\,s\right]$$

folgt.

Das $d\delta$ kann durch Abziehen der beiden Declinationen für die erste und zweite Beobachtungszeit gebildet werden; in der Regel pflegt man jedoch aus der Declinationsänderung vom vorhergehenden bis zum folgenden Mittag, jene in der Zwischenzeit der Beobachtung zu finden. Setzt man nämlich die Declinationsänderung der Zeit proportional und bedeutet m die Aenderung in 48 Stunden, so ist:

$$m : 48 = d\delta : (t' - t),$$

woraus:

$$d\delta = \frac{m \cdot (t' - t)}{48}.$$

Auf der rechten Seite der Gleichung für δs sind die Ausdrücke $\sin s$ und $\cot g\,s$ enthalten. Ohne den Stundenwinkel berechnen zu müssen, kann für denselben der Unterschied der beiden Uhrzeiten gesetzt werden. Für die Mittagsverbesserung ist dann: $2s = 15\,(t' - t)$ und $s = \frac{15}{2}\,(t' - t)$. Handelt es sich um die Mitternachtsverbesserung, so ist:

$$2s = 360 - 15\,(t' - t)$$

und

$$s = 180 - \frac{15}{2}\,(t' - t)$$

oder:

$$s = 15\,\frac{24 - (t' - t)}{2}.$$

Behandelt man zuerst die Mittagsverbesserung, so ist:

$$T = \frac{t + t'}{2} \mp \frac{d\delta}{30}\left(\frac{tg\,\varphi}{\sin s} - tg\,\delta\,\cot g\,s\right).$$

Substituirt man die Werthe von $d\delta$ und s, so hat man:

$$T = \frac{t + t'}{2} \mp m \cdot \frac{t' - t}{30.48}\left\{\frac{tg\,\varphi}{\sin\frac{15}{2}\,(t' - t)} - tg\,\delta\,\cot g\,\frac{15}{2}\,(t' - t)\right\}.$$

Setzt man:

$$\frac{t' - t}{30 . 48\,\sin\frac{15}{2}\,(t' - t)} = A, \qquad \frac{t' - t}{30 . 48\,tg\,\frac{15}{2}\,(t' - t)} = B,$$

so ist:

$$30)\quad T = \frac{t + t'}{2} \mp (A\,m\,tg\,\varphi - B\,m\,tg\,\delta),$$

wobei das obere oder das untere Zeichen zu nehmen ist, je nachdem sich die Sonne dem sichtbaren Pol nähert oder von demselben entfernt; hiebei ist die Breite immer positiv, die Declination positiv oder negativ anzunehmen, je nachdem sie mit der Breite gleich-

oder ungleichnamig ist. Die Logarithmen von A und B sind berechnet und aus Taf. $20a$ der nautischen Tafeln für die k. k. Kriegsmarine mit dem Argumente Zwischenzeit der Beobachtung zu entnehmen.

Für die Mitternachtsverbesserung hat man:

$$T' = \frac{t + t'}{2} \pm \frac{d s}{30}.$$

und

$$T' = \frac{t + t'}{2} \pm \frac{m (t' - t)}{30.48} \left\{ \frac{tg\, \varphi}{\sin 15 \frac{24 - (t' - t)}{2}} - \frac{tg\, \varphi}{tg\, 15 \frac{24 - (t' - t)}{2}} \right\}.$$

Nun ist:

$$\frac{d\delta}{30} = \frac{m (t' - t)}{30.48} = \frac{m (t' - t)}{30.48} \frac{24 - (t' - t)}{24 - (t' - t)} =$$

$$= \frac{24 - (t' - t)}{30.48} \, m \, \frac{t' - t}{24 - (t' - t)}.$$

Setzt man:

$$\frac{t' - t}{24 - (t' - t)} = f,$$

$$\frac{24 - (t' - t)}{30.48 \sin 15 \frac{24 - (t' - t)}{2}} = A, \qquad \frac{24 - (t' - t)}{30.48 \, tg\, 15 \frac{24 - (t' - t)}{2}} = B,$$

so ist:

$$31) \quad T' = \frac{t + t'}{2} \pm \{ A f m \, tg\, \varphi - B f m \, tg\, \delta \},$$

wobei das obere oder das untere Zeichen zu nehmen ist, je nachdem sich die Sonne vom sichtbaren Pol entfernt oder sich demselben nähert. Die Factoren A und B werden derselben Tafel jedoch mit dem Argumente „24^h weniger der Zwischenzeit der Beobachtung" entnommen.

56. Der Vorgang bei Ausführung der Beobachtung ist folgender: Man stellt zu Anfang der Beobachtung die Alhidade auf eine runde Anzahl von Minuten ein, wartet den Augenblick der Berührung ab und notirt Höhe und Zeit; hierauf rückt man die Alhidade um 10 oder $20'$ vor und notirt abermals Höhe und Zeit der Berührung. So fortfahrend nimmt man etwa neun Höhen und notirt die entsprechenden Zeiten. Nachmittags fängt man natürlich mit der grössten (letzten) Höhe des Vormittags an. Bedient man sich des Glasdaches über dem Quecksilberhorizonte und der dunklen Gläser vor den Spiegeln, so hat man darauf zu achten, dass das Glasdach Vor- und Nachmittag dieselbe Seite dem Beobachter zukehre und dass beide Male dieselben Sonnengläser gebraucht werden.

Die Declination der Sonne ist für die Rechnung aus der letzten Rubrik, Pag. I der Efemeride, d. i. für den wahren Mittag zu nehmen. Bei den Fixsternen unterbleibt die Correction wegen Aenderung der Declination, da sich letztere in der Zwischenzeit der Beobachtung nur unwesentlich ändert. Bei Sternbeobachtungen ist sonach das Mittel der Uhrzeiten unverändert beizubehalten. Was die Zuverlässigkeit dieser Methode anbelangt, sei zuerst erwähnt, dass die Instrumentenfehler, sowie die Fehler der Refraction (wenn die Höhen nicht zu klein oder der Zustand der Atmosfäre am Vor- und Nachmittag zu verschieden ist) keinen Einfluss auf das Resultat haben, da sie Vor- und Nachmittags im gleichen Sinne wirken und die Höhe selbst nicht in Rechnung kommt. Ein weiterer Vortheil ist der, dass Declination und Breite nur beiläufig bekannt zu sein brauchen; die Factoren $A\,m\,tg\,\varphi$ und $B\,m\,tg\,\delta$ werden hinreichend genau mit vierstelligen Logarithmen gerechnet. Da es sich auch hier um eine Zeitbestimmung handelt, so gilt bezüglich der günstigsten Beobachtungszeit dasselbe, was bezüglich des Stundenwinkels durch Einzelhöhen gesagt wurde.

Diese Methode kann ausschliesslich nur auf dem Festlande mittelst künstlichen Horizontes ausgeführt werden.

Will man mit äusserster Genauigkeit vorgehen, so kann die Aenderung der Refraction bei kleinen Höhen dadurch berücksichtigt werden, dass man an das Mittel der Uhrzeiten die Correction:

$$C = \mp \frac{d\varrho \cos h}{30 \cos \varphi \cos \delta \sin s}$$

anbringt, wobei $d\varrho$ die Aenderung der Refraction bedeutet.

57. Um den Gang der Chronometer stets zu controliren, pflegt man ein eigenes Chronometer-Journal zu führen, worin entweder täglich oder etwa jeden zweiten Tag der Stand der Chronometer gegen das Regelchronometer, ferner der tägliche Gang und die mittlere Temperatur des Chronometerkastens eingetragen werden.

Ebenso werden alle jene Bemerkungen aufgenommen, welche über starke Aenderungen des täglichen Ganges Aufschluss geben oder welche überhaupt für die Chronometer von Wichtigkeit sein können. Im Anhang dieses Buches befindet sich ein Formulare eines solchen Chronometer-Journales.

Beispiele. 1. Im Hafen von Piräus wurden am Vormittag des 28. April 1873 und am darauffolgenden Nachmittag gleiche Höhen der Sonne zu den unten angegebenen Zeiten des Chronometers beobachtet. Man soll den Stand des Chronometers gegen mittlere Ortszeit berechnen. $\varphi = 37^0\ 56{\cdot}2'$ N., $\lambda = 1^h\ 34^m\ 30{\cdot}2^s$ O. v. G.

Vormittag	Nachmittag	$\tfrac{1}{2}\,(t + t')$	$(t' - t)$
$7^h\ 14^m\ \ 1{\cdot}2^s$	$16^h\ 58^m\ \ 0{\cdot}4^s$	$0^h\ 6^m\ 0{\cdot}8^s$	$9^h\ 43^m\ 59{\cdot}2^s$
$14^m\ 59{\cdot}2^s$	$57^m\ \ 5{\cdot}2^s$	$2{\cdot}2^s$	$42^m\ \ 6{\cdot}0^s$
$15^m\ 55{\cdot}2^s$	$56^m\ \ 8{\cdot}8^s$	$2{\cdot}0^s$	$40^m\ 13{\cdot}6^s$
$16^m\ 48{\cdot}4^s$	$55^m\ 11{\cdot}6^s$	$0{\cdot}0^s$	$38^m\ 23{\cdot}2^s$
$17^m\ 50{\cdot}8^s$	$54^m\ \ 9{\cdot}6^s$	$0{\cdot}2^s$	$36^m\ 18{\cdot}8^s$
$18^m\ 47{\cdot}2^s$	$53^m\ 14{\cdot}4^s$	$0{\cdot}8^s$	$34^m\ 27{\cdot}2^s$
	Mittel.....	$0^h\ 6^m\ 1{\cdot}0^s$	$9^h\ 39^m\ 14{\cdot}7^s$

$$\text{Wahrer Mittag } 28./4. \quad 0^h\ \ 0^m\ 0^s \text{ W. Zt.} \qquad \delta \text{ am } 27. \ldots 13^0\ 56'\ 48''$$
$$\text{Länge} \quad 1^h\ 34^m\ 30{\cdot}2^s \text{ O.} \qquad \text{\textit{n}} \quad 29. \ldots 14^0\ 34'\ 23''$$
$$\text{G. Zt. d. w. M. in Piräus } 22^h\ 25^m\ 29{\cdot}8^s \text{ am } 21./4. \qquad m = \quad 37'\ 35''$$
$$\delta = 14^0\ 14'\ 27'' \text{ N.} \qquad \qquad = 2255''.$$
$$\text{Zeitgleichung} = -\ 2^m\ 39{\cdot}0^s$$

$$\begin{aligned}
&\log A = 7{\cdot}8470 \quad &\log B = 7{\cdot}3275 \quad &\text{Wahrer Mittag} \ldots 0^h\ \ 0^m\ 0^s \\
&\log m = 3{\cdot}3531 \quad &\log m = 3{\cdot}3531 \quad &\text{Zeitgleichung} \ldots -\ 2^m\ 39{\cdot}0^s \\
&\log tg\,\varphi = 9{\cdot}8918 \quad &\log tg\,\delta = 9{\cdot}4045 \quad &\text{M. Zt. d. w. Mttgs.} = 23^h\ 57^m\ 21^s \\
&\qquad\quad 1{\cdot}0919 \quad &\qquad\quad 0{\cdot}0851 &
\end{aligned}$$

$$A\,m\,tg\,\varphi = +\ 12{\cdot}3 \quad B\,m\,tg\,\delta = +1{\cdot}2.$$
$$A\,m\,tg\,\varphi - B\,m\,tg\,\delta = +\ 11{\cdot}1^s.$$

Da sich die Sonne dem sichtbaren Pol nähert, ist:

$$T = \frac{t + t'}{2} - 11{\cdot}1^s$$

$$\begin{aligned}
\text{Uhrzeit des wahren Mittags} \ldots &= 0^h\ \ 6^m\ \ 1{\cdot}0^s \\
\text{Correction} \ldots &= \qquad -\ 11{\cdot}1^s \\
T &= 24^h\ \ 5^m\ 49{\cdot}8^s \\
\text{Mittlere Zeit des wahren Mittags} &= 23^h\ 57^m\ 21{\cdot}0^s \\
\text{Stand gegen mittlere Ortszeit} .. &= -\quad 8^m\ 28{\cdot}8^s
\end{aligned}$$

2. In Rio de Janeiro, am Fort Sta Cruz wurden am Nachmittage des 13. October 1873 und am darauffolgenden Vormittage zu den folgenden Chronometer-Zeiten gleiche Sonnenhöhen beobachtet. $\varphi = 22^0\ 57'$ S., $\lambda = 2^h\ 52^m\ 29{\cdot}2^s$ W.

$$
\begin{array}{llll}
\text{Nachmittag} & \text{Vormittag} & \tfrac{1}{2}\,(t + t') & t' - t
\end{array}
$$

$$
\begin{aligned}
4^{\mathrm h}\,43^{\mathrm m}\,10{\cdot}4^{\mathrm s}\ldots\,7^{\mathrm h}\,26^{\mathrm m}\,49{\cdot}6^{\mathrm s}\ldots 12^{\mathrm h}\,5^{\mathrm m}\,0^{\mathrm s}\ \ldots 14^{\mathrm h}\,43^{\mathrm m}\,39{\cdot}2^{\mathrm s}\\
41^{\mathrm m}\,50{\cdot}0^{\mathrm s}\ldots\ldots\,28^{\mathrm m}\,12{\cdot}8^{\mathrm s}\ldots\ldots\,5^{\mathrm m}\,1{\cdot}4^{\mathrm s}\ldots\ldots\,46^{\mathrm m}\,22{\cdot}8^{\mathrm s}\\
40^{\mathrm m}\,35{\cdot}0^{\mathrm s}\ldots\ldots\,29^{\mathrm m}\,23{\cdot}6^{\mathrm s}\ldots\ldots\,4^{\mathrm m}\,59{\cdot}3^{\mathrm s}\ldots\ldots\,48^{\mathrm m}\,48{\cdot}6^{\mathrm s}\\
39^{\mathrm m}\,5{\cdot}0^{\mathrm s}\ldots\ldots\,30^{\mathrm m}\,56{\cdot}4^{\mathrm s}\ldots\ldots\,5^{\mathrm m}\,0{\cdot}7^{\mathrm s}\ldots\ldots\,51^{\mathrm m}\,51{\cdot}4^{\mathrm s}\\
37^{\mathrm m}\,54{\cdot}0^{\mathrm s}\ldots\ldots\,32^{\mathrm m}\,4{\cdot}4^{\mathrm s}\ldots\ldots\,4^{\mathrm m}\,59{\cdot}2^{\mathrm s}\ldots\ldots\,54^{\mathrm m}\,10{\cdot}4^{\mathrm s}
\end{aligned}
$$

$$
\text{Mittel}\ldots 12^{\mathrm h}\,5^{\mathrm m}\,0{\cdot}1^{\mathrm s} \qquad 14^{\mathrm h}\,48^{\mathrm m}\,58{\cdot}5^{\mathrm s}
$$

$$
\begin{aligned}
\text{Wahre Mitternacht am 13. Oct.} &= 12^{\mathrm h}\,0^{\mathrm m}\,0^{\mathrm s} & \delta \text{ am } 12. &= 7^\circ\,31'\,50'' \\
\lambda &= 2^{\mathrm h}\,52^{\mathrm m}\,29{\cdot}2^{\mathrm s}\,\text{W.} & \text{\textit{n}}\ 14. &= 8^\circ\,16'\,42'' \\
\text{Gr. Zeit der wahren Mittern.} &= 14^{\mathrm h}\,52^{\mathrm m}\,29{\cdot}2^{\mathrm s} & m &= 44'\,52'' \\
\delta &= 8^\circ\,8'\,8''\ \text{S.} & &= 2692''.
\end{aligned}
$$

$$
\text{Zeitgleichung} = -\,13^{\mathrm m}\,54{\cdot}8^{\mathrm s}.
$$

Argument für die Tafeln $24^{\mathrm h} - 14^{\mathrm h}\,48^{\mathrm m}\,58{\cdot}5^{\mathrm s} = 9^{\mathrm h}\,11^{\mathrm m}\,1{\cdot}5^{\mathrm s}$.

$$
\begin{array}{llll}
\log A = 7{\cdot}8349 & \log B = 7{\cdot}3917 & \text{Wahre Mitternacht} & 12^{\mathrm h}\,0^{\mathrm m}\,0^{\mathrm s} \\
\log m = 3{\cdot}4301 & \log m = 3{\cdot}4301 & \text{Zeitgleichung} \ldots\ldots & -13^{\mathrm m}\,54{\cdot}8^{\mathrm s} \\
\log tg\,\varphi = 9{\cdot}6268 & \log tg\,\delta = 9{\cdot}1552 & \text{M. Zt. d. w. Mittern.} & 11^{\mathrm h}\,46^{\mathrm m}\,5{\cdot}2^{\mathrm s} \\
\log f = 0{\cdot}2077 & \log f = 0{\cdot}2077 & & \\
\hline
1{\cdot}0995 & 0{\cdot}1847 & &
\end{array}
$$

$$
\begin{aligned}
A\,f\,m\,tg\,\varphi &= +\,12{\cdot}6^{\mathrm s} \qquad B\,f\,m\,tg\,\delta = +\,1{\cdot}5^{\mathrm s}\\
A\,f\,m\,tg\,\varphi - B\,f\,m\,tg\,\delta &= +\,11{\cdot}1^{\mathrm s}.
\end{aligned}
$$

Da sich die Sonne im October in der südlichen Hemisfäre dem sichtbaren Pol nähert, ist die Correction zu subtrahiren.

$$
T' = \frac{t + t'}{2} - 11{\cdot}1^{\mathrm s}
$$

$$
\frac{t + t'}{2} = 12^{\mathrm h}\,5^{\mathrm m}\,0{\cdot}1^{\mathrm s}
$$

$$
\begin{aligned}
\text{Correction}\ldots\ldots\ldots\ldots &= \quad -\ 11{\cdot}1^{\mathrm s}\\
T' &= 12^{\mathrm h}\,4^{\mathrm m}\,49{\cdot}0^{\mathrm s}\\
& \quad\ 11^{\mathrm h}\,46^{\mathrm m}\,5{\cdot}2^{\mathrm s}
\end{aligned}
$$

$$
\text{Stand gegen mittl. Ortszeit} = -\,18^{\mathrm m}\,43{\cdot}8^{\mathrm s}.
$$

VII. Breitenbestimmungen.

58. Die verschiedenen Methoden zur Bestimmung der Breite zerfallen in directe und indirecte, je nachdem die beiläufig bekannte Breite für die Rechnung verwendet wird oder nicht.

Methoden zur Bestimmung der Breite sind:

1. Die Breitenbestimmung durch Meridianhöhen der Gestirne.

2. Die Breitenbestimmung durch die Höhe des Polarsternes.

3. Die Breitenbestimmung durch zwei zu verschiedenen Zeiten beobachtete Höhen ein und desselben Gestirnes ausserhalb des Meridianes.

4. Die Breitenbestimmung durch Circummeridianhöhen.

5. Die Breitenbestimmung durch zwei zu verschiedenen Zeiten beobachtete Höhen ein und desselben Gestirnes ausserhalb des Meridianes durch indirecte Auflösung.

A. Breitenbestimmung durch Meridianhöhen.

59. Geht ein Gestirn durch den Meridian eines Ortes, so geht das sfärische Dreieck zwischen Zenith, Pol und Gestirn in einen Bogen des Meridianes über. Nachdem Breite, Declination und Höhe für den Augenblick der Culmination auf demselben Bogen gezählt werden, so kann, wenn die Höhe des Gestirnes für diesen Zeitpunkt bekannt ist, die Breite auf höchst einfache Art ermittelt werden.

Ein Gestirn kann im Allgemeinen ober oder unter dem Aequator zwischen Zenith und Pol oder endlich zwischen Pol und Horizont culminiren.

I. Fall. Passirt das Gestirn den Meridian oberhalb des Aequators EQ (Fig. 41) z. B. in S', so ist $ZQ = ZS' + S'Q$ oder:

$$\varphi = Z + \delta.$$

Fig. 41.

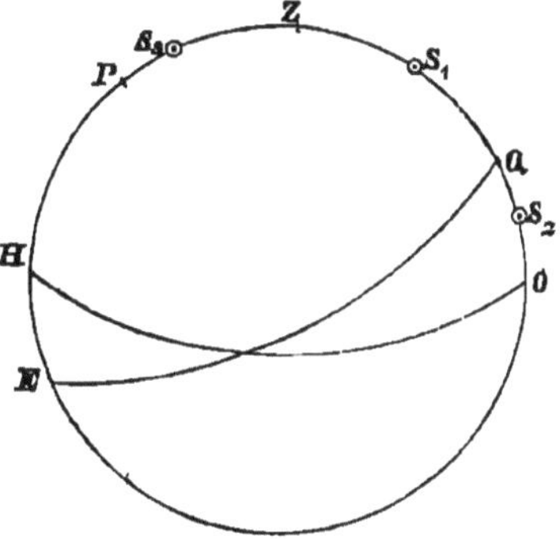

II. Fall. Culminirt das Gestirn unterhalb des Aequators, z. B. in S_2, so ist: $ZQ = ZS_2 - S_2Q$ oder $\varphi = Z - \delta$ oder auch:

$$\varphi = Z + (-\delta).$$

III. Fall. Sind die Declination und die Breite gleichnamig aber die Declination grösser als die Breite, so culminirt das Gestirn zwischen Pol und Zenith und es ist: $ZQ = S_3 Q - S_3 Z$ oder $\varphi = \delta - Z$. In den zwei früheren Fällen wurde die Zenithdistanz von Z gegen O gezählt, d. h. die Höhe wurde über den ungleichnamigen Horizont (bei Nordbreite über den Südhorizont und umgekehrt) beobachtet. Im III. Fall aber wird die Zenithdistanz von

Z bis S_3, also von Z gegen H gezählt und die Höhe S_3H wurde über den gleichnamigen Horizont beobachtet. Wird die Zenithdistanz für die ersten zwei Fälle als positiv angesehen, so ist sie für den III. Fall negativ und daher die Formel für die Breite: $\varphi = \delta - Z$ oder:

$$\varphi = (-Z) + \delta.$$

Alle drei Fälle lassen sich auf die allgemeine Form:

$$32) \quad \varphi = Z + \delta$$

bringen, d. h. die Breite ist gleich der algebraischen Summe aus Zenithdistanz und Declination des Gestirnes.

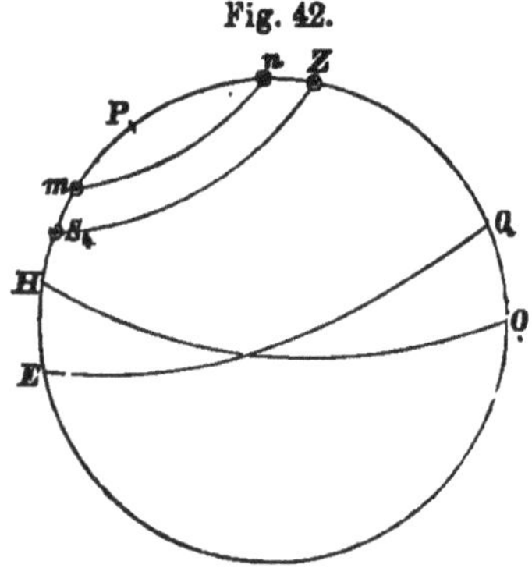

Ist das Gestirn in der unteren Culmination sichtbar, so geht dasselbe zwischen Pol und Horizont durch den Meridian, z. B. S_4 (Fig. 42). Für diesen Fall hat man:

$$\varphi = PH = HS_4 + S_4P \text{ oder:}$$
$$33) \quad \varphi = p + h.$$

Die Breite ist in diesem Falle gleich der Summe aus Poldistanz und Höhe. Bei Circumpolarsternen kann man beide Culminationen beobachten. Sind die Höhen des oberen und unteren Durchganges h' und h'', so hat man:

Für die obere Culmination (n): $\quad \varphi = \delta - Z = \delta - 90 + h'$

$\quad n \quad n \quad$ untere $\quad n \quad (m)$: $\quad \varphi = p + h'' = h'' + 90 - \delta$,

woraus $\dots\dots\dots\dots\dots\dots\dots\dots\dots\dots 2\varphi = h' + h''$

und

$$34) \quad \varphi = \frac{h' + h''}{2}.$$

60. Zur Breitenbestimmung aus Meridianhöhen der Sonne benützt man, wie aus den Erklärungen hervorgeht, die Declination des wahren Mittags.

Der Vorgang bei Beobachtung des Meridiandurchganges der Sonne ist folgender: Einige Minuten vor der wahren Culmination wird das Bild der Sonne mit der Kimm zur Tangirung gebracht und durch Verschieben der Alhidade die Tangirung erhalten. Da die Sonne noch im Steigen ist, so wird sich ihr Bild von der Kimm immer mehr entfernen, weshalb ein continuirliches Einstellen der Alhidade nothwendig sein wird. Je mehr sich aber die Sonne dem Meridian nähert, desto langsamer wird ihre steigende Bewegung, bis endlich ein Augenblick eintritt, in welchem sie dem Beobachter still zu stehen scheint; die Einstellung wird so genau als möglich bewerkstelligt und gesehen, wann die Sonne zu fallen beginnt. In diesem Augenblick wird das Instrument vom Auge entfernt und die letzte Einstellung abgelesen. Die so erhaltene Höhe ist die beobachtete Meridianhöhe der Sonne.

Auf gleiche Art kann der Meridiandurchgang eines Planeten oder eines Fixsternes beobachtet werden. Beim Mond ist zu berücksichtigen, dass wegen der raschen Declinationsänderung die grösste Höhe nicht genau im Meridian stattfindet; es muss daher vor der Beobachtung die Culminationszeit des Mondes berechnet und zur berechneten Zeit die Beobachtung der Höhe ausgeführt werden.

Beispiele. 1. Am 15. Mai 1873 wurde die Meridianhöhe des unteren Sonnenrandes über dem Südhorizont 68° $52'$ $30''$ gefunden; $\lambda = 1^h 45^m$ O. Man soll die Breite bestimmen.

$$\text{Culmination der Sonne am 15. Mai} \quad 0^h \quad 0^m \quad 0^s \text{ W. Zeit}$$
$$\lambda = 1^h 45^m \text{ O.}$$
$$\text{Wahre Greenw. Zeit der Ortsculmin.} = 22^h 15^m \text{ am 14. Mai}$$
$$\delta = 18^\circ 55' 53'' \text{ N.}$$

$$
\begin{array}{lr}
h' \odot \ldots \ldots \ldots = & 68^\circ\ 52'\ 30'' \\
\text{Indexfehler} & +\ 30'' \\
\text{Kimmtiefe} \ldots & -\quad 4'\ 23'' \\
\left.\begin{array}{l}\text{Refraction} \\ \text{Parallaxe}\end{array}\right\} & -\qquad 19'' \\
\text{Halbmesser} & +\ 15'\ 51'' \\
\hline
h \odot = & 69^\circ\quad 4'\quad 9'' \\
z = & 20^\circ\ 55'\ 51'' \text{ N.} \\
\delta = & 18^\circ\ 55'\ 53'' \text{ N.} \\
\hline
\varphi = & 39^\circ\ 51'\ 44'' \text{ N.} \\
\hline
\end{array}
$$

2. Am 25. October 1873 wurde die Meridianhöhe des oberen Sonnenrandes über dem Südhorizont 44° $15'$ $30''$ beobachtet. Augeshöhe 4 Meter; Indexfehler $+ 40''$. Die Mittagslänge ist $3^h 18^m$ W. Man soll die Breite bestimmen.

$$\text{Culmination am 25. October} \quad 0^h \quad 0^m \text{ W. Zeit}$$
$$\lambda = 3^h 18^m \text{ W.}$$
$$\text{Greenwicher Zeit} = 3^h 18^m$$
$$\delta = -12^\circ 16' 56''.$$

$$h' \overline{\odot} \ldots\ldots\ldots\ldots = 44^\circ \ 15' \ 30''$$
$$\text{Indexfehler} \ldots\ldots \qquad + 40''$$
$$\text{Kimmtiefe} \ldots\ldots = - \quad 3' \ 35''$$
$$\text{Refr. + Parall.} \ldots = \qquad - 53''$$
$$\text{Halbmesser}\ldots\ldots = - \ 16' \ \ 8''$$
$$h \odot = 43^\circ \ 55' \ 34''$$
$$s = + 46^\circ \ \ 4' \ 26''$$
$$\delta = - 12^\circ \ 16' \ 56''$$
$$\varphi = \quad 33^\circ \ 47' \ 30'' \ \text{N.}$$

3. Wahre Höhe über dem Nordhorizont $34^\circ 15' 50''$. $\lambda = 1^h 55^m$ W.
11. Mai 1873.

11. Mai Culmination$\ldots 0^h \ \ 0^m$ W. Zeit $\qquad s = - 55^\circ \ 44' \ 10''$
$$\lambda = 1^h \ 55^m \ \text{W.} \qquad \delta = + 17^\circ \ 59' \ 28''$$
Wahre Greenw. Zeit $= 1^h \ 55^m \qquad \varphi = \quad 37^\circ \ 44' \ 42'' \ \text{S.}$
$$\delta = + 17^\circ \ 59' \ 28''$$

4. Breitenbestimmung durch die Meridianhöhe des Mondes am 4. November 1873 in der Länge $7^h \ 54^m$ O. Augeshöhe 3 Meter. Indexfehler $+ 30''$.

Vorerst muss die Culminationszeit berechnet werden. Man hat hiezu:

$$\text{Aus der Efemeride } T \ldots\ldots 12^h \ \ 1\cdot9^m$$
$$V = 53\cdot2; \ L = 7\cdot9; \ \frac{V L}{24} = - \ 17\cdot5^m$$
$$\text{Ortszeit der Culmination } \mathbb{C} = 11^h \ 44\cdot4^m$$
$$\text{Länge} \qquad\qquad \ldots\ldots \ 7^h \ 54\cdot0^m \ \text{Ost}$$
$$\text{Greenw. Zeit der Ortsculmin. } 3^h \ 50\cdot4^m$$
$$\delta = + 15^\circ \ 19' \ 27''$$
$$\pi = \qquad 59' \ 54''$$
$$\text{Halbmesser} = \qquad 16' \ 21''$$

Um $11^h \ 44\cdot4^m$ wurde die Höhe des unteren Mondrandes beobachtet:

$$\mathbb{C} \ h' \ldots\ldots\ldots\ldots\ldots = 30^\circ \ 54' \ 20''$$
$$\text{Indexfehler + Kimmtiefe} = - \quad 2' \ 36''$$
$$\text{Refraction} \ldots\ldots\ldots\ldots = - \quad 1' \ 36''$$
$$\text{Halbmesser}\ldots\ldots\ldots\ldots = + \ 16' \ 21''$$
$$h' = 31^\circ \ \ 6' \ 29''$$

$$h' = 30'\ 54'\ 20''$$
$$\log \cos h' = 9{\cdot}93257$$
$$\log \pi = 3{\cdot}55558$$
$$\underline{\log p = 3{\cdot}48825\ldots p = \quad\quad 51'\ 17''}$$
$$h = 31^0\ 57'\ 46''$$
$$s = 58^0\ 2'\ 14''$$
$$\delta = 15^0\ 19'\ 27''$$
$$\overline{\varphi = 73^0\ 21'\ 41''}$$

B. Breitenbestimmung durch den Polarstern.

61. Der Polar- oder Nordstern (α im Sternbilde des kleinen Bären) steht etwa $1^{1}/_{2}^{0}$ vom Nordpol ab und beschreibt um denselben einen Kreis, dessen beiläufiger Durchmesser 3^0 beträgt. Wenn man zu einer beliebigen bekannten Zeit die Höhe des Polarsternes beobachtet, so kann daraus die Breite des Beobachtungsortes berechnet werden.

Ist Z (Fig. 43) das Zenith, P der Pol und S der Ort des Polarsternes, so ist PZS das sfärische Dreieck zwischen Zenith, Pol und Gestirn, daher $PZ = \psi$, $ZS = s$ und $PS = p$. Der Winkel bei Z ist das Azimuth ω und jener bei P der Stundenwinkel s des Polarsternes. Legt man durch den Ort des Sternes einen grössten Kreis senkrecht auf den Meridian, so entstehen die Dreiecke APS und ASZ, welche beide bei A rechtwinklig sind; das $\triangle APS$ kann wegen der Kleinheit der Seiten als eben angesehen werden. Man hat unter dieser Voraussetzung:

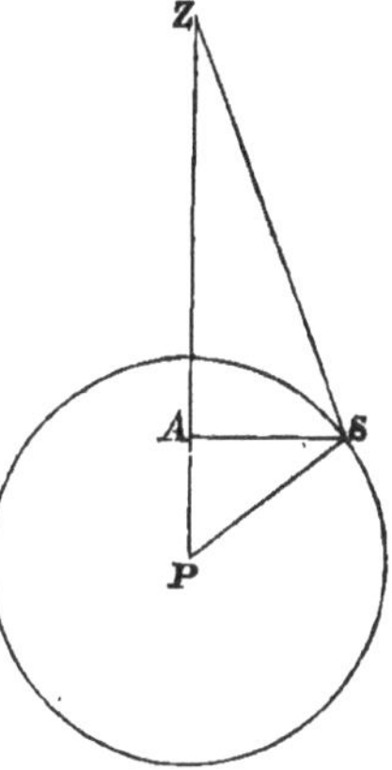

Fig. 43.

$$AP = p \cos s.$$

Wegen der Kleinheit der Poldistanz des Nordsternes kann $\triangle AZS$ als gleichschenklig angenommen werden, wodurch:
$$ZP = \psi = AZ + AP = s + p \cos s$$
wird; setzt man für ψ und s, φ und h ein, so erhält man:
$$35)\quad \varphi = h - p \cos s.$$

Bei Anwendung dieser Formel kann, wenn die Höhe des Polarsternes sehr gross ist, in hohen Breiten also, ein Fehler von 1 bis $2^{3}/_{4}$ Meilen begangen werden. Bis zur Höhe von 25^0 erreicht der Fehler kaum eine halbe Meile, bei 50^0 beträgt er schon eine Meile und ist im Maximum $2{\cdot}7$ Meilen bei der Höhe von 70^0.

Bei Ausführung der Beobachtung wird die Zeit nach einer Uhr notirt und daraus die Sternzeit der Beobachtung abgeleitet; aus der Sternzeit der Beobachtung und aus der Rectascension erhält man $s = t^s - \alpha$. Zu der von Indexfehler, Refraction und Kimmtiefe befreiten Höhe wird der Betrag $- p\,cos\,s$ addirt und man erhält so auf höchst einfache Art die genäherte Breite des Beobachtungsortes. Die Correction $p\,cos\,s$ erhält man aus Taf. II der Efemeride (I. Correction) mit den Argumenten „Poldistanz" und „Sternzeit der Beobachtung".

62. Ist die Höhe des Polarsternes grösser als 25°, so wendet man folgende genauere Methode an. Im sfärischen $\triangle AZS$ ist:

$$\alpha)\quad tg\,AZ = cos\,\omega\,.\,tg\,z$$

und im $\triangle APS$:

$$\beta)\quad AP = p\,cos\,s.$$

Eliminirt man aus Gleichung α) die Grösse $cos\,\omega$, indem man $cos\,\omega = \sqrt{1 - sin^2\,\omega}$ und $sin\,\omega = \frac{sin\,p\,.\,sin\,s}{sin\,z}$ setzt, so ist:

$$\gamma)\quad tg\,AZ = tg\,z\,\sqrt{1 - \frac{sin^2\,p\,\,sin^2\,s}{sin^2\,z}}.$$

Wird die Wurzelgrösse in γ) nach dem binomischen Lehrsatze entwickelt, so erhält man bei Vernachlässigung der vierten und höheren Potenzen von $sin\,p$:

$$tg\,AZ = tg\,z\left[1 - \tfrac{1}{2}\,\frac{sin^2\,p\,\,sin^2\,s}{sin^2\,z}\right]$$

oder:

$$tg\,AZ = tg\,z - \tfrac{1}{2}\,\frac{sin^2\,p\,\,sin^2\,s}{sin\,z\,cos\,z},$$

woraus:

$$tg\,z - tg\,AZ = \frac{sin\,(z - AZ)}{cos\,z\,cos\,AZ} = \tfrac{1}{2}\,\frac{sin^2\,p\,\,sin^2\,s}{sin\,z\,cos\,z}.$$

Da z und AZ wenig von 'einander verschieden sind, kann man $cos\,AZ = cos\,z$ und $sin\,(z - AZ) = (z - AZ)\,sin\,1''$ annehmen; berücksichtigt man auch die Kleinheit der Poldistanz und setzt $sin^2\,p = p^2\,sin^2\,1''$, so hat man nach Einsetzung aller dieser Werthe

$$z - AZ = \tfrac{1}{2}\,p^2\,sin^2\,s\,cotg\,z\,sin\,1''$$

und daraus:

$$\delta)\quad AZ = z - \tfrac{1}{2}\,p^2\,sin^2\,s\,cotg\,z\,sin\,1''.$$

Nun ist aber:

$$\psi = AZ + AP.$$

Setzt man für AZ den Werth aus Gleichung δ) und $AP = p\cos s$, so erhält man:

$$\psi = z + p\cos s - \tfrac{1}{2} p^2 \sin^2 s \, cotg \, z \, \sin 1''$$

oder wenn man $z = 90 - h$ und $s = t' - \alpha$ setzt:

36) $\varphi = h - p\cos(t - \alpha) + \tfrac{1}{2} p^2 \sin^2(t - \alpha) \, cotg \, z \, \sin 1''$.

Ausser der ersten Correction $p\cos(t - \alpha)$ ist daher bei grösseren Höhen noch eine zweite Correction $\tfrac{1}{2} p^2 \sin^2(t - \alpha) \, cotg \, z \, \sin 1''$ anzubringen. Man sieht, dass diese zweite Correction für grössere Höhen nicht unberücksichtigt zu lassen ist, da die Cotangente von z sehr grosse Werthe erreichen kann. Auch diese zweite Correction wird mit den Argumenten „Sternzeit der Beobachtung“ und „wahre Höhe“ aus Taf. II der Efemeride genommen. Die Tabelle der ersten und zweiten Correction ist für einen constanten Werth von α und p berechnet und man begeht daher bei Anwendung derselben einen kleinen Fehler. Will man die Genauigkeit des Resultates erhöhen, so wendet man noch die dritte Correction, Taf. II der Efemeride an, welche die Abweichung der für die Tafeln angenommenen und der wirklichen Poldistanz und Rectascension in Rechnung zieht. Die Argumente zu dieser Tafel sind „Datum“ und Sternzeit der Beobachtung. Die dritte Correction ist stets positiv.

Beispiel. Am 5. Februar 1873 wurde in $\lambda = 2^h\, 59^m$ O. um $9^h\, 45^m$ mittlere Ortszeit die Höhe des Polarsternes $12^0\, 43'\, 20''$ gefunden. Die Augeshöhe war 5 M.; Indexfehler O.

$$
\begin{array}{lr}
\text{Gegebene mittlere Ortszeit}\ldots\ldots = & 9^h\, 45^m \\
\lambda = & 2^h\, 59^m\, \text{O.} \\
\hline
\text{Mittlere Greenwicher Zeit}\ldots\ldots\ldots & 6^h\, 46^m \\
\text{Sternzeit der Beobachtung} & 6^h\, 48^m\, 55.3^s \\
\end{array}
$$

$$
\begin{array}{lr}
h'\ldots\ldots\ldots\ldots\ldots\ldots & 12^0\, 43'\, 20'' \\
\text{Kimmtiefe}\ldots\ldots\ldots\ldots & -\ 4' \\
\text{Refraction}\ldots\ldots\ldots\ldots & -\ 4'\, 11'' \\
\hline
h\ldots\ldots\ldots\ldots\ldots\ldots & 12^0\, 35'\, 9'' \\
\end{array}
$$

$$
\text{Tab. II}
\begin{cases}
\text{erste Correction} - & 9'\, 23'' \\
\text{zweite} \quad \text{„} \quad + & 14'' \\
\text{dritte} \quad \text{„} \quad + & 1'\, 18'' \\
\end{cases}
$$

$$\varphi = 12^0\, 27'\, 18''$$

63. Zuverlässigkeit der Breitenbestimmung aus Meridianhöhen der Gestirne und der Breitenbestimmung aus Polarsternhöhen.

Aus der aufgestellten Fehlergleichung des Stundenwinkels (Nr. 29) ist:

$$37) \quad d\varphi = \frac{ds\,\sin\omega\,\cos\varphi - dz + dp\,\cos v}{\cos\omega}.$$

Hieraus ist ersichtlich, dass $d\varphi$ um so kleiner wird, je grösser $\cos\omega$, d. h. je näher ω an Null oder 180° ist. Der Einfluss der Fehler in der Zenithdistanz und Declination auf das Resultat ist also um so geringer, je näher das Gestirn am Meridian ist. Passirt ein Gestirn den Meridian, so ist $\cos\omega = 1$ und $d\varphi$ ein Minimum.

Für den Polarstern ist in allen erreichbaren Breiten ω sehr nahe an Null oder 180° und daher auch diese Methode vom theoretischen Standpunkte aus sehr verlässlich.

Bei beiden Arten der Breitenbestimmung geht der Fehler in der Zenithdistanz directe in die Breite über. Ist nämlich $ds = dp = 0$, so ist $d\varphi = dz$. Bei Breitenbestimmungen aus Meridianhöhen berücksichtige man, dass auch ein geübter Beobachter auf eine Unsicherheit von beiläufig 30" in der Höhe rechnen muss, ferner dass die Beurtheilung der Kimm bei ungünstiger Beleuchtung Fehler bis zum Betrage von 3' verursacht; bei Nachtbeobachtungen erreicht die Unsicherheit in der Beurtheilung der Kimm einen noch höheren Betrag. Rechnungsresultate aus Meridianhöhen der Sonne sind daher im besten Falle auf $\frac{1}{2}'$, bei wenig klarer Kimm auf ungefähr 2', endlich Nachtbeobachtungen und Polarsternbreiten auf 5 bis 10' verlässlich.

C. **Breitenbestimmung durch zwei zu verschiedenen Zeiten beobachtete Höhen desselben Gestirnes ausserhalb des Meridians (Methode von Ivory).**

64. In der Regel wird in See täglich die Mittagsbreite durch eine Meridianhöhe der Sonne bestimmt. In vielen Fällen ist es für den Seemann von Wichtigkeit, für andere Tageszeiten und besonders für einige Stunden vor oder nach dem Mittage die Breite, welche er auch zur Bestimmung der Länge des Schiffes benöthigt, zu kennen. Diese Breite kann erhalten werden, wenn man mit der zu Mittag astronomisch bestimmten Breite und dem zurückgelegten Breitenunterschiede die Breite für den fraglichen Zeitpunkt koppelt. Ist aber das Schiff im Bereiche einer Strömung, oder ist dasselbe gezwungen zu laviren, so liefert die Koppelung nur ein ungenaues

Resultat. Es ist daher von grosser Bedeutung, eine Methode der Breitenbestimmung zu kennen, welche unabhängig von der Tageszeit möglichst verlässliche Resultate liefert und für den Seegebrauch geeignet ist.

Sind S, S' (Fig. 44) die Orte der Sonne zur Zeit der ersten und zweiten Beobachtung, so kann, wenn die Zwischenzeit der beiden Beobachtungen nicht zu gross ist, das $\triangle PSS'$ als gleichschenklig angenommen werden, so dass die vom Pol auf die Seite SS' gefällte Senkrechte jene halbirt; ebenso wird durch die gefällte Senkrechte der Winkel $SP\cdot S'$, die Differenz, nämlich der Stundenwinkel für beide Beobachtungen halbirt. Der Winkel SPS' ist die in Bogenmass verwandelte Zwischenzeit der Beobachtung. Fällt man vom Zenith aus $Zl \perp Pm$,

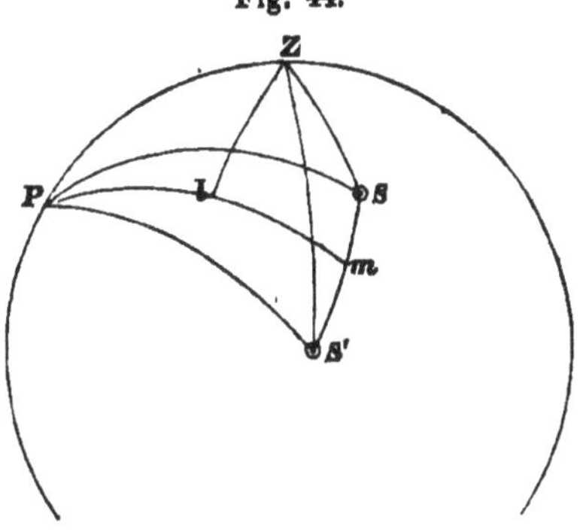

Fig. 44.

so ist im rechtwinkligen sfärischen Dreieck ZPl:
$$\cos ZP = \cos Pl \cos Zl$$
oder:
$$\alpha)\quad \cos\psi = \sin\varphi = \cos(Pm - lm)\cos Zl.$$

Die Breite ist demnach gegeben, sobald die Stücke Pm, lm und Zl bekannt sind.

Aus dem rechtwinkligen sfärischen Dreieck PmS ist:
$$\sin mS = \sin mS' = \sin PS \cdot \sin SPm$$
oder weil SPm die halbe Zwischenzeit der Beobachtung ist:
$$\beta)\quad \sin mS = \sin mS' = \cos\delta\,\sin\frac{15\cdot\triangle t}{2}.$$

Aus demselben Dreieck hat man:
$$\gamma)\quad \cos Pm = \frac{\cos PS}{\cos Sm} = \frac{\sin\delta}{\cos Sm}.$$

Man hat weiters aus den sfärischen $\triangle ZmS$ und ZmS', wenn man die Höhen mit h' und h'' bezeichnet:
$$\sin h' = \cos Zm \cos Sm + \sin Zm \sin Sm \cos ZmS$$
$$\sin h'' = \cos Zm \cos S'm + \sin Zm \sin Sm \cos ZmS'.$$

Nun ist: $\angle ZmS = 90 - PmZ$ und $\angle ZmS' = 90 + PmZ$, ferner $S'm = Sm$, folglich:
$$\sin h' = \cos Zm \cos Sm + \sin Zm \sin Sm \sin PmZ$$
$$\sin h'' = \cos Zm \cos Sm - \sin Zm \sin Sm \sin PmZ.$$

104

Die Addition und Subtraction dieser beiden Gleichungen gibt:

$$\sin h' + \sin h'' = 2 \sin \frac{h' + h''}{2} \cos \frac{h' - h''}{2} = 2 \cos Zm \cos Sm$$

$$\sin h' - \sin h'' = 2 \sin \frac{h' - h''}{2} \cos \frac{h' + h''}{2} = 2 \sin Zm \sin Sm \sin PmZ.$$

Aus der letzten Gleichung folgt:

$$\delta) \quad \sin Zm \,.\, \sin PmZ = \frac{\sin \frac{1}{2} (h' - h'') \cos \frac{1}{2} (h' + h'')}{\sin Sm}.$$

Da im $\triangle Zml$, $\sin Zm \sin PmZ = \sin Zl$, so ist:

$$\varepsilon) \quad \sin Zl = \frac{\sin \frac{1}{2} (h' - h'') \cos \frac{1}{2} (h' + h'')}{\sin Sm}.$$

Aus der Gleichung für $\sin h' + \sin h''$ folgt:

$$\eta) \quad \cos Zm = \frac{\sin \frac{1}{2} (h' + h'') \cos \frac{1}{2} (h' - h'')}{\cos Sm}.$$

Aus $\triangle Zml$ ist:

$$\cos ml = \frac{\cos Zm}{\cos Zl}$$

und wenn man darin den Werth für $\cos Zm$ aus Gleichung $\eta)$ einsetzt, resultirt:

$$k) \quad \cos ml = \frac{\sin \frac{1}{2} (h' + h'') \cos \frac{1}{2} (h' - h'')}{\cos Sm \,.\, \cos Zl}.$$

Setzt man die Werthe von Pm, lm und Zl aus den Gleichungen $\gamma)$, $k)$ und $\varepsilon)$ in Gleichung $\alpha)$ ein, so kann endlich die Breite berechnet werden.

Uebersichtlich zusammengestellt hat man folgende Formeln zur Berechnung der Breite:

$$\sin Sm = \sin \frac{15 \,.\, \triangle t}{2} \cos \delta,$$

$$\cos Pm = \frac{\sin \delta}{\cos Sm},$$

$$\sin Zl = \frac{\cos \frac{1}{2} (h' + h'') \sin \frac{1}{2} (h' - h'')}{\sin Sm},$$

$$\cos ml = \frac{\sin \frac{1}{2} (h' + h'') \cos \frac{1}{2} (h' - h'')}{\cos Sm \,.\, \cos Zl}.$$

$$38) \quad \sin \varphi = \cos (Pm - ml) \cos Zl.$$

Bisher wurde Breite und Declination gleichnamig vorausgesetzt; sind selbe ungleichnamig, so hat man δ negativ zu nehmen, wodurch man $\cos Pm = -\frac{\sin \delta}{\cos Sm}$ anstatt $\cos Pm = \frac{\sin \delta}{\cos Sm}$ erhält. Weitere Aenderungen entstehen hiedurch nicht.

Sind δ und φ gleichnamig und $\varphi > \delta$, so culminirt das Gestirn zwischen Pol und Zenith, das Loth ZL (Fig. 45) fällt dann auf die Verlängerung der Pm, wodurch $Pl = Pm + ml$ und

39) $\sin\varphi = \cos(P\!\cdot\!m + m\,l)\cos Z\,l$

wird.

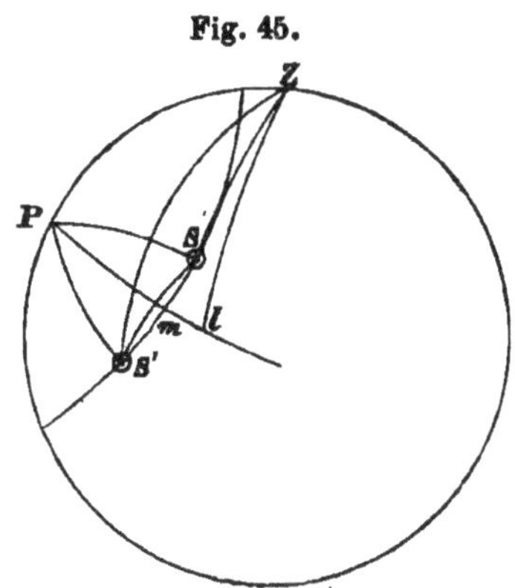
Fig. 45.

65. Beim Gebrauch dieser Methode zur See kann man nicht die aus der Beobachtung erhaltenen Zenithdistanzen unmittelbar in Rechnung bringen, da sich der Ortsveränderung des Schiffes wegen das Zenith des Beobachters ändert. Die Formeln zur Auflösung dieser Methode wurden unter der Voraussetzung abgeleitet, dass beide Zenithdistanzen von ein und demselben Zenithe aus gemessen wurden; es müssen daher die beobachteten Zenithdistanzen für den praktischen Gebrauch auf ein und dasselbe Zenith bezogen werden.

Der Kugelgestalt der Erde wegen ist die Grenze der Beleuchtung derselben durch die Sonne ein grösster Kreis. Die äussersten Lichtstrahlen, welche wegen der sehr grossen Entfernung der Erde von der Sonne parallel zu einander sind, treffen die Erdoberfläche in

Fig. 46.

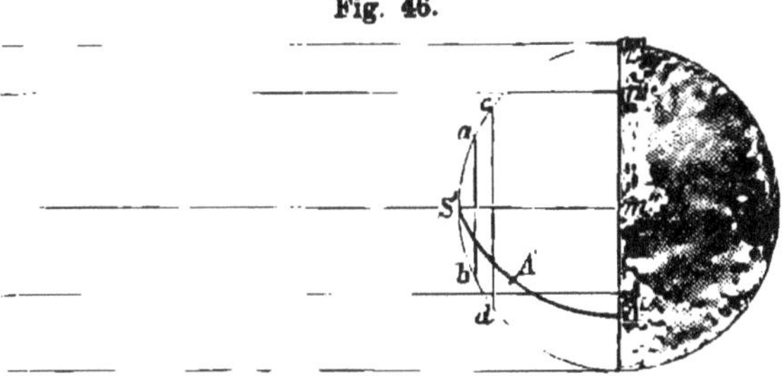

unendlich vielen Punkten, m, m', m'', welche alle in dem sogenannten Grenzkreis der Beleuchtung liegen. Für jeden Punkt dieses Grenzkreises ist die Höhe der Sonne Null, für den höchsten Punkt der beleuchteten Halbkugel hingegen 90°. Stellt man sich um den höchsten Punkt der beleuchteten Halbkugel als Mittelpunkt concentrische Kreise in Abständen von 10 zu 10 Grad, wie ab, cd etc. gezogen vor, so wird den Punkten des Kreises ab die Sonnenhöhe 80°, jenen des Kreises cd 70° etc. entsprechen. Will man die Höhe für einen beliebigen Punkt A' ermitteln, so hat man sich nur den

Mittelpunkt der Erde mit der Sonne verbunden zu denken und durch A' und S' einen grössten Kreis senkrecht auf den Grenzkreis zu ziehen. Der Bogen AA' in Graden gemessen, gibt dann die Höhe, der Bogen $S'A$ die Zenithdistanz der Sonne für den Punkt A' und im bestimmten Augenblick. Es sei nun das Schiff bei der ersten

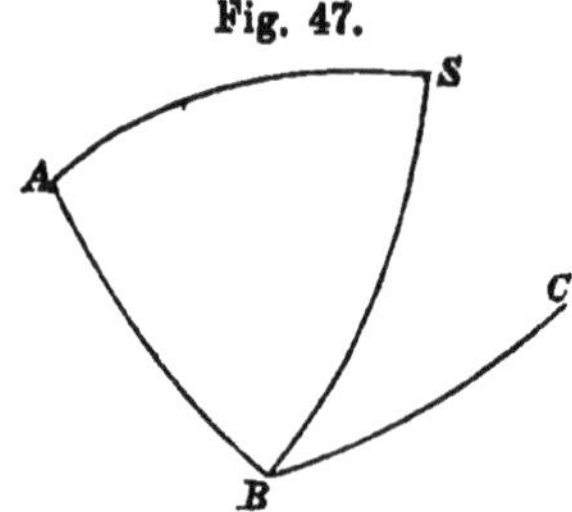

Fig. 47.

Beobachtung in A (Fig. 47), bei der zweiten in B gewesen. Denkt man sich vom Mittelpunkte der Erde nach der Sonne eine gerade Linie, welche die Oberfläche in S schneidet und A, B und S durch grösste Kreisbögen verbunden, so wird in dem Dreiecke ABS die Seite BS die an dem Orte B gemessene Zenithdistanz sein, und man wird, da BA durch den in der Zwischenzeit der Beobachtung gesteuerten Curs und durch die zurückgelegte Distanz gegeben ist, die Seite AS, d. h. die Zenithdistanz, welche man an dem Orte A gemessen hätte, berechnen können, wenn man den Winkel SBA kennt. Ist CB die Meridianrichtung des Ortes B, so ist $\measuredangle SBA = \measuredangle (CBA - SBA) =$ Azimuth des Gestirnes — Cursrichtung. Bezeichnet man den Winkel SBA mit B und die Entfernung der Orte A und B, d. h. die zurückgelegte Distanz mit D, so ist, wenn h^0 die reducirte, h die zu reducirende Höhe bedeuten:

$$sin\, h^0 = sin\, h\, cos\, D + sin\, D\, cos\, h\, cos\, B.$$

Setzt man wegen der Kleinheit von D, $cos\, D = 1$ und $sin\, D = D\, sin\, 1''$, so erhält man:

$$sin\, h^0 - sin\, h = 2\, sin\, \frac{h^0 - h}{2}\, cos\, \frac{h^0 + h}{2} = D\, cos\, h\, cos\, B\, sin\, 1''$$

oder da die Differenz $h^0 - h$ auch nicht bedeutend sein wird:

$$h^0 - h = D\, cos\, B,$$

woraus:

$$40)\quad h^0 = h + D\, cos\, B$$

folgt. Ist der Winkel $B > 90^0$, so ist $cos\, B$ negativ und daher für diesen Fall:

$$41)\quad h^0 = h - D\, cos\, B.$$

Bewegt sich der Beobachter gegen das Gestirn hin, so wird die Höhe am zweiten Ort der Beobachtung grösser, bewegt sich der Beobachter vom Gestirn hinweg, so wird die Höhe kleiner.

Aus dem Gesagten ergibt sich folgende allgemeine Regel: Will man die kleinere Höhe auf den Ort der grösseren reduciren, so peile man die Sonne bei der Beobachtung am Ort der kleineren

Höhe und bilde mit Hilfe des gesteuerten Curses den Winkel B zwischen der Sonnenpeilung und der Curslinie. War der Curs des Schiffes von der Sonne hinweg gerichtet $(B > 90^0)$, so ist die Correction von der beobachteten Höhe zu subtrahiren, hat man sich gegen die Sonne zu bewegt, so ist $(B < 90^0)$ die Correction additiv. Die Peilung der Sonne und der gesteuerte Curs müssen entweder beide wahr, oder beide missweisend genommen werden.

Für die Rechnung wird jene Declination verwendet, welche der Beobachtung desjenigen Ortes entspricht, auf welchen beide Höhen bezogen sind. Da sich jedoch die Declination der Sonne beständig ändert, muss auch diese Aenderung bei der Rechnung berücksichtigt werden. Man sucht diesfalls die Correction, welche an die bezüglich Ortsveränderung bereits corrigirte Zenithdistanz anzubringen ist. Den Einfluss der Declinationsänderung auf die Höhe erhält man aus der Fehlergleichung des Stundenwinkels, wenn man in derselben $\delta s = \delta \varphi = 0$ setzt. Man hat dann:

$$d z = - d \delta \, cos \, v.$$

Nähert sich die Sonne dem sichtbaren Pol, so ist $d\delta$ positiv, mithin dz negativ; entfernt sich aber die Sonne vom sichtbaren Pòl, so ist $d\delta$ negativ und daher δz positiv. Setzt man $cos \, v = 1 - 2 \, sin^a \frac{v}{2}$ und $sin^a \frac{v}{2} = \frac{sin \, (\Sigma - p) \, sin \, (\Sigma - z)}{sin \, p \, sin \, z}$, so ist die allgemeine Form für δz:

$$42) \quad dz = \mp \left[d\delta - 2 \, d\delta \, \frac{sin \, (\Sigma - p) \, sin \, (\Sigma - z)}{sin \, p \, . \, sin \, z} \right].$$

Zur Berechnung dieser Correction ist, da $\Sigma = \frac{1}{2} \, (p + \psi + z)$, die Kenntniss der beiläufigen Breite nothwendig. Die Methode von Ivory verliert jedoch dadurch nicht den Werth einer directen Bestimmungsart, da diese Correction nur wenige Secunden ausmacht und füglich weggelassen werden kann. Nur der Vollständigkeit wegen wird dieselbe in dem folgenden Beispiele berücksichtigt.

Beispiel. Am 28. Jänner 1873 wurde um $15^h \, 13^m \, 38\cdot7^s$ Chronometerzeit die Höhe des unteren Sonnenrandes $17^0 \, 40' \, 22''$ und um $17^h \, 12^m \, 29\cdot4^s$ Chronometerzeit $42^0 \, 13' \, 48''$ gefunden. Zur Zeit der ersten Beobachtung war die Peilung der Sonne $S - 66^0$. In der Zwischenzeit der Beobachtung legte das Schiff im Curse $S - 83^0$, $4\cdot8$ Seemeilen zurück. Curs und Peilung sind rechtweisend. Indexfehler $= 0$; Augeshöhe 7 M.; Stand des Chronometers gegen mittlere Greenwicher Zeit der I. Beobachtung $+ \, 1^h \, 8^m \, 12\cdot1^s$; täglicher Gang $+ \, 3\cdot0^s$.

Vorbereitende Rechnungen.

	I. Beobachtung:	II. Beobachtung:
Chronometerzeit	$15^h\ 13^m\ 38\cdot7^s$	$17^h\ 12^m\ 29\cdot4^s$
Chronometer gegen Greenwich	$+\ 1^h\ 8^m\ 12\cdot1^s$	$+\ 1^h\ 8^m\ 12\cdot3^s$
Mittlere Greenwicher Zeit	$16^h\ 21^m\ 15\cdot8^s$	$18^h\ 20^m\ 41\cdot7^s$
$\delta =$	$-\ 18^0\ 10'\ 51''$	$-\ 18^0\ 9'\ 36''$
$h'\ \odot =$	$17^s\ 40'\ 22''$	$42^0\ 13'\ 48''$
Correction	$+\ 8'\ 41''$	$+\ 10'\ 35''$
$h =$	$17^0\ 49'\ 3''$	$42^0\ 24'\ 23''$

Wahre Peilung $S\ 66^0$ Ost $\qquad$ I. Greenw. Zeit $=16^h\ 21^m\ 50\cdot8^s$

Wahrer Curs... $S\ 83^0$ West $\qquad$ II. $\quad n \quad\quad n \ =18^h\ 20^m\ 41\cdot7^s$

$\overline{B=149^0.}\qquad\qquad\qquad \tfrac{1}{2}(t-t')=\ 0^h\ 59^m\ 25\cdot4^s$

$$\text{in Bogenmass} = 14^0\ 51'\ 21''.$$

Reduction der I. (kleineren) Höhe auf den Ort der II. (grösseren).

Reduction wegen Ortsveränderung:

$$R = D\ cos\,B$$
$$log\,D = 0\cdot6812$$
$$log\,cos\,B = 9\cdot9331$$
$$\overline{\hspace{2em}0\cdot6143\hspace{2em}}$$
$$\text{Reduction} - 4\cdot1'$$
$$= -\ 4'\ 6''.$$

Reduction wegen Declinationsänderung:

$$d\,\delta - 2\,d\,\delta\ sin^2\ \tfrac{\nu}{2}$$

$p = 108^0\ 10' \ldots\ldots\ldots\ldots log\,sin\,p = 9\cdot9777$

$\psi = \ 76^0\ 30'$

$s = \ 72^0\ 11' \ldots\ldots\ldots\ldots log\,sin\,s = 9\cdot9787$

$2\,\Sigma = 256^0\ 51'\qquad\qquad\qquad\quad \overline{9\cdot9564}$

$\Sigma = 128^0\ 25'$

$\Sigma - s = \ 56^0\ 14' \ldots\ldots log\,sin\,(\Sigma - s) = 9\cdot9198$

$\Sigma - p = \ 20^0\ 15'\qquad log\,sin\,(\Sigma - p) = 9\cdot5392$

$$\overline{\hspace{4em}9\cdot4590\hspace{2em}}$$
$$log\ sin^2\ \tfrac{\nu}{2} = 9\cdot5026$$
$$log\,2 = 0\cdot3010$$
$$log\,d\,\delta = 1\cdot8751$$
$$\overline{\hspace{4em}1\cdot6787\hspace{2em}}$$
$$2\,d\,\delta\,sin^2\ \tfrac{\nu}{2} = 47\cdot7$$
$$d\,\delta \qquad 75\cdot0$$
$$\text{Correction} + 27\cdot3''.$$

Die Correction ist positiv, da sich die Sonne dem sichtbaren Pol nähert.

$$\text{I. Höhe} \ldots \ldots 17^0\ 49'\ 3''$$

$$- \quad 4'\ 6'' \qquad \tfrac{1}{2}\,(h' + h'') = 30^0\ 4'\ 53''$$

$$+ \quad\ 27'' \qquad \tfrac{1}{2}\,(h' - h'') = 12^0\ 17'\ 29''$$

$$h' = 17^0\ 45'\ 24''$$

$$h'' = 42^0\ 24'\ 23''$$

Berechnung der Hilfsbögen Sm, Pm, ml und Zl.

$$\sin Sm = \sin\tfrac{1}{2}\triangle t \cdot \cos\delta \qquad \sin Zl = \frac{\cos\tfrac{1}{2}\,(h' + h'')\,\sin\tfrac{1}{2}\,(h' - h'')}{\sin Sm}$$

$$\cos Pm = \frac{\sin\delta}{\cos Sm} \qquad \cos ml = \frac{\sin\tfrac{1}{2}\,(h' + h'')\,\cos\tfrac{1}{2}\,(h' - h'')}{\cos Sm\,\cos Zl}$$

$$\log\sin\tfrac{1}{2}\triangle t = 9{\cdot}40890$$

$$\log\cos\delta = 9{\cdot}97781$$

$$9{\cdot}38671$$

$$Sm = 14^0\ 6'\ 1''$$

$$\log\sin\delta = 9{\cdot}49370_n$$

$$\log\cos Sm = 9{\cdot}98671$$

$$9{\cdot}50699_n$$

$$Pm = 108^0\ 44'\ 18''.$$

$Pm > 90^0$, weil φ und δ ungleichnamig.

$$\log\cos\tfrac{1}{2}\,(h' + h'') = 9{\cdot}93718 \qquad \log\sin\tfrac{1}{2}\,(h' + h'') = 9{\cdot}70001$$

$$\log\sin\tfrac{1}{2}\,(h' - h'') = 9{\cdot}32813 \qquad \log\cos\tfrac{1}{2}\,(h' - h'') = 9{\cdot}98993$$

$$9{\cdot}26531 \qquad\qquad\qquad\qquad 9{\cdot}68994$$

$$\log\sin Sm\ \ 9{\cdot}38671 \qquad \log\cos Sm = 9{\cdot}98671$$

$$9{\cdot}87860 \qquad\qquad \log\cos Zl = 9{\cdot}81585$$

$$Zl = 49^0\ 7'\ 27'' \qquad\qquad\qquad 9{\cdot}88738$$

$$ml = 39^0\ 29'\ 12''$$

Berechnung der Breite.

$$\sin\varphi = \cos\,(Pm - ml)\,\cos Zl.$$

$$Pm = 108^0\ 44'\ 18'' \qquad \log\cos\,(Pm - ml) = 9{\cdot}54933$$

$$ml = 39^0\ 29'\ 12'' \qquad\qquad \log\cos Zl = 9{\cdot}81587$$

$$Pm - ml = 69^0\ 15'\ 6'' \qquad\qquad \log\sin\varphi = 9{\cdot}36520$$

$$\varphi = 13^0\ 24{\cdot}3'\ \text{N}.$$

und zwar am Orte der zweiten Beobachtung.

66. Zuverlässigkeit der Breitenbestimmung aus zwei Höhen und der Zwischenzeit. Aus der Fehlergleichung des Stundenwinkels erhält man, wenn dp vernachlässigt wird:

$$ds = \frac{d\varepsilon + d\varphi\,\cos\omega}{\sin\omega\,\cos\varphi}$$

und für eine Zenithdistanz z', welche dem Azimuth ω' entspricht:

$$ds = \frac{dz' + d\varphi \cos\omega'}{\sin\omega' \cos\varphi}.$$

Daraus folgt:

$$\frac{dz + d\varphi \cos\omega}{\sin\omega \cos\varphi} = \frac{dz' + d\varphi \cos\omega'}{\sin\omega' \cos\varphi}.$$

Bestimmt man $d\varphi$, so hat man:

$$\frac{d\varphi \cos\omega}{\sin\omega \cos\varphi} - \frac{d\varphi \cos\omega'}{\sin\omega' \cos\varphi} = \frac{dz'}{\sin\omega' \cos\varphi} - \frac{dz}{\sin\omega \cos\varphi}$$

oder:

$$d\varphi \left[\frac{\sin(\omega' - \omega)}{\sin\omega \sin\omega'} \right] = \frac{dz' \sin\omega - dz \sin\omega'}{\sin\omega \cdot \sin\omega'},$$

woraus endlich folgt:

$$43)\quad d\varphi = \frac{dz' \sin\omega - dz \sin\omega'}{\sin(\omega' - \omega)}.$$

Diese Gleichung sagt, dass der Fehler in der Breite um so geringer und daher diese directe Methode der Breitenbestimmung um so verlässlicher, je grösser der Unterschied der Azimuthe · für beide Beobachtungen ist. Man wird daher die Beobachtungszeiten womöglich derart wählen, dass die Differenz $\omega' - \omega$ und auch eines der Azimuthe (ω oder ω') nahe an 90° sind.

D. Breitenbestimmung aus Circummeridianhöhen.

67. Circum- oder Nebenmeridianhöhen nennt man Höhen, welche in der Nähe des Meridians beobachtet werden. Hat man Grund anzunehmen, dass die Meridianbeobachtung durch Wolken vereitelt wird, öder ist dies bereits geschehen, so nimmt man kurze Zeit vor, beziehungsweise nach der Culmination des Gestirnes einige Höhen, welche dann auf den Meridian bezogen werden können. In der Regel werden nur Circummeridianhöhen der Sonne beobachtet, doch ist die Ausführung der Beobachtung und der Rechnung für alle Gestirne möglich.

I. Methode zur Reduction einer Circummeridian- höhe auf den Meridian. Es sei h eine Nebenmeridianhöhe und φ die gegisste Breite, so hat man:

$$\alpha)\quad \cos z = \sin\varphi \cos p + \cos\varphi \sin p \cos s.$$

Befindet sich das Gestirn im Meridian, so ist $s = 0$; bezeichnet man die Meridianzenithdistanz mit Z, so ist, weil $\cos 0 = 1$:

$$\beta)\quad \cos Z = \sin\varphi \cos p + \cos\varphi \sin p.$$

Es wird hiebei angenommen, dass sich Declination und Breite vom Moment der Beobachtung bis zur Culmination des Gestirnes nicht ändern.

Durch Subtraction der Gleichungen α) und β) erhält man:

$$\cos Z - \cos s = \sin p \, \cos \varphi \, (1 - \cos s)$$

$$\sin \tfrac{1}{2} (s + Z) \, \sin \tfrac{1}{2} (s + Z) = \sin p \, \cos \varphi \, \sin^2 \tfrac{s}{2},$$

woraus:

$$\gamma) \quad \sin \tfrac{1}{2} (s - Z) = \frac{\sin p \cdot \cos \varphi \, \sin^2 \tfrac{s}{2}}{\sin \tfrac{1}{2} (s + Z)}$$

als strenge Formel zur Berechnung des Unterschiedes $s - Z$. Ist jedoch die Zenithdistanz nicht sehr klein (etwa 30^0), so kann diese strenge Formel noch vereinfacht werden. Weil die Höhenänderung im Meridian sehr gering ist, kann man für $\sin \tfrac{1}{2} (s - Z) = \tfrac{1}{2} (s - Z) \sin 1''$ und für $\sin \tfrac{1}{2} (s + Z) = \sin Z$ setzen, wodurch die Gleichung γ) in

$$\tfrac{1}{2} (s - Z) \sin 1'' = \frac{\cos \delta \, \cos \varphi \, \sin^2 \tfrac{s}{2}}{\sin Z}$$

übergeht.

Wird Z bestimmt, so erhält man:

$$44) \quad Z = s - \frac{\cos \varphi \cdot \cos \delta}{\sin Z} \; \frac{2 \sin^2 \tfrac{s}{2}}{\sin 1''} .$$

Zur Erleichterung der Rechnung wurde der Factor $\dfrac{2 \sin^2 \tfrac{s}{2}}{\sin 1''}$ berechnet und als Logarithmus in Tafeln gebracht (Seite 250 der nautischen Tafeln für die k. k. Kriegsmarine). Das Argument s dieser Tafel ist die in Bogenmass ausgedrückte Differenz der Uhrzeit der Culmination und der Uhrzeit der Beobachtung. Es ist daher für die Rechnung nothwendig, die Uhrzeit der Culmination zu kennen.

Ist der Stand der Uhr gegen mittlere Greenwicher Zeit bekannt, so kann die Uhrzeit des wahren Mittags auf folgende Art ermittelt werden. Die Sonne culminirt um 0^h wahrer Ortszeit, welche durch Anbringung der Zeitgleichung in die mittlere Ortszeit der Culmination verwandelt wird; bringt man an diese die Länge an, so erhält man die mittlere Greenwicher Zeit der wahren Culmination, welche mit Hilfe des Chronometerstandes gegen Greenwich in Uhrzeit der Culmination verwandelt wird.

Zur Berechnung der rechten Seite der Gleichung wird für φ die gegissate Breite eingesetzt; die Meridianzenithdistanz im Nenner der rechten Seite wird mit Hilfe der Declination des wahren Mittags und der gegissten Breite ermittelt $(Z = \varphi - \delta)$.

68. Culminirt das Gestirn zu nahe am Zenith, so ist Formel 44) zu ungenau. Setzt man die Correction $\dfrac{\cos \varphi \cdot \cos \delta}{\cos Z} \dfrac{2 \sin^2 \frac{s}{2}}{\sin 1''} =$
$= R$, so ist $Z = z - R$ und daraus $z = Z + R$, daher $\frac{1}{2}(z + Z) =$
$= Z + \dfrac{R}{2}$. Substituirt man diesen Werth von $\frac{1}{2}(z + Z)$ in Gleichung γ), so erhält man:

$$\sin \tfrac{1}{2}(z - Z) = \frac{\cos \delta \cdot \cos \varphi \sin^2 \frac{s}{2}}{\sin \left(Z + \frac{R}{2}\right)}$$

und

$$\tfrac{1}{2}(z - Z) \sin 1'' = \frac{\cos \delta \cdot \cos \varphi \sin^2 \frac{s}{2}}{\sin Z \cos \frac{R}{2} + \cos Z \sin \frac{R}{2}}$$

oder wegen der Kleinheit von $\dfrac{R}{2}$:

$$\tfrac{1}{2}(z - Z) \sin 1'' = \frac{\cos \delta \cdot \cos \varphi \sin \frac{s}{2}}{\sin Z + \frac{R}{2} \sin 1'' \cotg Z}.$$

Führt man die Division auf der rechten Seite der Gleichung aus und vernachlässigt man die Glieder zweiter und höherer Ordnung von R, so erhält man:

$$\tfrac{1}{2}(z - Z) \sin 1'' = \frac{\cos \delta \cdot \cos \varphi \sin^2 \frac{s}{2}}{\sin Z} -$$
$$- \frac{\cos \delta \cdot \cos \varphi \sin^2 \frac{s}{2}}{\sin Z} \frac{R}{2} \cotg Z \cdot \sin 1''$$

und

$$z - Z = R - \frac{R^2 \cotg Z \cdot \sin 1''}{2},$$

woraus:

$$45) \quad Z = z - R + \frac{R^2 \cotg Z \sin 1''}{2}.$$

Hieraus ist ersichtlich, dass für kleine Zenithdistanzen, in welchem Falle *cotg Z* sehr gross wird, die zweite Correction zu bedeutend ist, um vernachlässigt zu werden.

Will man bei kleineren Zenithdistanzen die Methode der Circummeridianhöhen anwenden und hiebei so genau als möglich verfahren, so eignet sich hiezu folgende von Delambre vorgeschlagene Methode.

Die strenge Formel zur Reduction der Zenithdistanz lautet:

$$\sin \tfrac{1}{2}(s - Z) = \frac{\cos \delta \cdot \cos \varphi \sin^2 \frac{s}{2}}{\sin \tfrac{1}{2}(s + Z)}.$$

Setzt man für $s - Z$, R so ist:

$$\sin \tfrac{1}{2} R = \frac{\cos \delta \cdot \cos \varphi \sin^2 \frac{s}{2}}{\sin (Z + \tfrac{1}{2} R)}.$$

Entwickelt man $\sin \tfrac{1}{2} R$ nach der Sinusreihe, so hat man:

$$\sin \tfrac{1}{2} R = \tfrac{1}{2} R - (\tfrac{1}{2})^3 \frac{R^3}{2.3} + \cdots$$
$$= \tfrac{1}{2} R - \tfrac{1}{48} R^3 + \cdots$$

Setzt man nun diesen Werth von $\sin \tfrac{1}{2} R$ ein, so ist:

$$\tfrac{1}{2} R - \tfrac{1}{48} R^3 = \frac{\cos \delta \cdot \cos \varphi \sin^2 \frac{s}{2}}{\sin \left(Z + \frac{R}{2}\right)}$$

und

$$R = 2 \sin^2 \frac{s}{2} \frac{\cos \delta \cos \varphi}{\sin \left(Z + \frac{R}{2}\right)} + \tfrac{2}{24} \sin^4 \frac{s}{2} \cdot \frac{\cos^3 \delta \cos^3 \varphi}{\sin^3 \left(Z + \frac{R}{2}\right)}.$$

Für die Factoren $2 \sin^2 \frac{s}{2}$ und $\tfrac{2}{24} \sin^4 \frac{s}{2}$ hat Delambre eigene Tafeln berechnet,
in welchen man diese Grössen mit dem Argumente s in Bogenmass findet.
Das R auf der rechten Seite der Gleichung ist der Unterschied der Zenithdistanz
der Beobachtung und der aus $Z = \varphi - \delta$ abgeleiteten Meridianzenithdistanz.

69. Ist die untere Culmination auch sichtbar, so hat man, da
der Stundenwinkel $(180 \mp s)$ ist:

a) $\cos z = \cos p \cdot \sin \varphi + \sin p \cos \varphi \cos (180 \mp s)$
     $\cos z = \cos p \cdot \sin \varphi - \sin p \cos \varphi \cos s$

und für die Meridianzenithdistanz Z', da $s = 180°$ ist:

$$\cos Z' = \cos p \sin \varphi - \sin p \cos \varphi.$$

Entwickelt man diese beiden Gleichungen analog wie jene für die
obere Culmination, so erhält man als strenge Formel:

$$\sin \tfrac{1}{2}(Z' - z) = \frac{\cos \delta \cdot \cos \varphi \sin^2 \frac{s}{2}}{\sin \tfrac{1}{2}(Z' + z)}$$

und als Näherungsformel:

$$46) \quad Z' = z + \frac{\cos \varphi \cos \delta}{\sin Z'} \cdot \frac{2 \sin^2 \frac{s}{2}}{\sin 1''}.$$

70. Bei Ausführung der Rechnung muss die Aenderung der
Declination der Sonne berücksichtigt werden; dies geschieht, indem
man jene Declination aus der Efemeride nimmt, welche dem
Mittel der Uhrzeiten der Beobachtung entspricht.

Streng genommen wäre auch auf die Zenithveränderung in Folge der Bewegung·des Schiffes Rücksicht zu nehmen; nimmt man aber an, dass die Bewegung regelmässig und folglich der Zeit proportional war, so ist dies nicht nothwendig und die erhaltene Breite entspricht dem Orte der mittleren Zeit der Beobachtungen.

Aus der Gleichung:

$$d\varphi = \frac{ds\,\sin\omega\,\cos\varphi - dz + dp\,\cos\nu}{\cos\omega}$$

geht hervor, dass der Fehler im Stundenwinkel und in der gemessenen Höhe von um so geringerem Einflusse auf den Fehler in der Breite sein wird, je näher ω an Null und je grösser die Breite selbst ist. Beobachtet man gleich viele und gleichmässig vertheilte Höhen vor und nach der Culmination, so hat s für beide Höhengruppen nahezu den gleichen Werth, ist jedoch vom Meridian gegen Ost und gegen West zu zählen. Demnach entstehen durch eine fehlerhafte Uhrzeit des Mittags in den Reductionen beider Gruppen von Zenithdistanzen der Grösse nach gleiche, jedoch entgegengesetzt bezeichnete Fehler, welche sich gegenseitig aufheben. Dadurch wird auch der Einfluss der Declinationsänderung der Sonne auf das Resultat nahezu aufgehoben und man kann daher die Declination des Mittags in Rechnung bringen.

Hat man mehrere Höhen beobachtet, so ist es vortheilhafter, jede für sich auf den Meridian zu reduciren.

Beispiele. 1. Am 12. März 1873 wurde in der beiläufigen Breite $\varphi = 35^0\ 18'$ N. und in $\lambda = 1^h\ 30^m\ 26\cdot8^s$ O. zur Chronometerzeit $9^h\ 21^m\ 20\cdot5^s$ die Circummeridianhöhe des unteren Sonnenrandes $51^0\ 15'\ 34''$ beobachtet. Stand des Chronometers gegen mittlere Greenwicher Zeit $= + 1^h\ 12^m\ 20^s$; Augeshöhe 7 Meter; es soll die Breite gerechnet werden.

Berechnung der Uhrzeit der Culmination.

Wahre Zeit der Culmination am 12./3.	$0^h\ 0^m\ 0^s$	
λ	$1^h\ 30^m\ 26\cdot8^s$ O.	
Wahre Greenw. Zeit der Culmin. am 11./3.	$22^h\ 29^m\ 33\cdot2^s$	
Zeitgleichung . .	$+\ 9^m\ 52\cdot2^s$	
Mittlere Greenwicher Zeit der Culmination	$22^h\ 39^m\ 25\cdot4^s$	
Stand der Uhr gegen Greenwich	$+\ 1^h\ 12^m\ 20\cdot0^s$	
Uhrzeit der Culmination	$21^h\ 27^m\ 5\cdot4^s$	
„ „ Beobachtung	$9^h\ 21^m\ 20\cdot5^s$	
$s =$	$5^m\ 44\cdot9^s$	

Damit aus Taf. XIX $\dfrac{2\sin^2\frac{s}{2}}{\sin 1''} =$ $\quad 6\,3\cdot6''$.

Die Beobachtung fand statt: 5^m $44 \cdot 9^s$ vor der
Meridianpassage, daher um....23^h 54^m $15 \cdot 1^s$ W. Zt.
$$\lambda = \underline{1^h\ 30^m\ 26 \cdot 8^s}$$

Wahre Greenw. Zeit der Beobacht. 22^h 23^m $48 \cdot 3^s$

$$\delta m = 3^0\ 11'\ 40''$$

Für den wahren Mittag......$\delta = 3^0\ 11'\ 50''$ S.

$$\varphi' = 35^0\ 18' \qquad \text{N.}$$
$$Z = 38^0\ 29'\ 50''.$$

Berechnung der Reduction.	Reduction auf den Meridian.
$log\,cos\,\varphi' = 9 \cdot 91176$	$\odot\,h' = 51^0\ 15'\ 34''$
$log\,cos\,\delta = 9 \cdot 99932$	Correction $= + 10'\ 42''$
$9 \cdot 91108$	$\odot\,h = 51^0\ 26'\ 16''$
$log\,sin\,Z = 9 \cdot 79412$	$z = 38^0\ 33'\ 44''$
$0 \cdot 11696$	$R = -\ 1'\ 23''$
$log\,63 \cdot 6'' = 1 \cdot 80346$	$Z = + 38^0\ 32'\ 21''$
$1 \cdot 92042$	$\delta = -\ 3^0\ 11'\ 50''$
$R = 83 \cdot 3''.$	$\varphi = 35^0\ 20'\ 31''$ N.

2. Am 5. September 1873 wurden in der beiläufigen Breite
$\varphi' = 39^0\ 59'$ S. unmittelbar vor und nach der Culmination der
Sonne folgende Höhen des oberen Sonnenrandes über dem Nord-
horizonte genommen. Stand der Uhr gegen mittlere Greenwicher
Zeit — 2^h 15^m $7 \cdot 2^s$; Augeshöhe 7 Meter; $\lambda = 3^h$ 12^m 50^s W.

Chronometerzeiten: Beobachtete Höhen:

5^h 18^m 15^s........ $\odot$ $43^0\ 39'\ 10''$
$\qquad 24^m$ 28^s.............. $40'\ 20''$
$\qquad 31^m$ 17^s.............. $39'\ 20''$
$\qquad 34^m$ 22^s.............. $\underline{37'\ 10''}$
Mittel..................$43^0\ 39'\ 0''$

Anm. Die Uhrzeit des wahren Mittags wird wie früher abgeleitet und ist: 5^h 26^m $24 \cdot 8^s$.

Hiemit findet man: Refraction $+$ Parallaxe $= - 5 \cdot 3''$.
Kimmtiefe $= - 4'\ 44''$.   Halbmesser $15'\ 55''$.

Da die Höhen auf verschiedenen Seiten des Meridians ziemlich
gleichförmig vertheilt sind, wird für die Rechnung die Declination
des wahren Mittags verwendet.

Declination des wahren Mittags $6^0\ 39'\ 12''$
$$\varphi = 39^0\ 59' \qquad \text{S.}$$
$$Z = 46^0\ 38'\ 12''$$

$$\text{Reduction der Höhen:}$$

Uhrzeit d. wahren

Mittags ......$5^h 26^m 24 \cdot 8^s$

Uhrzeit der Beob-

achtung......$\underline{5^h 18^m 15 \cdot 0^s}$..$\underline{5^h 24^m 28 \cdot 0^s}$..$\underline{5^h 31^m 17 \cdot 0^s}$..$\underline{5^h 34^m 22 \cdot 0^s}$

$s = \quad 8^m \;\; 9 \cdot 8^s \qquad 1^m 56 \cdot 8^s \qquad 4^m 52 \cdot 2^s \qquad 7^m 57 \cdot 2^s$

$\dfrac{2 \sin^2 \frac{s}{2}}{\sin 1''}$ ......$130 \cdot 9'' \qquad\quad 7 \cdot 5'' \qquad\quad 46 \cdot 6'' \qquad\quad 124 \cdot 2''$

$\log \cos \varphi' = 9 \cdot 88436$

$\log \cos \delta \;\; = \underline{9 \cdot 99707}$

$\qquad\qquad\quad 9 \cdot 88143$

$\log \sin Z = \underline{9 \cdot 86154}$

$\qquad\qquad 0 \cdot 01989$ ......$0 \cdot 01989$......$0 \cdot 01989$......$0 \cdot 01989$

$\log \dfrac{2 \sin^2 \frac{s}{2}}{\sin 1''} \quad \underline{2 \cdot 11694} \qquad \underline{0 \cdot 87506} \qquad \underline{1 \cdot 66839} \qquad \underline{2 \cdot 09412}$

$\log R = 2 \cdot 13683 \qquad 0 \cdot 89495 \qquad 1 \cdot 68828 \qquad 2 \cdot 11401$

$R = \quad 137 \cdot 0'' ....7 \cdot 8'' ....48 \cdot 8'' ....130 \cdot 0''$

$\quad = \quad 2' \; 17'' ....8'' ....49'' ....2' \; 10''$

$h' = \underline{43^\circ \; 39' \; 10''} ...\underline{43^\circ \; 40' \; 20''} ...\underline{43^\circ \; 39' \; 20''} ...\underline{43^\circ \; 37' \; 10''}$

$H' = 43^\circ \; 41' \; 27'' \qquad 43^\circ \; 40' \; 28'' \qquad 43^\circ \; 40' \;\; 9'' \qquad 43^\circ \; 39' \; 20''$

Mittel $= 43^\circ \; 40' \; 21''$

Correct. $= \underline{- \quad 21' \; 32''}$

$H = 43^\circ \; 18' \; 49''$

$Z = - 46^\circ \; 41' \; 11'' ......$ (weil die Höhen über dem Nordhori-

$\delta = + \quad 6^\circ \; 39' \; 12'' \qquad\qquad$ zonte beobachtet sind).

$\varphi = \underline{\quad 40^\circ \;\; 1' \; 59'' \; \text{S.}}$

71. II. Methode von Preuss. Ist h eine Höhe nahe dem Meridian und H die Meridianhöhe eines Gestirnes, so ist:

$$\alpha) \quad H = h + \triangle h \;\; \text{und} \;\; h = H - \triangle h.$$

Aus $\sin (H - \triangle h) = \sin h = \sin \varphi \sin \delta + \cos \varphi \cos \delta \cos s$ und

$$\sin H = \sin \varphi \sin \delta + \cos \varphi \cos \delta$$

folgt durch Subtraction:

$$\cos (H - \tfrac{1}{2} \triangle h) \sin \triangle h = \cos \varphi \cos \delta \sin^2 \frac{s}{2}$$

und da bei Circummeridianhöhen $\triangle h$ sehr klein ist:

$$\beta) \quad \triangle h = \frac{\cos \varphi \cdot \cos \delta}{\cos H} \; \frac{2 \sin^2 \frac{s}{2}}{\sin 1''}.$$

Für eine Höhe $h + \triangle'h$, welche dem Stundenwinkel s_1 entspricht, hätte man:

$$\gamma) \quad \triangle'h = \frac{cos\,\varphi \cdot cos\,\delta}{cos\,H} \cdot \frac{2\,sin^2 \frac{s_1}{2}}{sin\,1''}.$$

Aus $\beta)$ und $\gamma)$ folgt aber:

$$\triangle h : \triangle'h = sin^2 \frac{s}{2} : sin^2 \frac{s_1}{2}$$

oder weil nahe der Culmination $sin\,\frac{s}{2}$ und $sin\,\frac{s_1}{2}$ sehr klein sind:

$$\triangle h : \triangle'h = s^2 : s_1{}^2.$$

In der Nähe des Meridians verhalten sich daher die Quadrate der Stundenwinkel wie die innerhalb derselben stattfindenden Höhenänderungen. Es sei noch vorausgesetzt, dass die Zählung des Stundenwinkels vom Meridian aus in kürzester Richtung geschieht. Bezeichnet x den Unterschied der grössten beobachteten und der Meridianhöhe, so wird diese beobachtete Höhe $H - x$ und die kleinere Höhe $H - x - \triangle h$ sein; dem Stundenwinkel s entspricht folglich die Aenderung x, jenem $s + \triangle s$ ($\triangle s =$ Zwischenzeit der Beobachtung) die Aenderung $x + \triangle h$ und man hat:

$$x : x + \triangle h = s^2 : (s + \triangle s)^2,$$

woraus:

$$47) \quad x = \frac{\triangle h}{\left(\frac{\triangle s}{s} + 2\right) \frac{\triangle s}{2}}$$

folgt. Sind die Höhen auf verschiedenen Seiten des Meridians gemessen, so entspricht der Höhe $H - h$ der Stundenwinkel s; die zweite kleinere Höhe $H - \triangle h - x$ entspricht (weil $\triangle s = s + s'$) dem Stundenwinkel $\triangle s - s$, woraus die Proportion:

$$x : x + \triangle h = s^2 : (\triangle s - s)^2$$

und

$$48) \quad x = \frac{\triangle h}{\frac{\triangle s}{s} \left(\frac{\triangle s}{s} - 2\right)}.$$

Die Ergänzung x der beobachteten grössten Höhe kann man ohne jede Rechnung der Taf. IV des Anhanges entnehmen. Die Argumente zur Tafel sind $\triangle h$ und $\frac{\triangle s}{s}$ oder $\frac{\triangle s}{s} - 2$, je nachdem die Höhen auf gleicher oder auf verschiedenen Seiten des Meridians beobachtet wurden.

Der Grad der Verlässlichkeit ist derselbe wie bei der früher erklärten Methode. Culminirt das Gestirn zu nahe am Zenith, so wird ein Fehler bis zu $2\frac{1}{2}'$ begangen. Bei Höhen bis zu 45^0 ist die Methode innerhalb der ersten Stunde vor und nach dem wahren Mittage durchaus zulässig; von dort bis zu 60⁰ Höhe darf der Stundenwinkel der kleinsten Höhe nicht über 45 Minuten in Zeit betragen.

Beispiel. 1. Am 12. März 1873. $\lambda = 1^h\ 30^m\ 26.8^s$ O. Declination im wahren Mittag $3^0\ 11'\ 50''$ O.

$$\text{Wahre Zeit der I. Beobachtung} \ldots 23^h\ 46^m\ 12.0^s$$
$$n \quad n \quad n\ \text{II.} \quad n \quad \ldots\ 54^m\ 15.1^s$$
$$\triangle s\ \text{in Zeitmass} \ldots = 8^m\ 3.1^s$$
$$s = 5^m\ 44.9^s$$
$$\frac{\triangle s}{s} = \frac{8.05}{5.75} = 1.43.$$

Wahre Höhe über dem Südhorizont:

$$
\begin{array}{l}
51^0\ 18'\ 10'' \\
51^0\ 26'\ 16'' \\
\hline
\triangle h = \quad 8'\ 6''
\end{array}
$$

Mit $\triangle h = 8'6''$ und $\frac{\triangle s}{s} = 1.43$

findet man $\ldots \ldots R = 1'\ 36''$

Grösste beobachtete Höhe $\ldots \ldots 51^0\ 26'\ 16''$

Meridianhöhe $\ldots \ldots \ldots 51^0\ 27'\ 52''$

$$Z = +\ 38^0\ 32'\ 8''$$
$$\delta = -\ 3^0\ 11'\ 50''$$
$$\varphi = 35^0\ 20'\ 18''$$

2.   Wahre Zeit:

I. Beobachtung $23^h\ 50^m\ 50.2^s$ vor der Culmination
II. n $0^h\ 7^m\ 57.2^s$ nach n n

$$s = 9^m\ 9.8^s$$
$$\triangle s = s + s' = 17^m\ 7.0^s$$
$$\frac{\triangle s}{s} = \frac{17.1}{8.16} = 2.2$$
$$\frac{\triangle s}{s} - 2 = 0.2.$$

Wahre Höhe über dem Nordhorizont:

$$
\begin{array}{l}
43^0\ 39'\ 10'' \\
43^0\ 37'\ 10'' \\
\hline
\triangle h = \quad 2'\ 0''.
\end{array}
$$

Grösste Höhe $\ldots \ldots \ldots 43^0\ 39'\ 10''$

mit $\triangle h$ und $\left(\frac{\triangle s}{s} - 2\right) \ldots$ $4'\ 24''$

Meridianhöhe $\ldots \ldots \ldots 43^0\ 43'\ 34''.$

72. Eine sehr einfache und wegen der Kürze der Rechnung für Seegebrauch sehr zu empfehlende Methode ist noch folgende. Aus

$$\triangle h = \frac{\cos \varphi \cdot \cos \delta}{\cos H} \; \frac{2 \sin^2 \frac{s}{2}}{\sin 1''}$$

folgt, wenn man für $H = 90 - Z = 90 - (\varphi - \delta)$ setzt:

$$\triangle h = \frac{\cos \varphi \cdot \cos \delta}{\sin (\varphi - \delta)} \; \frac{2 \sin^2 \frac{s}{2}}{\sin 1''}.$$

Es ist aber: $\dfrac{\cos \varphi \cos \delta}{\sin (\varphi - \delta)} = \dfrac{1}{tg \, \varphi - tg \, \delta}$, daher:

$$49) \quad \triangle h = \frac{1}{tg \, \varphi - tg \, \delta} \; \frac{2 \sin^2 \frac{s}{2}}{\sin 1''}.$$

Wird der Stundenwinkel vom Meridian aus gegen Ost oder gegen West auf die kürzeste Art gezählt, so kann für $\sin^2 \frac{s}{2}$, $\frac{s^2}{4} \sin^2 1''$ gesetzt werden und man erhält:

$$\triangle h = \frac{1}{tg \, \varphi - tg \, \delta} \; \frac{s^2}{2} \sin 1''.$$

Wird für $s = 60^s$ gesetzt oder in Bogenmass ausgedrückt $s = 60 \times 15''$, so erhält man die Höhenänderung $\triangle h'$, welche einer Zeitänderung von 1^m entspricht:

$$\triangle h_1 = \frac{1}{tg \, \varphi - tg \, \delta} \; \frac{(900'')^2}{2} \sin 1''$$

oder weil $\frac{(900'')^2}{2} \sin 1'' = 1 \cdot 9635''$ ist,

$$\triangle h_1 = \frac{1}{tg \, \varphi - tg \, \delta} \; 1 \cdot 9635''.$$

Hat man daher n^s vor oder nach der Culmination eine Höhe gemessen, so ist nach dem Grundsatze, dass die Höhenänderung in der Nähe des Meridians im Verhältniss zur Aenderung der Quadrate der Stundenwinkel stattfindet, die Reduction auf den Meridian:

$$50) \quad R = \triangle h_1 \cdot n^2.$$

Den Factor $\triangle h_1$ entnimmt man mit den Argumenten φ und δ der Tabelle VI oder VII des Anhanges, je nachdem φ und δ gleich- oder ungleichnamig sind. Das Quadrat des Stundenwinkels ist in Tab. V enthalten.

Für die untere Culmination hätte man:

$$\triangle h = - \frac{1}{tg \, \varphi + tg \, \delta} \; \frac{2 \sin^2 \frac{s}{2}}{\sin 1''}$$

und ähnlich wie früher:

$$\triangle h_1 = -\frac{1}{\operatorname{tg}\varphi - \operatorname{tg}\delta}\; 1.9355''.$$

ist:

$$R = -\triangle h_1\, n^2.$$

Beispiele. Es werden die Beispiele des Nr. 70 nach dieser Methode berechnet.

1.

$$\text{Uhrzeit der Culmination} \ldots = 21^{\text{h}}\ 27^{\text{m}}\ 5.4^{\text{s}}$$
$$\text{''}\qquad\text{''}\quad \text{Beobachtung}\ldots = 21^{\text{h}}\ 21^{\text{m}}\ 20.5^{\text{s}}$$
$$n = \qquad 5^{\text{m}}\ 44.9^{\text{s}}$$

Tafel V des Anhanges $n^2 = 33.1$.

$$\varphi = 35^\circ\ 18'. \qquad \delta = 3^\circ\ 12'\ \text{S}.$$

Damit findet man aus Taf. VII (weil φ und δ ungleichnamig)

$$\triangle h_1 = 2.61'' \times 33.1 \ldots\ldots\ldots R = +\ 1'\ 26''$$
$$h = 51^\circ\ 26'\ 16''$$

Meridianhöhe $\ldots\ldots\ldots\ldots\ldots\ldots\ldots 51^\circ\ 27'\ 42''$

Meridianzenithdistanz $\ldots\ldots\ldots\ldots 38^\circ\ 32'\ 18''$

2. Uhrzeit des
wahren Mittags $5^{\text{h}} 26^{\text{m}} 24.8^{\text{s}}$
Uhrzeit der Beob-
achtung $\ldots\ldots\ldots$

	$5^{\text{h}} 18^{\text{m}} 15.0^{\text{s}}$	$5^{\text{h}} 24^{\text{m}} 28.0^{\text{s}}$	$5^{\text{h}} 31^{\text{m}} 17.0^{\text{s}}$	$5^{\text{h}} 34^{\text{m}} 22^{\text{s}}$
$n =$	$8^{\text{m}}\ 9.8^{\text{s}}$	$1^{\text{m}} 56.8^{\text{s}}$	$4^{\text{m}} 52.2^{\text{s}}$	$7^{\text{m}} 57.2^{\text{s}}$
$n^2 =$	66.7	$3.8''$	$23.7''$	63.2
$\triangle h' =$	2.06	2.06	$2.06''$	$2.06''$
$n^2 \triangle h' =$	$2'\ 17''$	$8''$	$49''$	$2'\ 10''$

Wahre mittlere Höhe $\ldots = 43^\circ\ 17'\ 28''$

Mittel $n^2 \triangle h' \ldots\ldots\ldots = +\quad 1'\ 31''$

Wahre Meridianhöhe $\ldots = 43^\circ\ 18'\ 59''$

E. Breitenbestimmung durch zwei Höhen und Zwischenzeit. Indirecte Auflösung.

73. Das Problem von Douves. Die indirecte Lösung des Problems aus zwei zu verschiedenen Zeiten beobachteten Höhen und der Zwischenzeit die Breite zu finden, ist schon seit Jahrhunderten bekannt, kam aber unter den Seeleuten erst dann in Gebrauch, als der holländische Mathematiker am Admiralitäts-Collegium zu Amsterdam, Cornelius Douves im Jahre 1755 Hilfstafeln für die Lösung dieser Aufgabe veröffentlichte.

Wurden zu verschiedenen Zeiten t und t' zwei Höhen h und h' desselben Gestirnes beobachtet und nimmt man an, dass die Breite und Declination in der Zwischenzeit der Beobachtung unverändert blieben, so hat man die Grundgleichungen:

$$sin\,h = sin\,\varphi\,sin\,\delta + cos\,\varphi\,cos\,\delta\,cos\,s$$
$$sin\,h' = sin\,\varphi\,sin\,\delta + cos\,\varphi\,cos\,\delta\,cos\,s'.$$

Durch Subtraction dieser beiden Gleichungen erhält man:

$$\alpha)\quad 2\,sin\,\frac{h+h'}{2}\,cos\,\frac{h-h'}{2} = 2\,cos\,\varphi\,cos\,\delta\,sin\,\frac{s+s'}{2}\,sin\,\frac{s'-s}{2}.$$

Wurden beide Höhen auf derselben Seite des Meridians beobachtet, so gibt der Unterschied der Uhrzeiten auf wahre Zeit reducirt und in Bogenmass ausgedrückt den Winkel $(s'-s)$; wurden jedoch die Höhen auf verschiedenen Seiten beobachtet, so erhält man den Winkel $(s+s')$. Ist nun entweder $(s'+s)$ oder $(s'-s)$ bekannt, so kann aus Gleichung $\alpha)$ $s'-s$ oder $s'+s$ bestimmt werden. Man hat:

$$\beta)\quad sin\,\tfrac{1}{2}\,(s\pm s') = \frac{sin\,\tfrac{1}{2}\,(h+h')\,cos\,\tfrac{1}{2}\,(h-h')}{cos\,\varphi\,cos\,\delta\,sin\,\tfrac{1}{2}\,(s\mp s')}.$$

Sind die halben Summen und Differenzen der Stundenwinkel s und s' bekannt, so sind auch diese selbst gegeben; es ist:

$$\gamma)\quad s = \tfrac{1}{2}\,(s+s') - \tfrac{1}{2}\,(s-s')$$
$$\delta)\quad s' = \tfrac{1}{2}\,(s+s') + \tfrac{1}{2}\,(s-s').$$

Subtrahirt man von der Gleichung für die Meridianzenithdistanz

$$cos\,Z = sin\,\varphi\,sin\,\delta + cos\,\varphi\,cos\,\delta$$

eine der Grundgleichungen für $sin\,h$ oder $sin\,h'$, beziehungsweise $cos\,z$ oder $cos\,z'$, so erhält man:

$$\varepsilon)\quad cos\,Z - cos\,z = cos\,\delta\,cos\,\varphi\,(1 - cos\,s)$$

und

$$52)\quad cos\,Z = cos\,z + cos\,\delta\,cos\,\varphi\,2\,sin^2\,\frac{s}{2}.$$

In dieser Gleichung sind δ und s bekannt und es wird für φ die geschätzte Breite eingesetzt. Die Tafeln von Douves enthalten $\frac{1}{sin\,\tfrac{1}{2}\,(s'-s)}$, $log\,2\,sin\,\tfrac{1}{2}\,(s+s')$ und $log\,2\,sin^2\,\frac{s}{2}$. Da dieselben jedoch keine wesentliche Vereinfachung der Rechnung verursachen, so sind dieselben auch nicht in den gewöhnlichen nautischen Tafeln aufgenommen.

74. Zuverlässigkeit der Methode. Ausführung der Rechnung. Die Differenziation der Gleichung 52) ergibt:

$$- \sin^{!}Z\,dZ = 2\cos\delta\left[-\sin^{2}\frac{s}{2}\,\sin\varphi\,d\varphi + 2\cos\varphi\,\sin\tfrac{1}{2}s\cos\tfrac{1}{2}s\,ds\right]$$

$$= 2\cos\delta\left[\sin s\,\cos\varphi\,ds - \sin^{2}\frac{s}{2}\,\sin\varphi\,d\varphi\right].$$

Der Fehler in der berechneten Meridianzenithdistanz ist um so kleiner, je kleiner der erste in Klammern geschlossene Ausdruck, folglich je kleiner *sins* und daher *s* selbst ist. Man wird also die Meridianzenithdistanz aus jener Beobachtung rechnen, welcher der kleinere Stundenwinkel entspricht.

Die Rechnung der Correction wegen Aenderung des Zenithes und der Declination bleibt dieselbe wie bei der directen Lösung. Für die Rechnung wird die Declination jener Beobachtungszeit genommen, für welche die Zenithdistanz unverändert beibehalten wurde.

Um eine richtige Wahl der Beobachtungszeiten zu treffen, gehe man von der Fehlergleichung:

$$d\varphi = \frac{\sin\omega\,.\,\sin\omega'}{\sin(\omega - \omega')}\,ds\cos\varphi$$

aus. $d\varphi$ wird um so kleiner, je grösser $\sin(\omega - \omega')$, je grösser also der Unterschied der Azimuthe ist. Man wird daher trachten, die Beobachtungszeiten so zu wählen, dass die Differenz der Azimuthe nahe 90° betrage. Da die Meridianzenithdistanz um so genauer wird, je kleiner der Stundenwinkel ist, so wird man womöglich eine der Höhen nahe am Meridian beobachten. Die Correction wegen Aenderung der Declination kann unterbleiben, wenn man mit jener Declination rechnet, welche dem Mittel der Beobachtungszeiten entspricht.

Beispiel. Am 9. Februar 1873 wurden in der geschätzten Breite 18° 12′ N. folgende Sonnenhöhen vor der Culmination beobachtet.

Chronometerzeit   10^h 44^m 7^s   ☉ *h′* 21° 2′ 37″

2^h 22^m 13^s   56° 6′ 40″.

Peilung der Sonne bei der ersten Beobachtung S. 40° missweisend; missweisender Curs N. —24°; zurückgelegte Distanz in der Zwischenzeit der Beobachtung 9 Sm.; Stand des Chronometers gegen mittlere Greenwicher Zeit + 5^h 35^m 54^s; täglicher Gang — 5·0^s; Augeshöhe 7 M.; Indexfehler — 15″; $\lambda = 2^{h}\,37^{m}$ O. Der angegebene Stand des Chronometers gilt für den Augenblick der ersten Beobachtung.

I. Beobachtung: II. Beobachtung:

Chronometerzeit.... $10^h\ 44^m\ 7^s$ ..... $2^h\ 22^m\ 13^s$

Stand.................$+\ 5^h\ 35^m\ 54^s$ $+\ 5^h\ 35^m\ 53^s$

Mittlere Greenwicher Zeit $=16^h\ 20^m\ 1{\cdot}0^s$ $19^h\ 58^m\ 6{\cdot}0^s$

Zeitgleichung.......... $=\ +\ 14^m\ 28{\cdot}5^s$ $+\ 14^m\ 28{\cdot}7^s$

Wahre Greenwicher Zeit $=16^h\ 5^m\ 32{\cdot}5^s$ $19^h\ 43^m\ 37{\cdot}3^s$

$$19^h\ 43^m\ 37{\cdot}3^s$$

Wahre Zwischenzeit.... $=\ 3^h\ 38^m\ 4{\cdot}8^s$

$\frac{1}{2}$ Zwischenzeit .... $=\ 1^h\ 49^m\ 2{\cdot}4^s$

Mit der mittleren Greenwicher Zeit der Beobachtung findet man:

$$\delta_I = -14^0\ 39'\ 6''$$
$$\delta_{II} = -14^0\ 36'\ 13''$$
$$\delta_m = -14^0\ 37'\ 39''$$

Da beide Höhen am Vormittag beobachtet wurden:

$\frac{1}{2}\,(s - s') = 1^h\ 49^m\ 2{\cdot}4^s$ Peilung der Sonne....S. -40^0

$\qquad\qquad = 27^0\ 15'\ 36''$ Curs ....N. -24^0

$$\measuredangle\,B = 164^0$$

I. Beobachtung: II. Beobachtung:

Beobachtete Höhen $21^0\ 2'\ 37''$ $56^0 16'40''$ $\log\cos B = 9{\cdot}98284$

Correction .... $+\ 8'55''$ $+\ 10'41''$ $\log$ Distanz $= 0{\cdot}95424$

Wahre Höhen.... $21^0 11' 32''$ $56^0 27'21''$ $0{\cdot}93708$

$\qquad z = 68^0 48' 28''$ $z' = 33^0 32' 39''$ An die kleinere

$\qquad\qquad +\ 8'36''$ Höhe anzubringende

I. Zenithdistanz auf   Correction $-\ 8{\cdot}6'$,

den Ort der zweiten   oder an die grössere

Beobachtung......$68^0 57'\ 4''$ Zenithdistanz $+8{\cdot}6'$.

$\qquad\qquad z' = 33^0 32' 39''$

$\frac{1}{2}\,(z + z') = 51^0 14' 51''$ .... $\log\sin\frac{1}{2}\,(z + z') = 9{\cdot}89202$

$\frac{1}{2}\,(z - z') = 17^0 42' 12''$ .... $\log\sin\frac{1}{2}\,(z - z') = 9{\cdot}48300$

$$9{\cdot}37502$$

$$\log\sin\tfrac{1}{2}\,(s - s') = 9{\cdot}66089$$
$$\log\cos\delta_m = 9{\cdot}98565$$
$$\log\cos\varphi = 9{\cdot}97771$$
$$\log\sin\tfrac{1}{2}\,(s + s') = 9{\cdot}75077$$
$$\tfrac{1}{2}\,(s + s') = 34^0\ 17'\ 13''$$
$$\tfrac{1}{2}\,(s - s') = 27^0\ 15'\ 36''$$
$$s = 7^0\ 1'\ 37''$$
$$\tfrac{s}{2} = 3^0\ 30'\ 48''$$

124

s ist der Stundenwinkel der (grösseren Höhe, aus welcher die Meridianzenithdistanz abgeleitet wird.

$$\begin{aligned}
\log \sin \tfrac{1}{2}s &= 8\cdot 78733 & \log \cos Z &= 9\cdot 92446\\
\log \sin^2 \tfrac{1}{2}s &= 7\cdot 57466 & Z &= 32^0\,49'23''\\
\log 2 &= 0\cdot 30103 & \delta \text{ im wahren Mittag} &= 14^0\,33'11''\ \text{S.}\\
\log \cos \varphi \cdot \cos \delta &= 9\cdot 96336 & \varphi &= 18^0\,16'12''\ \text{N.}
\end{aligned}$$

$$7\cdot 83905 \ldots \text{Zahl} = 0\cdot 00690$$
$$\log \cos s' = 9\cdot 92088 \qquad \cos s' = 0\cdot 83345$$
$$\cos Z = 0\cdot 84035$$

75. Bestimmung der Breitencorrection nach Littrow. Diese Methode verfolgt den Zweck, den in der gegissten Breite enthaltenen Fehler zu ermitteln.

Beobachtet man zu verschiedenen Zeiten die Höhen eines Gestirnes, so werden die aus denselben ermittelten Stundenwinkel fehlerhaft sein, sobald die zur Rechnung benützte Breite fehlerhaft ist. Wenn man in der Fehlergleichung des Stundenwinkels für dp und ds Null setzt, so erhält man die Beziehung der Aenderung des Stundenwinkels zur Aenderung der Breite:

$$ds = d\,\varphi\,\frac{cotg\,\omega}{cos\,\varphi}.$$

Die Differenz zwischen dem Unterschiede der beiden Stundenwinkel und der in Bogenmass ausgedrückten Zwischenzeit der Beobachtungen ist ds. Ist in obiger Gleichung ds, ω und φ bekannt, so kann der Fehler in der Breite $d\varphi$ gerechnet werden.

Bedeutet x den Fehler in der gegissten Breite φ', s und s' die mit der gegissten, $s + y$ und $s' + y'$ die mit der richtigen Breite berechneten Stundenwinkel, y und y' also die Fehler der Stundenwinkel in Folge der fehlerhaften Breite und endlich D die wahre Zwischenzeit der Beobachtungen in Bogenmass ausgedrückt, so ist:

$$\alpha)\quad D = s' + y' - s - y,$$

wenn das Gestirn beide Male auf derselben Seite und

$$\beta)\quad D = s' + y' + s + y,$$

wenn das Gestirn auf verschiedenen Seiten des Meridians beobachtet wurde.

Um die durch die Chronometerzeit der Beobachtungen erhaltene Zwischenzeit auf wahre Zeit zu reduciren, hat man die Aenderung der Zeitgleichung und den Gang der Uhr zu berücksichtigen. Man kann jede Chronometerzeit für sich in wahre Zeit verwandeln und erst dann die Differenz bilden, welche unmittelbar die wahre Zwischenzeit ist.

Setzt man in $ds = d\varphi \frac{cotg\,\omega}{cos\,\varphi}$, $d\varphi = 1'$, so bedeutet ds die Aenderung des Stundenwinkels für eine Aenderung der Breite um eine Minute. Bezeichnet man diese Aenderung für den ersten und für den zweiten Stundenwinkel mit a und a' so ist:

$$\gamma) \quad a = \frac{cotg\,\omega}{cos\,\varphi}, \qquad a' = \frac{cotg\,\omega'}{cos\,\varphi'}.$$

Unter der Voraussetzung, dass die Aenderung des Stundenwinkels der Aenderung der Breite proportional ist, kann $y = a\,x$ und $y' = a'x$ gesetzt werden. Substituirt man diese Werthe in α) und β), so erhält man:

$$D = s' - s + (a' - a)\,x$$

und

$$D = s' + s + (a' + a)\,x,$$

woraus:

$$53) \quad x = \frac{D - (s' \mp s)}{a' \mp a}.$$

Die beiden Stundenwinkel s und s' müssen gerechnet, vom Meridian an gezählt und stets positiv genommen werden. Für die Berechnung der Grössen a und a' ist die Kenntniss der wahren Azimuthe, die stets vom sichtbaren Pol bis 180^0 zu zählen sind, nothwendig. a und a' sind positiv oder negativ, je nachdem ω, beziehungsweise ω' kleiner oder grösser als 90^0 ist. Das Azimuth kann sowohl durch Peilung als durch Rechnung ermittelt werden. In letzterem Falle kann man folgende Formel gebrauchen.

Multiplicirt man in der Gleichung

$$tg^2 \tfrac{1}{2} s = \frac{sin\,(\Sigma - p)\,sin\,(\Sigma - \psi)}{sin\,\Sigma\,sin\,(\Sigma - z)}$$

Zähler und Nenner der rechten Seite mit $sin\,(\Sigma - p)$, $sin\,(\Sigma - z)$, so ist:

$$tg^2 \tfrac{1}{2} s = \frac{sin^2\,(\Sigma - p)\,sin\,(\Sigma - \psi)\,sin\,(\Sigma - z)}{sin\,\Sigma\,sin^2\,(\Sigma - z)\,sin\,(\Sigma - p)}$$

oder:

$$tg^2 \tfrac{1}{2} s = \frac{sin^2\,(\Sigma - p)}{sin^2\,(\Sigma - z)}\,tg^2 \tfrac{1}{2}\,\omega$$

und

$$tg \tfrac{1}{2}\,\omega = \frac{sin\,(\Sigma - z)}{sin\,(\Sigma - p)}\,tg \tfrac{1}{2}\,s.$$

Man ersieht aus dieser Formel, dass sobald die Stundenwinkel nach der Tangentenformel gerechnet wurden, zur Berechnung des Azimuthes das Aufschlagen neuer Logarithmen nicht nothwendig ist.

76. Wurden mit der um eine Minute geänderten Breite die Stundenwinkel neuerdings gerechnet, so geben die Differenzen dieser Stundenwinkel und der mit der gegissten Breite berechneten die Grössen a und a'. Die Ausführung dieser Rechnung, welche zu lang wäre, wird folgendermassen erspart.

Wird φ' um eine Minute vermehrt, so nimmt ψ um $1'$, Σ, $(\Sigma - p)$, $(\Sigma - z)$ um $\tfrac{1}{2}'$ ab, $(\Sigma - \psi)$ jedoch um $\tfrac{1}{2}'$ zu. Löst man die Formel für $\log tg \tfrac{1}{2} s$ für die logarithmische Berechnung auf, so erhält man:

$$\alpha) \quad \log tg \tfrac{1}{2} s = \tfrac{1}{2}\left[\{\log \sin (\Sigma - p) + \log \sin (\Sigma - \psi)\} - \{\log \sin \Sigma + \log \sin (\Sigma - z)\}\right].$$

Bezeichnet man mit I, II, III, IV und V die Aenderung von $\log \sin (\Sigma - p)$, $\log \sin (\Sigma - \psi)$, $\log \sin (\Sigma - z)$, $\log \sin \Sigma$ und $\log tg \tfrac{1}{2} s$ in Folge der Aenderung des Winkels $(\Sigma - p)$, $(\Sigma - \psi)$, $(\Sigma - z)$, Σ und $\tfrac{1}{2} s$ um $1'$, so ist, wenn a die Aenderung von s für eine Aenderung der Breite um $1'$ bedeutet:

$$\beta) \quad \log tg \tfrac{1}{2} (s + a) = \tfrac{1}{2}\left[\{\log \sin (\Sigma - p) - \tfrac{1}{2} I + \log \sin (\Sigma - p) + \tfrac{1}{2} II\} - \{\log \sin \Sigma - \tfrac{1}{2} III + \log \sin (\Sigma - z) - \tfrac{1}{2} IV\}\right],$$

Bildet man die Differenz von $\alpha)$ und $\beta)$, so erhält man:

$$\log tg \tfrac{1}{2} (s + a) - \log tg \tfrac{1}{2} s = \tfrac{1}{4} (II + III + IV - I).$$

Da der Aenderung von $\frac{s}{2}$ um den Betrag von $1'$ die Aenderung seines $\log tg$ um den Betrag V und der Aenderung um $\frac{a}{2}$ die Aenderung $\tfrac{1}{4} (II + III + IV - I)$ entspricht, so können diese vier Grössen ohne nennenswerthen Fehler in folgende Proportion gebracht werden:

$$\frac{a}{2} : 1' = \tfrac{1}{4} (II + III + IV - I) : V,$$

woraus:

$$54) \quad a = \frac{\tfrac{1}{2} (II + III + IV - I)}{V}.$$

Analog findet man:

$$a' = \frac{\tfrac{1}{2} (II' + III' + IV' - I')}{V'}.$$

Bei der Berechnung der Stundenwinkel schreibt man demnach nur jedesmal die den Logarithmen entsprechende Tafeldifferenz auf und berechnet zum Schlusse die Grössen a und a'.

In See, wenn das Schiff in Bewegung ist, wird man bei Bildung der Zwischenzeit auf die Ortsveränderung Rücksicht nehmen müssen. Hat das Schiff östliche Curse gesteuert, so ist die in Zeit verwandelte Längendifferenz für den zweiten Ort der Beobachtung zur Zwischenzeit zu addiren; bei westlichen Cursen ist diese Differenz abzuziehen. Es geht dies aus der Betrachtung hervor, dass man östlich fahrend, im Augenblicke der zweiten Beobachtung eine grössere Zeit hat und daher auch die Zwischenzeit um den Betrag der Längendifferenz grösser sein muss.

77. Zuverlässigkeitsgrad. Wird die Gleichung

$$x = \frac{D - (s' \mp s)}{a' \mp a}$$

differenzirt, so hat man:

$$d\,x = \frac{(a' \mp a)\,d\,[D - (s' \mp s)] - [D - (s' \mp s)\,d\,(a' \mp a)]}{(a' \mp a)^2}.$$

dx wird um so geringer, je grösser $(a' \mp a)$ ist. Die Beobachtungszeiten sind demnach so zu wählen, dass der Nenner $a' \mp a$ möglichst gross ausfalle; aus $a = \frac{cotg\,\omega}{cos\,\varphi}$ folgt, wenn man annimmt, dass die Breite im Augenblick der beiden Beobachtungen gleich war:

$$a' - a = \frac{sin\,(\omega - \omega')}{cos\,\varphi\,\,cos\,\omega\,\,cos\,\omega'}$$

$$a' + a = \frac{sin\,(\omega + \omega')}{cos\,\varphi\,\,cos\,\omega\,\,cos\,\omega'}.$$

$(a' \mp a)$ wird daher um so grösser, je näher $(\omega - \omega')$ oder $(\omega + \omega')$ an 90° sind. Nachdem die gemachte Voraussetzung, dass die Aenderung des Stundenwinkels der Aenderung der Breite proportional ist, für die Beobachtung in der Nähe des Meridians nicht mehr zulässig ist, so darf keine der Höhen zu nahe am Meridian beobachtet werden. Für mittlere Breiten kann als Regel dienen, dass keiner der Stundenwinkel unter 15° sein darf.

In kleinen Breiten und namentlich wenn die Declination der Sonne nahezu der Breite gleich ist, ist diese Methode nicht anwendbar.

Beispiel. Die früher nach der Methode Douves berechnete Breite soll jetzt nach Littrow gerechnet werden. Die geschätzte Breite des ersten Beobachtungsortes ist 18° 12′.

Mit dem Curs N. 24° W, und Distanz 9 Sm. erhält man aus der Koppeltafel $\triangle \varphi = 8{\cdot}2'$, daher die Breite des zweiten Beobachtungsortes 18° 20·2′. Die Längendifferenz für die Zwischenzeit der beiden Beobachtungen erhält man aus $\triangle \lambda = \triangle v\,tg\,E = -3{\cdot}8'$.

<table>
<tr><td>I. Beobachtung:</td><td>II. Beobachtung:</td></tr>
</table>

	I.	II.
Chronometerzeit ...	$10^h\ 44^m\ \ 7^s$	$2^h\ 22^m\ 13^s$
Stand..........	$+\ \ 5^h\ 35^m\ 54^s$	$5^h\ 35^m\ 53^s$
Mittl. Greenw. Zeit	$16^h\ 20^m\ 1\cdot0^s$	$19^h\ 58^m\ 6\cdot0^s$
Zeitgleichung ...	$\pm\ \ \ \ 14^m\ 28\cdot5^s$	$14^m\ 28\cdot7^s$
Wahre Greenw. Zeit	$16^h\ \ 5^m\ 32.5^s$	$19^h\ 43^m\ 37\cdot3^s$

$$
\begin{aligned}
\text{I. Wahre Zeit}\quad & 16^h\ \ 5^m\ 32\cdot5^s\\
\text{II.}\quad n\qquad n\quad & 19^h\ 43^m\ 37\cdot3^s\\
t' - t = \ & 3^h\ 38^m\ \ 4\cdot8^s\\
= \ & 54^0\ 31'\ 12''\\
\triangle \lambda = -\ & \ \ 3'\ 48''\\
D = \ & 54^0\ 27'\ 24''
\end{aligned}
$$

Berechnung der Stundenwinkel.

	I.	II.
$z =$	$68^0\ 48'\ 28''$	$33^0\ 32'\ 39''$
$p =$	$104^0\ 39'\ \ 6''$	$104^0\ 36'\ 13''$
$\psi =$	$71^0\ 48'$	$71^0\ 39'\ 48''$
$\Sigma =$	$122^0\ 37'\ 47''$	$104^0\ 54'\ 20''$
$\Sigma - z =$	$53^0\ 49'\ 19''$	$71^0\ 21'\ 41''$
$\Sigma - p =$	$17^0\ 58'\ 41''$	$0^0\ 18'\ \ 7''$
$\Sigma - \psi =$	$50^0\ 49'\ 47''$	$33^0\ 14'\ 32''$

$$
\begin{aligned}
log\,sin\,(\Sigma - p) &= 9\cdot48947\ \text{(I)}\ 39\ldots\ldots7\cdot72174\ \text{(I')}\quad 2348\\
log\,sin\,(\Sigma - \psi) &= 9\cdot88945\ \text{(II)}\ 11\qquad 9\cdot73892\ \text{(II')}\qquad 19\\
&\quad\ \ 9\cdot37892\qquad\qquad\ \ 7\cdot46066\\
log\,sin\,(\Sigma - z) &= 9\cdot90697\ \text{(III)}\ 10\qquad 9\cdot97660\ \text{(III')}\qquad 5\\
log\,sin\,\Sigma &= 9\cdot92540\ \text{(IV)}\ 8\qquad 9\cdot98514\ \text{(IV')}\qquad 4\\
log\,tg^2\,\tfrac{s}{2} &= 9\cdot54655\qquad\qquad\quad\ 7\cdot49892\\
log\,tg\,\tfrac{s}{2} &= 9\cdot77327\ \text{(V)}\ 29\qquad 8\cdot74946\ \text{(V')}\quad 226\\
\tfrac{1}{2}\,s &= 30^0\ 40'\ 50''\qquad\qquad \tfrac{1}{2}\,s' = 3^0\ 12'\ 52''\\
s &= 61^0\ 21'\ 40''\qquad\qquad s' = 6^0\ 25'\ 44''
\end{aligned}
$$

Berechnung der Correction.

Mit den Azimuthen.	Aus der Differenz der Logarithmen.
$tg\,\tfrac{1}{2}\,\omega = tg\,\tfrac{1}{2}\,s\ \dfrac{sin\,(\Sigma - z)}{sin\,(\Sigma - p)}$	$a = \dfrac{\tfrac{1}{2}\,(\text{II} + \text{III} + \text{IV} - \text{I})}{\text{V}}$
$a = \dfrac{cotg\,\omega}{cos\,\varphi}$	

	I. Beob.	II. Beob.		I. Beob.	II. Beob.
$log\, sin\,(\Sigma - z) =$	9·90697	...9·97660	II =	11	19
$log\, sin\,(\Sigma - p) =$	9·48947	7·72174	III =	10	 5
	0·41750	2·27486	IV =	 8	 4
$log\, tg\, \tfrac{1}{2}\, s\, =$	9·77327	8·72857		29	28
$log\, tg\, \tfrac{1}{2}\, \omega\, =$	0·19077	1·00343	I =	39	2348
$\tfrac{1}{2}\, \omega\, =$	57° 12′	84° 26′		− 10	− 2320
$\omega =$ N. 114° 24′ O.	$\omega' =$ N. 168° 40′ O.		$\tfrac{1}{2}(\mathrm{II} + \mathrm{III} + \mathrm{IV} - \mathrm{I})$		
$log\, cotg\, \omega\, =$	9·65669ₙ	0·69805ₙ		− 5	− 1160
$log\, cos\, \varphi\, =$	9·97771	9·97771			
	9·67898ₙ	0·72034ₙ			

$$\omega = \text{N. }114°\,24'\text{ O.} \qquad \omega' = \text{N. }168°\,40'\text{ O.}$$

$$a = \frac{\tfrac{1}{2}(\mathrm{II} + \mathrm{III} + \mathrm{IV} - \mathrm{I})}{\mathrm{V}}$$

$$a = -\,0{\cdot}5 \qquad a' = -\,5{\cdot}3 \qquad\qquad a = -\,0{\cdot}1 \qquad a' = -\,5{\cdot}1$$

$$a - a' = +\,4{\cdot}8' \qquad\qquad a - a' = +\,5{\cdot}0'$$

Die Beobachtungen sind auf derselben Seite des Meridians, daher:

$$s = 61°\,21'\,40'' \qquad x = \frac{D - (s - s')}{a - a'}$$
$$s' = 6°\,25'\,42''$$
$$s - s' = 54°\,55'\,56'' \qquad x = \frac{-\,28{\cdot}5}{+\,4{\cdot}8} = -\,6'\ldots x = \frac{-\,28{\cdot}5}{-\,5} = -\,5{\cdot}7'.$$
$$D = 54°\,27'\,24''$$
$$D - (s - s') = -\,28'\,32''$$
$$= -\,28{\cdot}5'$$

	I. Beob.	II. Beob.
Gegisste Breite des I. Beobachtungsortes =	18° 12′ 0″...	18° 12′ 0″
$x =$	− 6′	− 5′ 35″
Verbess. Breite des I. Beobachtungsortes =	18° 6′	18° 6′ 25″
Gegisste Breite des II. Beobachtungsortes =	18° 20′ 12″	18° 20′ 12″
$x =$	− 6′	− 5′ 35″
Verbess. Breite des II. Beobachtungsortes =	18° 14′ 12″	18° 14′ 37″

VIII. Längenbestimmung.

78. Kennt man die Zeiten, welche zwei verschiedene Orte in demselben Augenblicke zählen, so kennt man auch die Längendifferenz derselben, denn diese ist gleich dem in Bogen verwandelten Unterschied jener Zeiten; überdies weiss man auch, dass derjenige Ort, dessen Zeit die grössere, der östlichere von beiden ist. Es ist am bequemsten, die Längendifferenz auf denjenigen Meridian zu beziehen, für welchen die Efemeriden, die man gebraucht, berechnet sind; demgemäss werden wir uns im Folgenden stets auf den Meridian von Greenwich beziehen.

A. Längenbestimmung durch Chronometer.

79. Dies ist die zur See am häufigsten gebrauchte Methode. Jedes Schiff ist mit einem oder mehreren Chronometern versehen, deren Stände gegen die Zeit des ersten Meridians und deren tägliche Gänge bekannt sind, wodurch man stets in der Lage ist, die Zeit des ersten Meridians für einen bestimmten Augenblick zu ermitteln. Wird die Höhe irgend eines Gestirnes gemessen und die Chronometerzeit dieses Augenblickes notirt, so kann aus der Höhe, der Stundenwinkel und somit die Ortszeit berechnet werden. Aus der Chronometerzeit wird die mittlere Greenwicher Zeit erhalten. Diese mit der Ortszeit der Beobachtung verglichen, gibt unmittelbar die Länge in Zeit. Die Breite, welche für die Berechnung des Stundenwinkels nothwendig ist, wird durch Koppelung aus jener astronomisch bestimmten Breite ermittelt, welche der Beobachtungszeit am nächsten liegt. In den meisten Fällen wird man daher für Nachmittagsbeobachtungen zur Mittagsbreite die gutgesegelte Breitendifferenz anbringen. Am Vormittag pflegt man in dringenden Fällen den Stundenwinkel mit der gegissten Breite zu rechnen und nach der nächsten astronomischen Bestimmung der Breite, die bereits ˌgefundene Länge für den Fehlerbetrag der Breite zu corrigiren. Wird bei Berechnung des Stundenwinkels mit der gegissten Breite

$$a = \frac{\frac{1}{2}\,(\mathrm{II} + \mathrm{III} + \mathrm{IV} - \mathrm{I})}{\nabla}$$

gebildet und a mit dem Unterschied (x) der angenommenen und der richtigen Breite multiplicirt, so erhält man die Correction des Stundenwinkels (y). Mit dem richtigen Stundenwinkel wird nun auch die richtige mittlere Ortszeit der Beobachtung und mit dieser die richtige Länge berechnet.

Bezüglich der Zuverlässigkeit dieser Längenbestimmungsmethode ist zu bemerken, dass die Greenwicher Zeit, die berechnete Ortszeit oder der Stundenwinkel fehlerhaft sein können. Für ersteren Fall siehe Nr. 48, für letzteren Nr. 51.

Eine sehr bedeutende Fehlerquelle ist die mangelhafte Kenntniss der Breite, welch letztere seit der letzten astronomischen Bestimmung gekoppelt wird. Auf keinen Fall ist es rathsam, eine allenfalls in der Nacht durch Sternbeobachtungen bestimmte Breite für die Rechnung zu verwenden, da solche Breiten in der Regel nicht sehr verlässlich sind.

Beispiel. Am 25. November 1873 wurde in der beiläufigen Länge 104° W. aus einer Sonnenhöhe um $7^h 55^m 20^s$ Chronometerzeit die mittlere Ortszeit $2^h 58^m 17 \cdot 6^s$ gefunden. Stand des Chronometers gegen mittlere Greenwicher Zeit am 8. November $0^h 0^m$, $+ 1^h 59^m 48 \cdot 6^s$; täglicher Gang $- 4 \cdot 8^s$. Es soll die Länge ermittelt werden.

$$\begin{aligned}
&\text{Vom } 8./11.\ 0^h 0^m \text{ bis } 25.\ 0^h 0^m \ldots 17 \text{ Tage} \\
&\text{Vom } 25.\ 0^h 0^m \text{ bis } 7^h 55^m \ldots\ldots 0 \cdot 3 \quad n \\
&\hline
&\qquad\qquad\qquad\qquad 17 \cdot 3 \times 4 \cdot 8 \\
&\hline
&\qquad\qquad\qquad\qquad - 1^m 23 \cdot 04^s \\
&\text{Stand am } 8./11.\ \text{um } 0^h 0^m \ldots + 1^h 59^m 48 \cdot 60^s \\
&\hline
&\text{Stand zur Zeit der Beobachtung } + 1^h 58^m 25 \cdot 56^s \\
&\text{Chronometerzeit der Beobachtung } 7^h 55^m 20 \cdot 00^s \\
&\hline
&\text{Mittlere Greenwicher Zeit} \ldots\ldots 9^h 53^m 45 \cdot 6^s \\
&\text{Berechnete Ortszeit} \qquad \ldots\ldots 2^h 58^m 17 \cdot 6^s \\
&\hline
&\qquad\qquad \lambda = 6^h 55^m 28^s \text{ W.} \\
&\qquad\qquad\quad = 103° 52' \text{ W.}
\end{aligned}$$

Am 13. März 1873 Vormittags wurde in der gegissten Breite 35° 55' N. und in der beiläufigen Länge 23° O. um $1^h 57^m 43 \cdot 3^s$ Chronometerzeit die Höhe des unteren Sonnenrandes 22° 55' 10" gefunden. Stand des Chronometers gegen mittlere Greenwicher Zeit im Augenblick der Beobachtung $+ 4^h 46^m 36 \cdot 5^s$; Indexfehler $+ 25"$; Augeshöhe 7 Meter. Das Schiff steuerte den wahren Curs N. $+ 14°$ und legte bis zur Culmination der Sonne 7·5 Sm. zurück. Um Mittag wird die Meridianhöhe gemessen und daraus die Breite 36° 7' gefunden. Welche ist die richtige Mittagslänge. Die Rechnung ist so durchgeführt, wie dies am Bord der Schiffe gewöhnlich geschieht.

$$\begin{aligned}
&\text{Chronometerzeit der Beobachtung } \quad 1^h 57^m 43 \cdot 3^s \\
&\qquad\qquad\qquad\qquad \text{Stand } + 4^h 46^m 36 \cdot 5^s \\
&\hline
&\text{Greenwicher Zeit} \ldots\ldots\ldots\ldots 18^h 44^m 19 \cdot 8^s \\
&\qquad\qquad \delta = 2° 51' 53" \text{ Süd} \\
&\text{Zeitgleichung} = + 9^m 38 \cdot 2^s.
\end{aligned}$$

$$\odot\, h' \quad 22^\circ\ 55'\ 10''$$

$$\text{Correction} \quad +\quad 9'\ 41'' \qquad\qquad \log\sin(\Sigma - p) = 9{\cdot}38577\ \text{(I)}\ 50$$

$$h = 23^\circ\ 4'\ 51'' \qquad\qquad \log\sin(\Sigma - \psi) = 9{\cdot}90149\ \text{(II)}\ 10\cdot$$

$$z = 66^\circ\ 55'\ 9'' \qquad\qquad\qquad\qquad 9{\cdot}28726$$

$$p = 92^\circ\ 51'\ 53'' \qquad\qquad \log\sin(\Sigma - z) = 9{\cdot}80820\ \text{(III)}\ 15$$

$$\psi = 54^\circ\ 5' \qquad\qquad\qquad \log\sin \Sigma = 9{\cdot}98075\ \text{(IV)}\ 4$$

$$\Sigma = 106^\circ\ 56'\ 1'' \qquad\qquad \log tg^2 \tfrac{s}{2} = 9{\cdot}49831$$

$$\Sigma - z = 40^\circ\ 0'\ 52'' \qquad\qquad \log tg \tfrac{s}{2} = 9{\cdot}74915\ \text{(V)}\ 29$$

$$\Sigma - p = 14^\circ\ 4'\ 8'' \qquad\qquad\qquad \tfrac{s}{2} = 29^\circ\ 18'\ 10''$$

$$\Sigma - \psi = 52^\circ\ 51'\ 1'' \qquad\qquad\qquad s = 58^\circ\ 36'\ 20''$$

$$= 3^h\ 54^m\ 25{\cdot}33^s,$$

weil die Beobachtung am Vormittag standfand:

$$s = 20^h\ 5^m\ 34{\cdot}67^s$$

$$\text{Zeitgleichung} \dots\dots \quad \dots\dots + \quad 9^m\ 38{\cdot}2^s$$

$$\text{Mittlere Ortszeit}\dots\dots\dots 20^h\ 15^m\ 12{\cdot}87^s$$

$$_n \quad \text{Greenwicher Zeit}\dots 18^h\ 44^m\ 19{\cdot}80^s$$

$$\text{Länge zur Beobachtungszeit}\dots 1^h\ 30^m\ 53{\cdot}07^s$$

Für den Curs N. + 14° und Distanz 7·5 Meilen findet man $\triangle\varphi = 7{\cdot}3$, $\triangle\lambda = 2{\cdot}2$.

$$\text{Meridianbreite}\dots\dots\dots\dots\dots 36^\circ\ 7{\cdot}0'$$

$$\triangle\varphi \quad - \quad 7{\cdot}3'$$

$$\text{Breite zur Zeit der Beobachtung}\dots 35^\circ\ 59{\cdot}7'$$

$$\text{Gegisste Breite}\dots\dots\dots\dots\dots 35^\circ\ 55{\cdot}0'$$

$$x = \quad 4{\cdot}7'$$

$$a = -0{\cdot}3. \quad x = 4{\cdot}7'. \quad ax = -1{\cdot}41'$$

$$s = 58^\circ\ 36'\ 20''$$

$$y = ax = \quad - \quad 1'\ 25''$$

$$s = 58^\circ\ 34'\ 55''$$

$$= 3^h\ 54^m\ 19{\cdot}67^s$$

$$s = 20^h\ 5^m\ 40{\cdot}33^s$$

$$\text{Zeitgleichung}\dots\dots\dots = + \quad 9^m\ 38{\cdot}2^s$$

$$\text{Mittlere Ortszeit}\dots\dots = 20^h\ 15^m\ 18{\cdot}53^s$$

$$\text{Mittlere Greenwicher Zeit}\dots = 18^h\ 44^m\ 19{\cdot}80^s$$

$$\text{Länge} = \quad 1^h\ 30^m\ 58{\cdot}73^s\ \text{O.}$$

$$= 22^\circ\ 44'\ 40{\cdot}9''\ \text{O.}$$

$$\triangle\lambda \quad + \quad 2'\ 12{\cdot}0''\ \text{O.}$$

$$\text{Mittagslänge}\dots\dots\dots\dots 22^\circ\ 46'\ 52{\cdot}9''\ \text{O.}$$

Anm. Hat es mit der Berechnung der Länge am Vormittag keine Eile, so wird es einfacher sein, bis zum Mittag zu warten und nach Erhalt der Mittagsbreite erst die Länge zu rechnen.

B. Längenbestimmung aus Circummeridianhöhen.

(Von J. Littrow und Wüllerstorf.)

80. Da die Breite am verlässlichsten durch Meridian- oder Circummeridianhöhen der Sonne bestimmt wird, ist es wünschenswerth, eine Methode der Längenbestimmung zu haben, zu welcher man die Beobachtung auch in der Nähe des Meridians ausführen kann.

Bei Besprechung des Problems von Douves erhielt man durch Subtraction der Grundgleichungen für zwei verschiedene Höhen:

$$\cos z - \cos z' = \cos \delta \cos \varphi \, (\cos s - \cos s')$$

und daraus:

$$55) \quad \sin \tfrac{1}{2}(s \pm s') = \frac{\sin \tfrac{1}{2}(z + z') \, \sin \tfrac{1}{2}(z - z')}{\cos \varphi \, \cos \delta \, \sin \tfrac{1}{2}(s' \mp s)}.$$

Bildet man aus den Chronometerzeiten der Beobachtung auf wahre Zeit reducirt die Zwischenzeit, und ist die Breite bekannt, so werden hieraus die Mittelzeit und beide Stundenwinkel erhalten. Leitet man aus jedem der Stundenwinkel die mittlere Ortszeit ab und aus der Chronometerzeit die Greenwicher Zeit, so erhält man durch Vergleich der Greenwicher mit der Ortszeit die Länge.

Da die Beobachtungen, welche für diese Rechnung nöthig sind, in der Nähe des Meridians ausgeführt werden können, so bietet diese Methode insoferne einen ziemlichen Grad von Genauigkeit, als die hiezu nothwendige Breite unmittelbar vor, beziehungsweise nach der Beobachtung aus der Meridianhöhe bestimmt wird. Die beobachteten Höhen können auch zur Berechnung der Breite aus Circummeridianhöhen, verwendet werden.

81. Ueber die Zuverlässigkeit dieser Methode. Die Formel zur Berechnung der Stundenwinkel lautet:

$$\sin \tfrac{1}{2}(s \pm s') = \frac{\sin \tfrac{1}{2}(z + z') \, \sin \tfrac{1}{2}(z - z')}{\cos \varphi \, \cos \delta \, \sin \tfrac{1}{2}(s' \mp s)}.$$

Der Sinus ändert sich am stärksten für die kleinsten Winkel und es wird daher die Bestimmung eines Winkels durch den Sinus am genauesten ausgeführt, wenn der Winkel selbst sehr klein ist. In obiger Formel wird also die Mittelzeit um so schärfer bestimmt, je kleiner $sin\frac{1}{2}(s' \pm s)$, je kleiner also die rechte Seite der Gleichung ist, d. h.:

1. je kleiner $\frac{1}{2}(z + z')$ und $\frac{1}{2}(z - z')$ ist, wenn also die Zenithdistanzen möglichst gleich und gleichzeitig möglichst klein sind. Da letzteres in der Nähe des Meridians der Fall ist, so wird auch die Beobachtung in der Nähe desselben ausgeführt. Die Zenithdistanzen werden möglichst gleich sein, wenn man die Beobachtung so vertheilt, dass ungefähr gleiche Höhen vor und nach der Culmination genommen werden;

2. je grösser der Nenner, je kleiner also φ und δ und je grösser die Zwischenzeit ist.

Mit besonderem Vortheile ist daher diese Methode in niedrigen Breiten und bei Gestirnen von kleiner Declination anzuwenden. Eine grosse Zwischenzeit und gleichzeitig möglichst gleiche Zenithdistanzen erreicht man durch die bereits sub 1) erwähnte Vertheilung der Höhen auf beiden Seiten des Meridians. Im Allgemeinen wird es gut sein, die Höhen ungefähr 10 Minuten vor und nach der Culmination zu beobachten.

Beispiel. Am 13. Februar 1873 wurde kurze Zeit vor und nach der Culmination die weiter unten angegebene Beobachtung ausgeführt. Indexfehler $- 15''$; Augeshöhe 7 Meter; Stand des Chronometers $+ 1^h 9^m 54^s$. Aus der Meridianhöhe der Sonne wurde die Breite $21^0 35'$ N. gefunden; ungefähre Länge 38^0 Ost. Man sucht die richtige Länge.

Vor der Culmination:

$$\begin{aligned}
&\text{Chronometerzeit} \quad 8^h\ 17^m\ 21^s \qquad &\odot\, h' &= 54^0\ 48'\ 54'' \\
&\text{Stand} + \underline{ 1^h\ \ 9^m\ 54^s} \qquad &\text{Correct.} &+ \underline{10'\ 40''} \\
&\text{Mittl. Greenwicher Zeit} = 9^h\ 27^m\ 15{\cdot}0^s \qquad &h &= 54^0\ 59'\ 34'' \\
& &z &= 35^0\ \ 0'\ 26''
\end{aligned}$$

Nach der Culmination:

$$\begin{aligned}
&\text{Chronometerzeit} \quad 8^h\ 48^m\ 45{\cdot}5^s \qquad &\odot\, h' &= 54^0\ 44'\ 50'' \\
&\text{Stand} + \underline{ 1^h\ \ 9^m\ 54{\cdot}0^s} \qquad &\text{Correct.} &+ \underline{10'\ 40''} \\
&\text{Greenwicher Zeit} = 9^h\ 59^m\ 39{\cdot}5^s \qquad &h &= 54^0\ 55'\ 30'' \\
& &z' &= 35^0\ \ 4'\ 30''
\end{aligned}$$

Greenwich liegt West, daher:

$$\begin{aligned}
\text{Greenwicher Zeit} &= 21^h 27^m 15{\cdot}0^s \qquad & \text{Greenwicher Zeit} &= 21^h 58^m 39{\cdot}5^s \\
\text{Zeitgleichung} &= \pm\, \underline{14^m 27{\cdot}5^s} \qquad & \text{Zeitgleichung} &= \pm\, \underline{14^m 27{\cdot}24^s} \\
\text{W. Greenw. Zeit} &= 21^h 12^m 47{\cdot}5 \qquad & \text{W. Greenw. Zeit} &= 21^h 44^m 12{\cdot}26^s \\
& \quad \underline{21^h 44^m 12{\cdot}26^s} \\
s + s' &= 0^h 31^m 24{\cdot}76^s
\end{aligned}$$

Anm. $(s + s')$, weil die Höhen auf verschiedenen Seiten des Meridians beobachtet wurden.

$$\tfrac{1}{2}(s + s') = 0^h\ 15^m\ 42\cdot4^s$$
$$= 3^0\ 55'\ 37''.$$

Mit der mittleren Greenwicher Zeit findet man:

$$\delta_{\mathrm{I}} = 13^0\ 15'\ 27''$$
$$\delta_{\mathrm{II}} = 13^0\ 15'\ 22''$$
$$\delta_{\mathrm{m}} = 13^0\ 15'\ 24^s.$$

Berechnung des Stundenwinkels.

$$\log\sin\tfrac{1}{2}(z + z') = 9\cdot75903$$
$$\log\sin\tfrac{1}{2}(z - z') = 6\cdot77063$$
$$6\cdot52966$$
$$\log\cos\varphi = 9\cdot96843$$
$$\log\cos\delta = 9\cdot98827$$
$$\log\sin\tfrac{1}{2}(s + s') = 8\cdot83540$$
$$\log\sin\tfrac{1}{2}(s - s') = 7\cdot73756$$
$$\tfrac{1}{2}(s - s') = 0^0\ 18'\ 47''$$
$$\tfrac{1}{2}(s + s') = 3^0\ 55'\ 37''$$
$$s = 4^0\ 14'\ 24''$$
$$s' = 3^0\ 36'\ 50''$$

Berechnung der mittleren Ortszeit und der Länge. Stundenwinkel in Zeit:

$$s = 0^h\ 16^m\ 57\cdot6^s \qquad s' = 0^h\ 14^m\ 27\cdot33^s$$

oder da die I. Beobachtung vor der Culmination war:

$s = 23^h\ 43^m\ 2\cdot4^s$		$s' = 0^h\ 14^m\ 27\cdot33^s$
Zeitgleichung $\ldots\ldots = +\ 14^m\ 27\cdot5^s$	$\ldots\ldots + 14^m\ 27\cdot24^s$
Mittlere Ortszeit $\ldots = 23^h\ 57^m\ 29\cdot9^s$	$\ldots\ldots 0^h\ 28^m\ 54\cdot57^s$
Mittl. Greenwicher Zeit $= 21^h\ 27^m\ 15\cdot0^s$	$21^h\ 58^m\ 39\cdot50^s$
Länge $= 2^h\ 30^m\ 14\cdot9^s$	$2^h\ 30^m\ 15\cdot07^s$

oder:

$$\mathrm{I}\,\lambda = 37^0\ 33'\ 43''\ \mathrm{O.} \qquad \mathrm{II}\,\lambda = 37^0\ 33'\ 46''.$$

2. Am 25. Juli 1873 in $\lambda = 60^0$ W., $\varphi = 25^0\ 1'\ 50''$ S. wurden die nachstehenden Circummeridianhöhen der Sonne auf derselben Seite des Meridians vor der Culmination beobachtet. Stand des Chronometers gegen mittlere Greenwicher Zeit $+ 1^h\ 42^m\ 25^s$; Augeshöhe 7 Meter; Indexfehler $+20''$. Es soll die richtige Länge gefunden werden.

I. Beobachtung:

Chronometerzeit .... $= 2^h\ 27^m\ 35 \cdot 0^s$ $\odot = 82^0\ 10'\ 20''$

Stand .... $+\ 1^h\ 42^m\ 25 \cdot 0^s$ Correction $+\ 11'\ 16''$

Mittlere Greenwicher Zeit $= 4^h\ 10^m\ \ \ 0^s$ $h = 82^0\ 21'\ 36''$

Zeitgleichung .... $= \pm\ \ \ 6^m\ 12 \cdot 98^s$ $z = 7^0\ 38'\ 24''$

Wahre Greenwicher Zeit $= 4^h\ 3^m\ 47 \cdot 02^s$ $z' = 4^0\ 29'\ \ 1''$

    $_n$ $_n$ $_n$ $4^h\ 28^m\ 32 \cdot 01^s$ $\tfrac{1}{2}(z + z') = 6^0\ \ 3'\ 42''$

           $s - s' = 0^h\ 24^m\ 44 \cdot 99^s$ $\tfrac{1}{2}(z' - z) = 1^0\ 34'\ 41''$

         $\tfrac{1}{2}(s - s') = 12^m\ 22 \cdot 5^s$

              $= 3^0\ 5'\ 38''$

II. Beobachtung:

Chronometerzeit .... $= 2^h\ 52^m\ 20^s$ $\odot = 85^0\ 19'\ 40''$

Stand .... $+\ 1^h\ 42^m\ 25^s$ Correction $+\ 11'\ 19''$

Mittlere Greenwicher Zeit $= 4^h\ 34^m\ 45^s$ $h' = 85^0\ 30'\ 59''$

Zeitgleichung   ..... $=\ +\ 6^m\ 12 \cdot 99^s$ $z' = 4^0\ 29'\ \ 1''$

             $4^h\ 28^m\ 32 \cdot 01^s$

        $\delta_{\mathrm{I}} = 19^0\ 34'\ 11''$ N.

        $\delta_{\mathrm{II}} = 19^0\ 33'\ 58''$ N.

        $\delta_{\mathrm{m}} = 19^0\ 34'\ \ 5''$ N.

Stundenwinkel:

$$log\ sin\ \tfrac{1}{2}(z + z') = 9 \cdot 02367$$
$$log\ sin\ \tfrac{1}{2}(z' - z) = 8 \cdot 43994$$
$$7 \cdot 46361$$
$$log\ cos\ \varphi = 9 \cdot 95717$$
$$log\ cos\ \delta = 9 \cdot 97417$$
$$log\ sin\ \tfrac{1}{2}(s - s') = 8 \cdot 73218$$
$$log\ sin\ \tfrac{1}{2}(s + s') = 8 \cdot 80009$$
$$\tfrac{1}{2}(s + s') = 3^0\ 37'\ \ 5''$$
$$\tfrac{1}{2}(s - s') = 3^0\ \ 5'\ 38''$$
$$s = 6^0\ 42'\ 43''$$
$$s' = 0^0\ 31'\ 27''$$

Mittlere Ortszeit und Länge:

$$s = 0^h\ 26^m\ 50 \cdot 87^s \qquad s' = 0^h\ 2^m\ 5 \cdot 8^s$$

oder weil beide Beobachtungen vor der Culmination ausgeführt
wurden:

$$s = 23^h\ 33^m\ \ 9{\cdot}13^s \qquad s' = 23^h\ 57^m\ 54{\cdot}2^s$$

Zeitgleichung .... $+\ \ 6^m\ 12{\cdot}98^s$ .... $+\ \ 6^m\ 12{\cdot}99^s$

Mittlere Ortszeit .... $23^h\ 39^m\ 22{\cdot}11^s$ $\qquad 0^h\ \ 4^m\ 77{\cdot}19^s$

Mittlere Greenwicher Zeit $28^h\ 10^m\ \ 0{\cdot}0^s$ $\qquad 4^h\ 34^m\ 45{\cdot}00^s$

Länge $=\ \ 4^h\ 30^m\ 37{\cdot}9^s$ $\qquad 4^h\ 30^m\ 37{\cdot}8^s$

$$\lambda = 67^\circ\ 39'\ 28{\cdot}5''\ \text{W.} \qquad \lambda = 67^\circ\ 39'\ 27''\ \text{W.}$$

C. Monddistanzen.

82. Ein so vortreffliches Mittel zur Längenbestimmung auch
die Chronometer gewähren, so wäre es doch bei einer längeren
Reise sehr gewagt, sich auf ein solches Instrument, das mancherlei
Störungen ausgesetzt ist, ganz verlassen zu wollen.

Es ist daher höchst wünschenswerth, zur Kenntniss der Greenwicher Zeit in einem gegebenen Augenblicke auch ohne Benützung
eines Chronometers durch astronomische Beobachtungen gelangen zu
können. Dazu eignen sich auf der See ganz besonders die Distanzen
des Mondes von der Sonne oder von den grösseren Planeten und
Fixsternen. Da nämlich der Mond sich sehr rasch bewegt und folglich seine Distanzen von anderen Gestirnen sich sehr schnell ändern,
so kann man aus einer solchen beobachteten Distanz mit grosser
Sicherheit auf die Zeit schliessen, in welcher sie stattfand. Die
Efemeride enthält zu diesem Zwecke von 3 zu 3 Stunden Greenwicher Zeit die Distanzen des Mondes von der Sonne, den grösseren
Planeten und einigen der hellsten Fixsterne, jedoch so, wie man sie
am Mittelpunkte der Erde und ohne Athmosfäre beobachten würde.

Wird daher eine beobachtete Distanz auf die wahre geocentrische Distanz reducirt, so kann man mittelst derselben, wie unter
N. 19 gezeigt wurde, die mittlere Greenwicher Zeit der Beobachtung
finden.

Berechnung der wahren Distanz.

83. Die Methoden hiezu theilen sich in directe und indirecte, und es sollen hier die am häufigsten angewendeten
erläutert werden. Ist Z (Fig. 48) das Zenith eines Ortes, M
und S die wahren Stellungen der Mittelpunkte des Mondes
und des Gestirnes, so ist SM die wahre Distanz des Mondes
vom Gestirn S. Wegen Refraction und Parallaxe erscheinen beide
Gestirne im Verticalkreis verschoben; man wird den Mond etwas

tiefer beobachten, weil bei letzterem der Einfluss der Parallaxe grösser ist, hingegen die Sonne oder andere Gestirne etwas höher, da bei denselben der Einfluss der Refraction grösser ist. Es wird daher statt der wahren Distanz SM die scheinbare $S'M'$ beobachtet werden. In der Folge werden die wahren Zenithdistanzen des Mondes und des Gestirnes mit Z und z, die scheinbaren mit Z' und z', die wahre und die scheinbare Distanz des Mondes

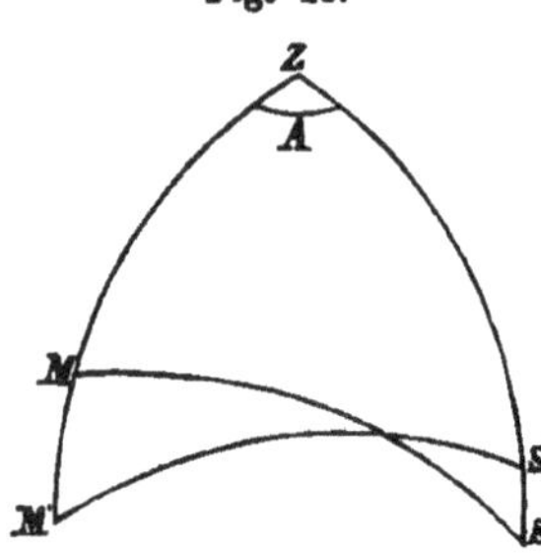

Fig. 48.

mit D und D', endlich der Winkel bei Z mit A bezeichnet. Aus den sfärischen Dreiecken SZM und $S'ZM'$ hat man:

$$\cos D = \cos z \, \cos Z + \sin z \, \sin Z \, \cos A$$
$$\cos D' = \cos z' \, \cos Z' + \sin z' \, \sin Z' \, \cos A,$$

woraus durch Ellimination des Winkels A folgt:

$$\alpha) \quad \frac{\cos D - \cos z \, \cos Z}{\sin z \, \sin Z} = \frac{\cos D' - \cos z' \, \cos Z'}{\sin z' \, \sin Z'}.$$

Diese ist die Grundgleichung, welche verschiedenartig behandelt die verschiedenen Methoden ergibt.

Methode von Kraft. Werden in Gleichung $\alpha)$ statt der Zenithdistanzen die Höhen eingeführt und wird beiderseits der Gleichung die Einheit addirt, so ist:

$$\frac{\cos H \cos h - \sin H \sin h + \cos D}{\cos H \, \cos h} = \frac{\cos H' \cos h' - \sin H' \sin h' + \cos D'}{\cos H' \, \cos h'}$$

oder:

$$\frac{\cos(H + h) + \cos D}{\cos H \, \cos h} = \frac{\cos(H' + h) + \cos D'}{\cos H' \, \cos h'}.$$

Setzt man der Kürze wegen $H + h = s$, $H' + h' = s'$, so hat man, wenn $\cos(H + h) + \cos D$ bestimmt wird:

$$\cos s + \cos D = \frac{\cos H \, \cos h}{\cos H' \, \cos h'} \, [\cos s' + \cos D'].$$

Führt man einen Hilfswinkel β ein, indem man:

$$\frac{\cos H \, \cos h}{\cos H' \, \cos h'} = 2 \cos \beta$$

setzt, so ist:

$$\cos D + \cos s = 2 \cos \beta \, . \, \cos s' + 2 \cos \beta \, . \, \cos D'.$$

Nun ist aber:

$$2 \cos \beta \, . \, \cos s' = \cos(s' + \beta) + \cos(s' - \beta)$$
$$2 \cos \beta \, . \, \cos D' = \cos(D' + \beta) + \cos(D' - \beta)$$

und folglich:

$$\cos D = \cos(s' + \beta) + \cos(s' - \beta) + \cos(D' + \beta) + \cos(D' - \beta) - \cos s$$

oder weil $\cos s = \cos(180 - s)$:

$$56) \quad \cos D = \cos(s' + \beta) + \cos(s' - \beta) + \cos(D' + \beta) + \cos(D' - \beta) + \cos(108 - s).$$

Hat man die Tafeln der natürlichen Functionen, so ist die Rechnung der wahren Distanz nach dieser Formel eine ziemlich bequeme.

Methode von Borda. Aus der Gleichung:

$$\cos D = \cos z \cos Z' + \sin z \sin Z \cos A$$

erhält man, wenn für D und A die halben Winkel eingeführt werden $\left(\cos D = 1 - 2\sin^2 \frac{D}{2}, \quad \cos A = 2\cos^2 \frac{A}{2} - 1\right)$:

$$1 - 2\sin^2 \frac{D}{2} = \cos(z + Z) + 2\sin Z \sin z \cos^2 \frac{A}{2}.$$

Wird auch $\cos(z + Z)$ durch den Sinus des halben Winkels ausgedrückt, so hat man:

$$1 - 2\sin^2 \frac{D}{2} = 1 - 2\sin^2 \frac{z + Z}{2} + 2\sin Z \sin z \cos^2 \frac{A}{2}$$

oder:

$$\sin^2 \frac{D}{2} = \sin^2 \frac{z + Z}{2}\left[1 - \frac{\sin Z \sin z \cos^2 \frac{A}{2}}{\sin^2 \frac{1}{2}(z + Z)}\right].$$

Setzt man: $\dfrac{\sin Z \sin z \cos^2 \frac{A}{2}}{\sin^2 \frac{1}{2}(z + Z)} = \sin^2 x$, so erhält man:

$$\sin^2 \frac{D}{2} = \sin^2 \tfrac{1}{2}(z + Z)(1 - \sin^2 x)$$

oder endlich:

$$57) \quad \sin \frac{D}{2} = \sin \tfrac{1}{2}(z + Z)\cos x,$$

wobei $\sin x = \dfrac{\cos \frac{A}{2}\sqrt{\sin Z \sin z}}{\sin \frac{1}{2}(z + Z)}$ ist. Aus $\triangle Z S' M'$ hat man noch für die Bestimmung von A:

$$\cos \frac{A}{2} = \sqrt{\frac{\sin \Sigma \sin(\Sigma - D')}{\sin z' \sin Z'}}$$

und

$$\Sigma = \tfrac{1}{2}(D' + z' + Z').$$

Um nach dieser Methode gute Resultate zu erzielen, müssen für die Rechnung siebenstellige Logarithmen verwendet werden.

84. Die indirecten Methoden haben zum Zweck, die an die scheinbare Distanz anzubringende Correction zu ermitteln, um die wahre Distanz zu erhalten.

Methode von Dr. Bremiker. Führt man in die beiden Gleichungen für $\cos D$ und $\cos D'$ statt $\cos A$, den Sinus des halben Winkels ein, so ist:

$$\cos D = \cos (z - Z) - 2 \sin z \sin Z \sin^2 \frac{A}{2}$$

$$\cos D' = \cos (z' - Z') - 2 \sin z' \sin Z' \sin^2 \frac{A}{2}$$

und daraus:

$$\frac{\cos D - \cos (z - Z)}{\sin z \sin Z} = \frac{\cos D' - \cos (z' - Z')}{\sin z' \sin Z'} .$$

Setzt man $z - Z = u$ und $(z' - Z') = u'$, so hat man:

$$\frac{\cos D - \cos u}{\sin z \sin Z} = \frac{\cos D' - \cos u'}{\sin z' \sin Z'}$$

und

$$\cos D - \cos u = \frac{\sin z \sin Z}{\sin z' \sin Z'} [\cos D' - \cos u'].$$

Nun setze man:

$$\frac{\sin z \sin Z}{\sin z' \sin Z'} = \frac{1}{c}$$

wodurch:

$$\cos D - \cos u = \frac{\cos D'}{c} - \frac{\cos u'}{c}$$

wird; setzt man noch $\frac{\cos D'}{c} = \cos D^{\mathrm{I}}$ und $\frac{\cos u'}{c} = \cos u^{\mathrm{I}}$, so erhält man:

$$\cos D - \cos u = \cos D^{\mathrm{I}} - \cos u^{\mathrm{I}},$$

woraus:

$$\cos D - D^{\mathrm{I}} = \cos u - \cos u^{\mathrm{I}}.$$

Verwandelt man die Differenz der Cosinuse in Producte:

$$2 \sin \tfrac{1}{2} (D + D^{\mathrm{I}}) \sin \tfrac{1}{2} (D - D^{\mathrm{I}}) = 2 \sin \tfrac{1}{2} (u + u^{\mathrm{I}}) \sin \tfrac{1}{2} (u - u^{\mathrm{I}}).$$

Mit Rücksicht auf die Kleinheit der Differenz $(D - D^{\mathrm{I}})$ und $(u - u^{\mathrm{I}})$ kann man die Bögen statt der Sinus setzen, wodurch:

$$(D - D^{\mathrm{I}}) = (u - u^{\mathrm{I}}) \frac{\sin \tfrac{1}{2} (u + u^{\mathrm{I}})}{\sin \tfrac{1}{2} (D + D^{\mathrm{I}})}$$

oder endlich:

$$D = D^{\mathrm{I}} + (u - u^{\mathrm{I}}) \frac{\sin \tfrac{1}{2} (u + u^{\mathrm{I}})}{\sin \tfrac{1}{2} (D + D^{\mathrm{I}})}$$

wird. Setzt man das zweite Glied der rechten Seite der Gleichung gleich y, so ist:

$$D = D^{\mathrm{I}} + y.$$

Nachdem aber das D im Nenner des Ausdruckes für y noch unbekannt ist, setzt man dafür die scheinbare Distanz D' ein, um einen vorläufig genäherten Werth von y, y' zu erhalten.

Man hat daher:

$$D = D^{\mathrm{I}} + y'$$

und daraus:

$$\tfrac{1}{2}(D + D^{\mathrm{I}}) = D^{\mathrm{I}} + \tfrac{1}{2}y'.$$

Dieser Werth in y eingesetzt, ergibt:

$$58)\quad y = (u - u^{\mathrm{I}})\,\frac{\sin\tfrac{1}{2}(u + u^{\mathrm{I}})}{\sin\tfrac{1}{2}(D^{\mathrm{I}} + \tfrac{1}{2}y')}.$$

Die Differenz $(u - u^{\mathrm{I}})$ ist positiv oder negativ zu nehmen, je nachdem $u \gtrless u^{\mathrm{I}}$ ist.

Sind u und u^{I} sehr kleine Grössen, so wird es besser sein, $2\cos^2\dfrac{A}{2} - 1$ für $\cos A$ zu setzen, wodurch man die Summe der Zenithdistanzen in der Formel erhält. Man hat dann statt u und u^{I}, $s = z + Z$, $s^{\mathrm{I}} = z' + Z'$. Wird in der Ableitung genau so vorgegangen wie früher, so erhält man:

$$59)\quad y' = (s - s^{\mathrm{I}})\,\frac{\sin\tfrac{1}{2}(s + s^{\mathrm{I}})}{\sin\tfrac{1}{2}D' + D^{\mathrm{I}}}$$

$$y = (s - s^{\mathrm{I}})\,\frac{\sin\tfrac{1}{2}(s + s^{\mathrm{I}})}{\sin D^{\mathrm{I}} + \tfrac{1}{2}y')}$$

Methode von Wittchell. Bedeuten h und k die Differenzen der Beträge der Refraction und Parallaxe des Gestirnes und des Mondes, so ist $z' = z + h$, weil beim Gestirn die Refraction grösser ist, $Z' = Z - k$, weil beim Mond die Parallaxe vorherrscht. Nennt man jene Veränderung der wahren Distanz, welche durch die Verrückung des Mondes und Gestirnes im Vertikal stattfindet y, so geht die Gleichung für die wahre Distanz in folgende über:

$$\alpha)\quad \cos D' + y) = \cos(z' + h)\cos(Z' - k) + \sin(z' + h)$$
$$\sin(Z' - k)\cos A.$$

Entwickelt man die einzelnen Factoren nach der Taylor'schen Reihe bis zu den zweiten Differenzialquotienten, so ist:

$$cos\,(D' + y) = cos\,D' - y\,sin\,D' - \frac{y^2}{2}\,cos\,D'$$

$$cos\,(z' + h), = cos\,z' - h\,sin\,z' - \frac{h^2}{2}\,cos\,z'$$

$$cos\,(Z' - k) = cos\,Z' + k\,sin\,Z' - \frac{k^2}{2}\,cos\,Z'$$

$$sin\,(z' + h) = sin\,z' + h\,cos\,z' - \frac{h^2}{2}\,sin\,z'$$

$$sin\,(Z' - k) = sin\,Z' - k\,cos\,Z' + \frac{k^2}{2}\,sin\,Z'$$

Führt man die in α) angezeigten Multiplicationen aus, und vernachlässigt man die Glieder, bei welchen die Summen der Exponenten von h und k drei übersteigen, so erhält man:

β) $cos\,D' - y\,sin\,D' - \frac{y^2}{2}\,cos\,D' = cos\,D' - \frac{h^2}{2}\,cos\,D' - h$

$(sin\,z'\,cos\,Z' - sin\,Z'\,cos\,z'\,cos\,A) + k\,(cos\,z'\,sin\,Z' - sin\,Z'\,cos\,z'\,cos\,A) -$
$$h\,k\,(sin\,z'\,sin\,Z' + cos\,z'\,cos\,Z'\,cos\,A).$$

Aus der Gleichung:

$$cos\,Z' = cos\,z'\,cos\,D' + sin\,z'\,sin\,D'\,cos\,Z\,S'\,M'$$

erhält man durch Substitution des Werthes für $cos\,D'$, und wenn der Winkel an der Sonne $Z\,S'\,M'$ mit $\odot$ bezeichnet wird:

$$cos\,Z' = cos^2\,z'\,cos\,Z' + cos\,z'\,sin\,z'\,sin\,Z'\,cos\,A + sin\,z'\,sin\,D'\,cos\,\odot$$

woraus:

$$cos\,Z'\,sin\,z' - cos\,z'\,sin\,Z'\,cos\,A = sin\,D'\,cos\,\odot.$$

Durch Substitution des Werthes von $cos\,D'$ in die Gleichung für $cos\,z'$, erhält man auf gleiche Art:

$$cos\,z'\,sin\,Z' - sin\,z'\,cos\,Z'\,cos\,A = sin\,D'\,cos\,\mathbb{C}.$$

Setzt man diese Werthe für die in Gleichung β) enthaltenen Factoren von h und k ein, so ist:

$$-y\,sin\,D' - \frac{y^2}{2}\,cos\,D' = - \frac{h^2}{2}\,cos\,D' - \frac{k^2}{2}\,cos\,D' - h\,sin\,D'\,cos\,\odot +$$
$$+ k\,sin\,D'\,cos\,\mathbb{C} - h\,k\,(sin\,z'\,sin\,Z' + cos\,z'\,cos\,Z'\,cos\,A),$$

und durch Division der ganzen Gleichung durch $- sin\,D'$:

$$y + \frac{y^2}{2}\,cotg\,D' = \tfrac{1}{2}\,cotg\,D'\,(h^2 + k^2) - h\,cos\,\odot + k\,cos\,\mathbb{C} -$$
$$\frac{h\,k}{sin\,D'}\,(sin\,z'\,sin\,Z' + cos\,z'\,cos\,Z'\,cos\,A).$$

Sollen die in Theilen des Halbmessers ausgedrückten Grössen h, k und y in Bogensecunden verwandelt werden, so hat man sie mit $sin\,1''$ zu multipliciren; hiedurch wird:

$$y = \tfrac{1}{2}\, cotg\, D' \,(h^2 + k^2 - y^2)\, sin^2\, 1'' + (k\, cos\, \mathbb{C} - h\, cos\, \odot) -$$
$$\frac{hk}{sin\, D'}\,(sin\, z'\, sin\, Z' + cos\, z'\, cos\, Z'\, cos\, A)\, sin\, 1''.$$

Setzt man:
$$k\, cos\, \mathbb{C} - h\, cos\, \odot = x$$
$$\tfrac{1}{2}\,(h^2 + k^2 - y^2)\, cotg\, D'\, sin\, 1'' = v$$
$$-\frac{hk}{sin\, D'}\,(sin\, z'\, sin\, Z' + cos\, z'\, cos\, Z'\, cos\, A)\, sin\, 1'' = w.$$

so ist:

$$60)\quad D = D' + y = D + x + v + w.$$

Für die Berechnung der ersten Correction x' hat man:
$$x = k\, cos\, \mathbb{C} - h\, cos\, \odot$$
$$= \left(k - 2k\, sin^2\, \tfrac{\mathbb{C}}{2}\right) - \left(h - 2h\, sin^2\, \tfrac{\odot}{2}\right)$$

und:
$$cos\, \frac{\odot}{2} = \sqrt{\frac{sin\, \Sigma\, sin\, (\Sigma - Z')}{sin\, z'\, sin\, D'}} \qquad cos\, \frac{\mathbb{C}}{2} = \sqrt{\frac{sin\, \Sigma\, sin\, (\Sigma - z')}{sin\, Z'\, sin\, D'}}$$
$$\Sigma = \tfrac{1}{2}\,(z' + Z' + D').$$

Zur Berechnung der zweiten Correction v kann, als genäherter Werth von y, x gesetzt werden. Diese Correction ist sehr gering und man entnimmt sie aus Taf. XIV der nautischen Tafeln, indem man mit der scheinbaren Distanz als erstes Argument, und einmal mit h, einmal mit k und endlich einmal mit y als zweite Argumente hineingeht. Die drei erhaltenen Zahlen ergeben, algebraisch summirt, die Grösse v. Die dritte Correction w wird der Tabelle XV der nautischen Tafeln mit dem dreifachen Argumente, Höhe des Gestirnes, Höhe des Mondes und scheinbare Distanz entnommen.

Bestimmung der Greenwicher Zeit, der Länge oder des Chronometerstandes.

85. Wie die Greenwicher Zeit der wahren Distanz gefunden wird, ist bei Erklärung der Efemeriden schon gesagt worden. Wird mit der Greenwicher Zeit die Uhrzeit der Beobachtung verglichen, so erhält man den Stand des Chronometers gegen mittlere Greenwicher Zeit. Wurde aber aus einer Höhe die Ortszeit der Beobachtung berechnet, so gibt der Unterschied dieser Ortszeit und der Greenwicher Zeit die Länge des Beobachtungsortes in Zeit.

Vorgang bei der Beobachtung. Gang der Rechnung.

86. Sind mehrere Beobachter vorhanden, so werden Höhen und Distanz gleichzeitig gemessen. Diejenigen, welche die Höhen messen, haben das betreffende Gestirn immer in Tangirung mit der Kimm zu erhalten; der Beobachter an der Uhr zählt laut die Secunden. Hat der Distanzbeobachter die Berührung der Ränder zu Stande gebracht, so gibt er ein Zeichen, für welchen Augenblick Distanz, Höhen und Zeit notirt werden. In der Regel nimmt man mehrere Distanzen und rechnet mit dem Mittel.

Ist nur ein Beobachter vorhanden, so werden zuerst die Höhen, dann die Distanz und schliesslich wieder die Höhen beobachtet, wobei zu bemerken ist, dass die Höhe desjenigen Gestirnes, welches am weitesten vom Meridian entfernt ist, zuerst und zuletzt beobachtet wird. Die so beobachteten Höhen werden dann auf die Zeit der Distanzmessung dadurch reducirt, dass man die Höhenänderung der Zeitänderung proportional setzt.

Ist die Ortszeit genau und die Länge beiläufig bekannt, so kann die Distanz allein gemessen werden und man rechnet dann die Höhen nach der Formel:

$$cos\, z = sin\, h = \frac{cos\, p \cdot sin\, (\varphi + y)}{cos\, y},$$

in welcher:

$$tg\, y = cos\, s \; tg\, p$$

ist. Der Stundenwinkel wird hiezu aus der Ortszeit erhalten. Setzt man für φ die geocentrische Breite, so bekommt man die wahre geocentrische Zenithdistanz, welche in die scheinbare zu verwandeln ist.

Da, wie später gezeigt wird, der Einfluss der Beobachtungsfehler auf das Resultat bei dieser Methode der Längenbestimmung sehr gross ist, so kann hier nicht genug empfohlen werden, bei Ausführung der Beobachtung alle jene Vorsichtsmassregeln anzuwenden, auf welche bei der Besprechung des Gebrauches der Reflexionsinstrumente aufmerksam gemacht wurde.

Wird die Distanz des Mondes von der Sonne oder von den grösseren Planeten gemessen, so bringt man die Ränder der Gestirne zur Berührung und zwar die näheren oder die entfernteren, je nachdem die vollbeleuchtete Seite des Mondes oder die entgegengesetzte gegen das Gestirn gewendet ist. Bei Distanzmessungen zwischen Mond und Fixsternen wird der Rand des Mondes mit dem Gestirne zur Berührung gebracht.

87. Der Vorgang zur Berechnung der Länge oder des Chronometerstandes lässt sich in folgende Hauptpunkte zusammenfassen.

1. Wenn nur ein Beobachter vorhanden war, werden vor Allem die Höhen auf die Zeit der Distanz reducirt.

2. Man entnimmt der Efemeride alle jene Daten, welche im Verlaufe der Rechnung nöthig sein werden, und zwar für die Sonne und die Planeten: Halbmesser und Declination, für Fixsterne die Declination allein; für den Mond: Halbmesser, Declination, Aequat.-Horizontal-Parallaxe. Die Halbmesser werden für die Verkürzung und Vergrösserung corrigirt, und ebenso aus der Aequat.-Horizontal-Parallaxe des Mondes die Horizontalparallaxe für die Breite des Beobachtungsortes abgeleitet.

3. Man schreitet zur Berechnung der Azimuthe. Zu diesem Zwecke werden vorerst die beobachteten Höhen corrigirt, und hierauf die Azimuthe nach der Formel:

$$cos \tfrac{1}{2} \omega = \sqrt{\frac{sin\, \Sigma\, sin\, (\Sigma - p)}{sin\, \psi\, sin\, z}}$$

auf Minuten genau gerechnet. Die Azimuthe sind vom sichtbaren Pol gegen Ost oder gegen West zu zählen, je nachdem die Gestirne östlich oder westlich vom Meridian waren.

4. Nach der Formel:

$$(\varphi - \varphi')\, cos\, \omega$$

rechnet man die Reduction der Zenithdistanzen auf das geocentrische Zenith. Werden die beobachteten Höhen von Indexfehler, Kimmtiefe und Halbmesser befreit, von 90° abgezogen und an die so erhaltene Grösse die Reduction $(\varphi - \varphi')\, cos\, \omega$ angebracht, so erhält man die mit z' und Z' bezeichneten scheinbaren Distanzen der Gestirne vom geocentrischen Zenith. Durch Anbringung der Refraction und Parallaxe erhält man endlich die wahren geocentrischen Zenithdistanzen z und Z.

5. Wurde die Distanz der Ränder beobachtet, so müssen die schrägen Halbmesser in Rechnung gebracht werden, um die Distanz der Mittelpunkte zu erhalten. Die schrägen Halbmesser erhält man durch Anbringung der „Verkürzung in schräger Richtung“ am verticalen Halbmesser. Zu den vom Indexfehler befreiten, beobachteten Distanzen werden die schrägen Halbmesser addirt oder subtrahirt, je nachdem die Distanz der nächsten oder der entfernteren Ränder beobachtet wurde.

6. Man rechnet nach einer der angegebenen Methoden die wahre Distanz.

7. Man bestimmt die mittlere Greenwicher Zeit der Distanzbeobachtung mittels des nautischen Jahrbuches.

8. Aus einer der beobachteten Höhen und zwar aus jener, welche dem ersten Vertical am nächsten war, wird die mittlere Schiffszeit der Beobachtung ermittelt, welche

9. Mit der Greenwicher Zeit verglichen, die Länge ergibt.

Zuverlässigkeit der Längenbestimmung aus Monddistanzen.

87. Wiederholt wurde angeführt, dass sich bei keiner astronomischen Beobachtung die Beobachtungsfehler so rächen wie bei den Monddistanzen.

Der Mond vollendet in $29^{1}/_{2}$ Tagen seinen sinodischen Umlauf, so dass die tägliche Aenderung einer Monddistanz ungefähr 12—13° (360 : 29·5) und daraus die stündliche Aenderung $^{1}/_{2}$° beträgt. Fehlt man also in der Beobachtung der Distanz um $^{1}/_{2}$°, so ist der Fehler in der Zeit gleich eine Stunde, und daher 15°. Der Fehler in der Beobachtung erscheint daher im Resultat 30fach vergrössert.

Bei Besprechung der Instrumente wurde gesagt, dass in Folge der unvermeidlichen Fehler am Sextanten selbst ein geübter Beobachter auf eine mögliche Ungenauigkeit von ungefähr 25" wird rechnen müssen. Es geht daraus hervor, dass man sich auf eine durch Monddistanzen erhaltene Länge nicht mehr als auf (25" × 30) 12·5' verlassen kann.

Beispiele. Am 7. Februar 1873 wurde in $\varphi = 15°$ 45' N. die nachstehende Distanz des Mondes von der Sonne zu der angegebenen Chronometerzeit beobachtet. Es soll bei vorausgesetzter Kenntniss des Chronometerstandes gegen Greenwich dieser Stand controlirt und hierauf die Länge gerechnet werden.

Chronometerzeit:	Beobachtung:
6^h 30^m $57·5^s$	☽ 27° 46' 40"
31^m $50·0^s$	☉ 25° 29' 10"
33^m $51·5^s$	☉ — ☽ 126° 19' 45"
35^m $31·0^s$	☉ 24° 50' 50"
36^m $46·0^s$	☽ 29° 4' 5"

Auf die Zeit der Distanz reducirte Höhen:
$$\overline{\odot} = 25° \ 8' \ 5" \quad \overline{\text{☽}} = 28° \ 25' \ 19"$$

Augeshöhe 7 Meter; Indexfehler + 10"; geschätzter Winkel an der Sonne 10°; am Mond ebenfalls 10°; Stand des Chronometers gegen Greenwich — 5^h 13^m 35^s.

Vorrechnung:

Chronometerzeit der Distanzbeobachtung 6^h 33^m 51.5^s

Stand — 5^h 13^m 35.0^s

Mittlere Greenw. Zeit der Beobachtung 1^h 20^m 16.5^s

Damit findet man:

$\mathbb{C}$

Horiz. Halbmesser ..... 15' 0" $\Pi = $ .... 54' 57"

Taf. XI Efemeride ..... $+ 7"$ Correct. für φ, Taf. XVIII

 „ XIV „ ..... $- 1"$ Efemeride .... $- 1"$

Verticaler Halbmesser .. 15' 6" $\pi = 54'$ 56"

Declination .... 25° 31' 9" N.

$$log\, \pi = 3.51799$$
$$log\, cos\, H = 9.94571$$
$$3.46370$$
$$p = 48'\ 29"$$

$\odot$

Horiz. Halbmesser .... $= 16'\ 15"$

Taf. XIV Efemeride .. $= - 1"$

Verticaler Halbmesser $= 16'\ 14"$

Declination .... 15° 10' 8" S.

Correction der Höhen zur Berechnung der Azimuthe.

	$\odot$	$\mathbb{C}$
	$\bar{\odot}$ 25° 8' 5"	$\bar{\mathbb{C}}$ 28° 25' 19"
Indexfehler + Kimmtiefe	— 4' 34"	— 4' 34"
	25° 3' 31"	28° 20' 45"
Verticaler Halbmesser	— 16' 14"	— 15' 6"
	24° 47' 17"	28° 5' 39"
Refraction + Parallaxe..	— 1' 55"	+ 46' 41"
Wahre Höhe.........	= 24° 45' 22"	28° 52' 20"

Rechnung der Azimuthe, Correction für das geocentrische Zenith, Bildung der wahren und scheinbaren Höhen.

$$cos\tfrac{1}{2}\omega = \sqrt{\frac{sin\,\Sigma\ sin\,(\Sigma - p)}{sin\,\psi\ sin\,z}}.$$

Aus Tafel I des Anhanges:

$$\varphi - \varphi' = 5'\ 59" = 359".$$
$$(\varphi - \varphi')\ cos\,\omega.$$

	$\odot$	$\mathbb{C}$		$\odot$	$\mathbb{C}$
$z =$	65° 15'	61° 8'	$log\,(\varphi - \varphi') =$	2.55509	2.55509
$p =$	105° 10'	64° 29'	$log\,cos\,\omega =$	9.63292$_n$	9.55102
$\psi =$	74° 15'	74° 15'		2.18801$_n$	2.10611
$\Sigma =$	122° 20'	99° 56'	Reduction $= $	— 131"	128"
$\Sigma - p =$	17° 10'	35° 27'		$= - 2'\ 11"$	$+ 2'\ 8"$

10 *

$$\begin{aligned}
\log \sin \Sigma &= 9\cdot92683 & 9\cdot99344 \\
\log \sin (\Sigma - p) &= 9\cdot47005 & 9\cdot76342 \\
&\quad\;\; 9\cdot39688 & 9\cdot75686 \\
\log \sin \psi &= 9\cdot98338 & 9\cdot98338 \\
\log \sin z &= 9\cdot95815 & 9\cdot94238 \\
&\quad\;\; 9\cdot45535 & 9\cdot83110 \\
\log \cos \tfrac{\omega}{2} &= 9\cdot72767 & 9\cdot91555 \\
\tfrac{\omega}{2} &= 57^0\ 43' & 34^0\ 35' \\
\omega &= \text{N. } 115^0\ 26'\ \text{W.} & \text{N. } 69^0\ 10'\ \text{O.}
\end{aligned}$$

Von Indexfehler, Kimmtiefe und Halbmesser befreite Höhen.

	☉		☾
	$24^0\ 47'\ 17''$		$28^0\ \ 5'\ 39''$
Reduction	$+\ \ 2'\ 11''$		$-\ \ 2'\ \ 8''$
$h' =$	$24^0\ 49'\ 28''$	$H' =$	$28^0\ \ 3'\ 31''$
$z' =$	$62^0\ 10'\ 32''$	$Z' =$	$61^0\ 56'\ 29''$
Refraction $=$	$+\ \ 2'\ \ 3''$		$+\ \ 1'\ 48''$
Parallaxe $=$	$-\qquad\; 8''$		$-\ 48'\ 30''$
$z =$	$65^0\ 12'\ 27''$	$Z =$	$61^0\ \ 9'\ 47''$

Verkürzung der Halbmesser in schräger Richtung (Taf. XV Efem.)

$$\odot \ldots \ldots 1''$$
$$\text{☾} \ldots \ldots 1''$$

Beobachtete Distanz der nächsten Ränder $126^0\ 19'\ 45''$

Indexfehler $\ldots \ldots \ldots \ldots \ldots \ldots \ldots \ldots \ldots \ldots \quad +\ 10''$

Schräger Halbmesser der Sonne$\ldots\ldots \quad +\ 16'\ 13''$

     „   „   des Mondes$\ldots\ldots\ldots \quad +\ 51'\ \ 5''$

$$D' = 126^0\ 51'\ 13''$$

Berechnung der wahren Distanz nach den vier verschiedenen Methoden.

Methode von Kraft.

$$\cos \beta = \frac{\cos H \cos h}{2 \cos H' \cos h'}$$

$$\cos D = \cos(s' + \beta) + \cos(s' - \beta) + \cos(D' + \beta) + \cos(D' - \beta) + \\ + \cos(180 - s)$$

$$\begin{aligned}
h &= 24^0\ 47'\ 33'' & h' &= 24^0\ 49'\ 28'' \\
H &= 28^0\ 50'\ 13'' & H' &= 28^0\ \ 3'\ 31'' \\
s &= 53^0\ 37'\ 46'' & s' &= 52^0\ 52'\ 59'' \\
180 - s &= 126^0\ 22'\ 14''
\end{aligned}$$

$$s' = \quad 52^0\ 52'\ 59'' \qquad D' = 126^0\ 51'\ 13''$$
$$\beta = \quad 60^0\ 14'\ 2'' \qquad\quad \beta = \quad 60^0\ 14'\ 2''$$
$$s' + \beta = 113^0\ 7'\ 1'' \qquad D' + \beta = 187^0\ 5'\ 15''$$
$$s' - \beta = \quad 7^0\ 21'\ 3'' \qquad D' - \beta = 66^0\ 37'\ 11''$$

$$\begin{aligned}
\log \cos H &= 9{\cdot}9580057 & \cos(s' + \beta) &= -\ 0{\cdot}3926090\\
\log \cos h &= 9{\cdot}9425020 & \cos(s' - \beta) &= +\ 0{\cdot}9917815\\
&\ 9{\cdot}9005077 & \cos(D' + \beta) &= -\ 0{\cdot}9923590\\
\log 2 &= 0{\cdot}3010300 & \cos(D' - \beta) &= +\ 0{\cdot}3968301\\
\log \cos H' &= 9{\cdot}9456984 & \cos(180 - s) &= -\ 0{\cdot}5930051\\
\log \cos h' &= 9{\cdot}9578937 & \cos D &= -\ 0{\cdot}5893615\\
\log \cos \beta &= 9{\cdot}6958856 & D &= 126^0\ 6'\ 42''\\
\beta &= 60^0\ 14'\ 2''
\end{aligned}$$

Methode von Borda.

$$\sin x = \frac{1}{\sin\tfrac{1}{2}(z+Z)} \sqrt{\frac{\sin z \,.\, \sin Z}{\sin z' \,.\, \sin Z'}\ \sin \Sigma'\ \sin(\Sigma' - D')}$$

$$\sin \frac{D}{2} = \cos x\ \sin\tfrac{1}{2}(z + Z)$$

$$\begin{aligned}
z' &= \quad 65^0\ 10'\ 32'' & z &= 65^0\ 12'\ 27''\\
Z' &= \quad 61^0\ 56'\ 29'' & Z &= 61^0\ 9'\ 47''\\
D' &= 126^0\ 51'\ 13'' & \tfrac{1}{2}(z + Z) &= 63^0\ 11'\ 7''\\
\Sigma' &= 126^0\ 59'\ 7''\\
\Sigma' - D' &= \quad 0^0\ 7'\ 54''
\end{aligned}$$

$$\begin{aligned}
\log \sin z &= 9{\cdot}9580057 & x &= 2^0\ 44'\ 42''\\
\log \sin Z &= 9{\cdot}9425020 & \log \cos x &= 9{\cdot}9995014\\
&\ 9{\cdot}9015077 & \log \sin\tfrac{1}{2}(z + Z) &= 9{\cdot}9505935\\
\log \sin z' &= 9{\cdot}9578918 & &\ 9{\cdot}9500949\\
\log \sin Z' &= 9{\cdot}9456994 & \frac{D}{2} &= 63^0\ 3'\ 20''\\
&\ 9{\cdot}9979146 & D &= 126^0\ 6'\ 40''\\
\log \sin \Sigma' &= 9{\cdot}9024327\\
\log \sin(\Sigma' - D') &= 7{\cdot}3613528\\
&\ 7{\cdot}2617001\\
&\ 8{\cdot}6308501\\
\log \sin\tfrac{1}{2}(z + Z) &= 9{\cdot}9505935\\
\log \sin x &= 8{\cdot}6802566
\end{aligned}$$

Methode von Bremiker.

Anm. Da die Zenithdistanzen der zwei Gestirne nahezu gleich sind und somit ihre Differenzen sehr klein ausfallen würden, so wird hier mit jenen Formeln gerechnet, welche man durch Substitution von $2\cos^2\frac{A}{2} - 1$ für $\cos A$ erhält.

150

$$s = z + Z \qquad\qquad s' = z' + Z'$$
$$z = 65° \ 12' \ 27'' \qquad\qquad z' = 65° \ 10' \ 32''$$
$$Z = \underline{61° \ \ 9' \ 47''} \qquad\qquad Z' = \underline{61° \ 56' \ 29''}$$
$$s = 126° \ 22' \ 14'' \qquad\qquad s' = 127° \ 7' \ \ 1''$$

$$\log c = \log \frac{\sin s' . \ \sin Z'}{\sin s . \ \sin Z}$$

$$\cos s_1 = \frac{\cos s'}{c} \qquad\qquad\qquad \cos D_\mathrm{I} = \frac{\cos D'}{c}$$

$$\log \cos s_1 = 9{\cdot}78063_n \qquad\qquad \log \cos D' = 9{\cdot}77799_n$$
$$\log c = \underline{0{\cdot}00308} \qquad\qquad \ldots\ldots\ldots \ \underline{0{\cdot}00308}$$
$$9{\cdot}77755_n \qquad\qquad\qquad\qquad 9{\cdot}77491_n$$
$$s^\mathrm{I} = 126° \ 49' \ 39'' \qquad\qquad D_\mathrm{I} = 126° \ 33' \ \ 3''$$
$$s = \underline{126° \ 22' \ 14''} \qquad\qquad D' = \underline{126° \ 51' \ 13''}$$
$$s - s_\mathrm{I} = \ \ 0° \ \ 26' \ 25'' \qquad \tfrac{1}{2}(D_1 + D' = 126° \ 42' \ \ 8''$$
$$= 1585''$$
$$\tfrac{1}{2}(s + s_\mathrm{I}) = 126° \ 35' \ 26''$$

$$\log \sin z' \ldots 9{\cdot}95789$$
$$\log \sin Z' \ldots \underline{9{\cdot}94570}$$
$$9{\cdot}90359$$
$$\log \sin s = 9{\cdot}95801$$
$$\log \sin Z = 9{\cdot}94250$$
$$\log c = \overline{0{\cdot}00308}$$

$$y' = (s - s_\mathrm{I}) \frac{\sin \tfrac{1}{2}(s + s_\mathrm{I})}{\sin \tfrac{1}{2}(D_1 + D')} \qquad y = (s - s_\mathrm{I}) \frac{\sin \tfrac{1}{2}(s + s_\mathrm{I})}{\sin (D_\mathrm{I} + \tfrac{1}{2}y')}$$
$$\log (s - s_\mathrm{I}) = 3{\cdot}20003_n \ldots\ldots\ldots\ldots 3{\cdot}20003_n$$
$$\log \sin \tfrac{1}{2}(s + s_\mathrm{I}) = \underline{9{.}90467} \qquad\qquad \ldots \ \underline{9{\cdot}90467}$$
$$3{\cdot}10470_n \qquad\qquad\qquad 3{\cdot}10470_n$$
$$\log \sin \tfrac{1}{2}(D' + D_\mathrm{I}) = \underline{9{\cdot}90404} \quad \log \sin (D_\mathrm{I} + \tfrac{1}{2}y') = \underline{9{\cdot}90614}$$
$$\log y' = 3{\cdot}20066_n \qquad\qquad \log y = 3{\cdot}19856_n$$
$$y' = -\ 26' \ 28'' \qquad\qquad y = -0° \ 26' \ 20''$$
$$\tfrac{1}{2}y' = -0° \ 13' \ 14'' \qquad\qquad D_\mathrm{I} = \underline{126° \ 33' \ \ 3''}$$
$$D_\mathrm{I} = \underline{126° \ 33' \ \ 3''} \qquad\qquad D = 126° \ \ 6' \ 43''$$
$$D_\mathrm{I} + \tfrac{1}{2}y' = 126° \ 19' \ 49''$$

Methode von Wittchell.

$$z' = \ \ 65° \ 10' \ 32'' \quad z = 65° \ 12' \ 27'' \quad h = 115''$$
$$Z' = \ \ 61° \ 56' \ 29'' \quad Z = 61° \ \ 9' \ 47'' \quad k = 2802''$$
$$D' = \underline{126° \ 51' \ 13''}$$
$$\Sigma = 126° \ 59' \ \ 7''$$
$$\Sigma - Z' = \ \ 65° \ \ 2' \ 38''$$
$$\Sigma - z' = \ \ 61° \ 48' \ 35''$$

$$log\,sin\ \Sigma = 9{\cdot}90243 \dots\dots\dots\dots\ 9{\cdot}90243$$

$$log\,sin\ \Sigma - Z') = 9{\cdot}95743 \qquad log\,sin\ \Sigma - z') = 9{\cdot}94516$$

$$9{\cdot}85986 \qquad\qquad 9{\cdot}84759$$

$$log\,sin\ D' = 9{\cdot}90318 \dots\dots\dots\dots\ 9{\cdot}90318$$

$$log\,sin\ \varepsilon' = 9{\cdot}95789 \qquad log\,sin\ Z' = 9{\cdot}94570$$

$$log\,cos^2\ \tfrac{\odot}{2} = 9{\cdot}99879 \qquad log\,cos^2\ \tfrac{\mathbb{C}}{2} = 9{\cdot}99871$$

$$log\ 2 = 0{\cdot}30103 \dots\dots\dots\dots\ 0{\cdot}30103$$

$$log\ h = 2{\cdot}06070 \qquad\qquad log\ k = 3{\cdot}44747$$

$$2{\cdot}36052 \qquad\qquad 3{\cdot}74721$$

$$2\,h\,cos^2\ \tfrac{\odot}{2} = \quad 229'' \qquad 2\,k\,cos^2\ \tfrac{\mathbb{C}}{2} = \quad 5587''$$

$$h = \quad 115'' \qquad\qquad k = \quad 2802$$

$$h - 2\,h\,cos^2\ \tfrac{\odot}{2} = \ -\ 114'' \quad k - 2\,k\,cos^2\ \tfrac{\mathbb{C}}{2} = \ -\ 2785''$$

$$x = \ -\ 2785 + 114'' = \ -\ 2671''$$

$$x = \ -\ 44'\ 31''$$

Taf. XIV. der nautischen Tafeln:

$$\text{mit } h \qquad\qquad 0.$$
$$\text{\textit{n}} \quad k \dots\dots -\ 15''$$
$$\text{\textit{n}} \quad x \dots\dots \mp\ 13''$$
$$v = \ -\quad 2''$$

Taf. XV. $w - 0.$

$$x = \ -\quad 44'\ 31''$$
$$v = \ -\qquad 2''$$
$$w = \qquad\quad 0$$
$$y = \ -\quad 44'\ 33''$$
$$D' = 126^0\ 51'\ 13''$$
$$D = 126^0\ \ 6'\ 40''$$

Rechnung der mittleren Greenwicher Zeit mittelst des Jahrbuches
7. Februar 1873.

Als wahre Distanz wird angenommen $126^0\ 6'\ 42''$.

	Distanz.	prop. log
0^h...	$125^0\ 29'\ 50''$	$0{\cdot}3345$
III^h...	$126^0\ 53'\ 9''$	$0{\cdot}3356$
		11 Zunahme.

$$\text{Gegebene Distanz..}\quad 126^0\ \ 6'\ 42''$$
$$\text{Distanz } 0^h \qquad\quad 125^0\ 29'\ 50''$$
$$\text{Differenz...}\qquad\quad 36'\ 52''$$
$$= 2212''.$$

$$prop.\ log\ 0^h \ldots 0{\cdot}3345$$
$$log\ 2212 \ldots \underline{0{\cdot}3448}$$
$$log\ x = 3{\cdot}6793$$
$$x = 4779^u,$$
$$= 1^h\ 19^m\ 39^s$$

Correction. Taf. I., Efemeride $= \underline{\quad -\quad\ \ 3^s}$

$$1^h\ 19^m\ 36^s$$

Vorangehende Zeit der Efemeride $= 0^h$

Mittlere Greenwicher Zeit $= 1^h\ 19^m\ 36^s$

Bestimmung der Länge.

Die mittlere Ortszeit wird aus einer der beobachteten Höhen abgeleitet. (Aus jener Höhe, welche dem I. Vertical am nächsten war).

Chronometerzeit .... $6^h\ 35^m\ 31^s$ $h = 24^0\ 28'\ 5''$

Stand .... $-\ 5^h\ 13^m\ 35^s$ $z = 65^0\ 31'\ 55''$

Mittlere Greenwicher Zeit. $1^h\ 21^m\ 56^s$ $p = 105^0\ 10'\ 7''$

$\delta \odot = 15^0\ 10'\ 7''\ S$ $\psi = 74^0\ 45''$

Zeitgleichung $= +\ 14^m\ 25{\cdot}3^s$

Damit findet man:

$$s = 58^0\ 46'\ 44''$$

Wahre Zeit .... $=\ 3^h\ 55^m\ 6{\cdot}93^s$

Zeitgleichung $= +\ 14^m\ 25{\cdot}3$

Mittlere Zeit....... $=\ 4^h\ 9^m\ 32{\cdot}23^s$

Greenwicher Zeit ... $=\ 1^h\ 21^m\ 56{\cdot}0^s$

Länge $=\ 2^h\ 47^m\ 36{\cdot}23^s$

Ist die mittlere Ortszeit genau und die Länge annähernd bekannt, so können wie gesagt die Höhen gerechnet werden. Mitunter wird die Höhe des Mondes allein, oder jene des Gestirns allein beobachtet, und man hat die zweite Höhe zu rechnen. Es soll hier ein Beispiel über Berechnung der Höhen ausgeführt werden.

Am 7. September 1873 wurde in $\varphi = 34^0\ 58'\ N.\ \lambda = 3^h\ 10^m\ 14^s\ W.$ um $10^h\ 1^m\ 45^s$ mittlere Ortszeit die Distanz des Mondes vom Saturn beobachtet. Es sind die Höhen für den Augenblick der Distanzbeobachtung zu rechnen.

Gegebene mittlere Ortszeit $=\ 10^h\ 1^m\ 45^s$

$\lambda = 3^h\ 10^m\ 14^s$

Mittlere Greenwicher Zeit $=\ 13^h\ 11^m\ 59^s$

Damit findet man:

$$\delta = \ 2^0\ 25'\ 12'' \ S.\ \ldots 21^0\ 14'\ 51''\ S.$$
$$p = 92^0\ 25^0\ 12'' \ldots 101^0\ 14'\ 51''$$
$$\alpha = \ 0^h\ 13^m\ 33\cdot1^s \ldots 19^0\ 54^m 22\cdot7^s$$
$$\Pi = 61'\ 12''$$

Correction für $\varphi = -\ \ 4''$

$$\pi = 61'\ \ 8''.$$

$$\text{Geografische } \varphi \qquad = 34^0\ 58'$$
$$(\varphi - \varphi') \ldots\ldots\ldots = -\ 10'\ 48''$$
$$\text{Geocentrische Breite } = 43^0\ 47'\ 12''$$

Da man für die Rechnung der wahren Distanz die scheinbare und wahre geocentrische Zenithdistanz braucht, wird in die Formel

$$sin\ h = \frac{cos\ p\ sin\ (\varphi + y)}{cos\ y}$$

für φ die geocentrische Breite eingesetzt, wodurch h die geocentrische wahre Höhe bedeutet.

Zur Berechnung der Stundenwinkel der beiden Gestirne hat man:

$$\text{Mittlere Greenwicher Zeit} \ldots\ldots 13^h\ 11^m\ \ 5\cdot9^s$$
$$\text{Sternzeit Interv. (Taf. III. Ef.)} \ \ 13^h\ 14^m\ \ 9\cdot1^s$$
$$\text{Sternzeit im mittleren Mittag} \ \ 11^h\ \ 6^m\ 31\cdot6^s$$
$$\text{Greenwicher Sternzeit} \ldots\ldots\ldots 24^h\ 20^m\ 40\cdot7^s$$
$$\lambda = \ \ 3^h\ 10^m\ 14\cdot0^s$$
$$\text{Orts-Sternzeit} \ldots\ldots\ldots\ldots 21^h\ 10^m\ 26\cdot7^s$$

$$\mathbb{C} \qquad\qquad\qquad\qquad ♄$$
$$\text{Orts-Sternzeit } 21^h\ 10^m\ 26\cdot7^s \ldots\ldots 21^h\ 10^m\ 26\cdot7^s$$
$$\alpha = \ \ 0^h\ 13^m\ 33\cdot1^s \qquad\qquad 19^h\ 54^m\ 22\cdot7^s$$
$$s = 20^h\ 56^m\ 53\cdot6^s \qquad s = \ \ 1^h\ 16^m\ \ 4\cdot0$$
$$s = 45^0\ 46'\ 44'' \qquad s = 19^0\ \ 1'\ \ \ 0''$$

$$tg\ y = cos\ s.\ tg\ p.$$

$$log\ cos\ s = 9\cdot84350 \ldots\ldots 9\cdot97563$$
$$log\ tg\ p = 1\cdot37045_n \qquad\quad 0\cdot41025_n$$
$$log\ tg\ y = 1\cdot22755'' \qquad\quad 0\cdot38588''$$
$$y = \ \ 93^0\ 23'\ 20'' \qquad 122^0\ 21'\ 20''$$
$$\varphi = \ \ 34^0\ 47'\ 12'' \qquad\ \ 34^0\ 47'\ 12''$$
$$\varphi + y = 128^0\ 10'\ 32'' \qquad 147^0\ \ 8'\ 32''$$

$$cos\ z = \frac{cos\ p\ sin\ (y + \varphi)}{cos\ y}$$

$$
\begin{aligned}
log\ sin\ (\varphi + \varphi) &= 9\cdot89549 & .9\cdot73465 \\
log\ cos\ p &= 8\cdot62557_n & 9\cdot55916_n \\
\hline
&\ \ 8\cdot52106_n & 9\cdot29381_n \\
log\ cos\ y &= 8\cdot77104_n & 9\cdot58049_n \\
\hline
log\ cos\ Z &= 9\cdot75002 & log\ cos\ z = 9.71332 \\
Z &= 55^0\ 46'\ 50'' & z = 58^0\ 52'\ 57'' \\
z\ sin\ Z\ \ldots\ldots &= 50'\ 33'' & Refraction\ +\ 1'\ 36'' \\
Z_1' &= 54^0\ 56'\ 17'' & Parallaxe\ -\ 1' \\
\pi\ sin\ Z' &= 50'\ 3'' & z = 58^0\ 54'\ 32'' \\
Z &= 55^0\ 46'\ 50'' \\
&= 54^0\ 56'\ 47'' \\
Refraction &\quad +\ 58'' \\
Z' &= 54^0\ 57'\ 45''
\end{aligned}
$$

D. Bestimmung der Länge oder des Chronometerstandes aus der Verfinsterung der Jupitertrabanten.

88. Die Efemeriden enthalten in chronologischer Ordnung die mittlere Greenwicher Zeit sämmtlicher Ein- und Austritte der Jupitertrabanten in den Kernschatten des Jupiter, d. h. das Verschwinden und wieder Sichtbarwerden derselben. Wird ein Ein- oder Austritt beobachtet, so erhält man durch Vergleich der aus der beobachteten Höhe abgeleiteten Ortszeit mit jener der Efemeride entnommenen Greenwicher Zeit der Erscheinung, die Länge des Ortes. Ist die Länge bekannt und handelt es sich nur um eine Chronometercontrole, so wird die Chronometerzeit mit der Greenwicher Zeit verglichen und so der Stand der Uhr gegen mittlere Greenwicher Zeit erhalten.

Für solche Beobachtungen eignen sich die gewöhnlichen Bordfernröhre nicht, da man mit denselben den Eintritt zu früh, den Austritt zu spät beobachten würde. Beim Trabanten III, dessen Ein- und Austritt man in der Regel binnen kurzer Zeit beobachten kann, verschwindet der Einfluss, den die geringere Stärke des Fernrohres ausübt. Zur bequemeren Ausführung der Beobachtung gibt die Efemeride an, wie sich das Verschwinden oder wieder Sichtbarwerden des Trabanten im Fernrohr darstellt.

Beispiel. Am 24. Mai 1873 wurde der Ein- und Austritt des Trabanten III zu folgenden Chronometerzeiten beobachtet. Es soll der Stand des Chronometers gegen mittlere Greenwicher Zeit ermittelt werden.

$$
\begin{aligned}
&\text{Chronometerzeit des Eintrittes} \ldots\ldots & 14^h\ 50^m\ 12\cdot4^s \\
&\quad\quad\text{"}\quad\quad\quad\text{" Austrittes}\ldots & 18^h\ 18^m\ 55\cdot8^s \\
\hline
&\quad\quad\quad\quad\quad\quad\text{Mittel} & 16^h\ 34^m\ 34\cdot1^s \\
&\text{Greenwicher Zeit des Eintrittes} \ldots\ldots & 19^h\ 27^m\ 13\cdot2^s \\
&\quad\quad\text{"}\quad\quad\quad\text{" Austrittes}\ldots\ldots & 22^h\ 55^m\ 50\cdot6^s \\
\hline
&\quad\quad\quad\quad\quad\quad\text{Mittel} & 21^h\ 11^m\ 31\cdot9^s \\
\hline
&\quad\quad\quad\quad\text{Stand} = + & 4^h\ 36^m\ 57\cdot8^s
\end{aligned}
$$

IX. Die Sumnerische Positionsbestimmung.

89. Vernachlässigt man in der Fehlergleichung des Stundenwinkels

$$ds = \frac{dz - dp \, \cos v + d\varphi \, \cos \omega}{\sin \omega \, \cos \varphi}$$

dz und dp als sehr kleine Grössen, so erübrigt:

$$ds = d\varphi \, \frac{cotg \, \omega}{\cos \varphi}$$

oder weil der Fehler im Stundenwinkel directe in die Länge übergeht:

$$\alpha) \quad d\lambda = d\varphi \, \frac{cotg \, \omega}{\cos \varphi}.$$

Diese Gleichung bedeutet nach den Sätzen der analytischen Geometrie die Gleichung einer geraden Linie, welche durch den Anfangspunkt eines rechtwinkligen Coordinatensystemes geht und mit der Abscissenlinie den Winkel, dessen trigonometrische Tangente $\frac{cotg \, \omega}{\cos \varphi}$ ist, bildet. Stellt man sich dieses Coordinatensystem durch das Gradnetz der mercatorischen Karte gegeben vor, so müssen darin die Meridiane als Abscissen, die Breitenparallele als Ordinaten angesehen werden. Setzt man $d\varphi = 0$, so ist $d\lambda = 0$; als Ursprung des Coordinatensystemes ist daher jener Punkt zu wählen, welcher dieser Bedingung entspricht. Nachdem der Fehler in der Länge vom erhaltenen Beobachtungsresultat aus gezählt wird, so ist jener Punkt der Ursprung des Coordinatensystemes, welcher der berechneten Länge und der zur Rechnung angenommenen Breite entspricht. Setzt man in Gleichung $\alpha)$ für $d\varphi$ beliebige Werthe nach einander ein, so erhält man ebenso viele verschiedene Werthe von $d\lambda$, alle Punkte jedoch, welche den verschiedenen Coordinaten $d\lambda$, $d\varphi - d\lambda'$, $d\varphi' - d\lambda'' d\varphi''$ etc. entsprechen, liegen immer in der Linie $d\lambda = d\varphi \, \frac{cotg \, \omega}{\cos \varphi}$, d. h. diese Linie, wie verschieden auch der Fehler in der angenommenen Breite beschaffen sei, ist immer der geometrische Ort aller möglichen und wahrscheinlichen Schiffspositionen zur Zeit der Beobachtung. Für $d\varphi = 1'$ ist $d\lambda = \frac{cotg \, \omega}{\cos \varphi} = a$ und wie bei der Littrow'schen Breitenbestimmung gezeigt wurde, ist $a = \frac{\frac{1}{4}(II + III + IV - I)}{V}$. Es sei O (Fig. 49) der mit der gegissten Breite und mit der berechneten Länge erhaltene Punkt und

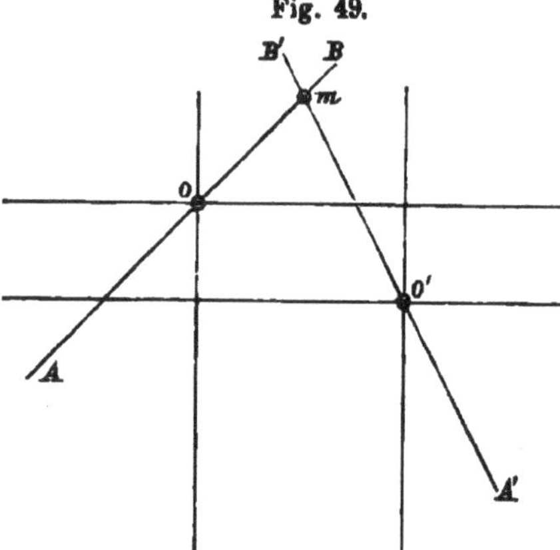

Fig. 49.

AB die Linie, welche mit dem Meridian den Winkel $arc\,tg\,a$ bildet. Nimmt man am selben Ort eine zweite Höhe und rechnet man die Länge mit einer anderen Breite, so erhält man einen anderen Coordinatenursprung, z. B. in O' und eine andere Linie $A'B'$, deren Gleichung

$$d\lambda = d\varphi\,\frac{cotg\,\omega'}{cos\,\varphi'}$$ ist. Soll aber der richtige Punkt sowohl in der AB als in der $A'B'$ liegen, so kann er nur im Durchschnitt dieser zwei Geraden, also in m sein.

Zur See, wo sich in der Zwischenzeit der Beobachtung die Position des Schiffes ändert, gestaltet sich die Sache etwas anders. Es sei die Linie I (Fig. 50) der geometrische Ort des richtigen

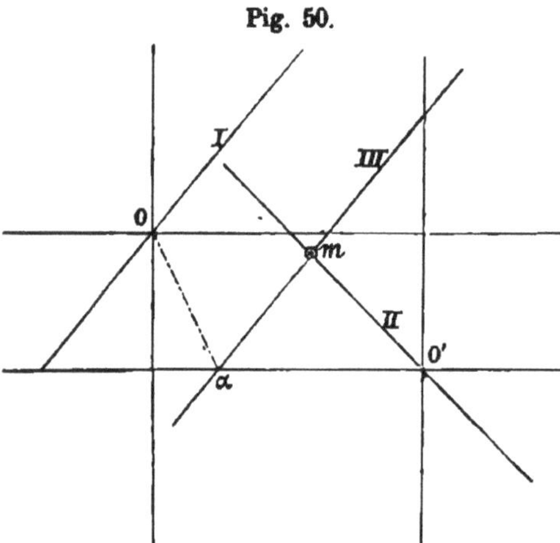

Fig. 50.

Punktes zur Zeit der ersten Beobachtung. Legt das Schiff bis zum Augenblick der zweiten Beobachtung einen gewissen Weg zurück, z. B. $O\alpha$, so müsste, von Loggfehler und Strömung abgesehen, eine durch α mit der Linie I gezogene Parallele der geometrische Ort der Schiffsposition im Augenblicke der zweiten Beobachtung sein. Wird aus der zweiten Beobachtung die Länge mit der gegissten Breite des Ankunftspunktes α berechnet, so erhält man eine andere Länge und einen anderen Ursprung, welcher jedoch im Breitenparallel des Punktes α, etwa in O' liegen wird. Bildet man auch bei der Berechnung des zweiten Stundenwinkels die Grösse a' und zieht man durch O' die Linie II derart, dass sie mit dem Meridian den Winkel *arc tg a'* bilde, so ist II der geometrische Ort der Schiffsposition im Augenblicke der zweiten Beobachtung. Da nun der richtige Punkt sowohl in der Linie II als auch in der Linie III liegt, so kann dies nur im Durchschnittspunkt *m* der beiden Geraden stattfinden; das Stück *a m* ist dann die Missgissung. Fährt man also im Bereiche einer Strömung und nimmt in gewissen Intervallen Höhen der Gestirne, so bekommt man ausser der wahren Position des Schiffes auch jedesmal die Richtung und Stärke des Stromes. Die Linie $d\lambda = d\varphi \dfrac{cotg\,\omega}{cos\,\varphi}$ pflegt man kurzweg die Sumner-Linie zu nennen.

Segelt man in der Nähe einer Küste parallel mit derselben oder gegen dieselbe, so kommen Fälle vor, in denen die Kenntniss der wahren Richtung und Distanz des Landes von grösster Wichtigkeit ist; so z. B. wenn die Küste bei Nacht nicht gesehen wird oder wenn das Peilen durch die grosse Distanz unmöglich ist. Es kann auch vorkommen, dass man Richtung und Distanz eines noch unsichtbaren Landes verlangt, weil letzteres im Laufe der Nacht sich bedeutend nähern könnte. Diese Aufgabe wird am genauesten durch eine einzige entsprechend ausgeführte Beobachtung gelöst. Ist *op'* (Fig. 51) das anzulaufende Land und *ab* die aus einer einzigen Beobachtung erhaltene Sumner-Linie, so wird, wenn diese

Fig. 51.

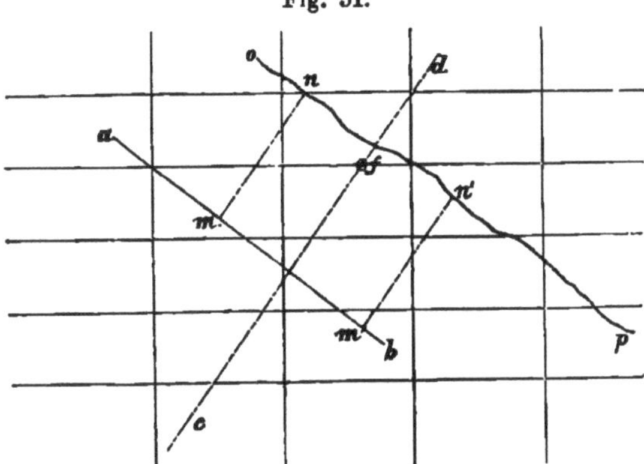

Linie parallel mit der Richtung der Küste lauft, für jede Lage des Schiffes in derselben die wahre Distanz des Landes nahezu *m n* sein. Man wird daher die Beobachtungszeit derart wählen, dass die Sumner-Linie parallel mit der Küste ausfalle. Liegt dem Seemann mehr daran die wahre Richtung des Landes zu wissen, so wird die Beobachtungszeit derart gewählt, dass die Sumner-Linie senkrecht auf die Richtung der Küste ausfalle, wie z. B. cd. Für alle möglichen Positionen des Schiffes ist dann die Richtung irgend eines Küstenpunktes f immer dieselbe.

90. Aus Gleichung $d\lambda = d\varphi \, \dfrac{cotg\,\omega}{cos\,\varphi}$ folgt, wenn man für $\dfrac{cotg\,\omega}{cos\,\varphi} = a = tg\,\alpha$ setzt:

$$\frac{d\lambda}{d\varphi} = a = tg\,\alpha = \frac{cotg\,\omega}{cos\,\varphi},$$

woraus:

$$cos\,\varphi = cotg\,\omega \, cotg\,\alpha.$$

Diese Gleichung sagt, dass φ, ω und α drei Elemente eines sfärischen rechtwinkligen Dreieckes sind, woselbst keines der drei Stücke eine Kathete und wo φ das Mittelstück zwischen ω und α ist. Zieht

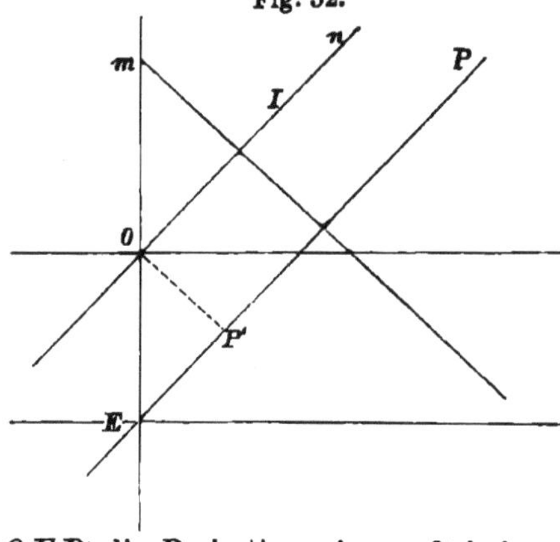

man durch O (Fig. 52) die Linie I $\left(d\lambda = d\varphi \, \dfrac{cotg\,\omega}{cos\,\varphi}\right)$, so ist $m\,O\,n = arc\,tg\,a = \alpha$. Wird nun durch irgend einen Punkt der I ein senkrechter grösster Kreis auf sie und durch den Durchschnittspunkt des Aequators mit dem Meridian des Ortes O, das Stück eines grössten Kreises $EP \parallel On$ und $OP' \perp EP$ gezogen, so ist das Dreieck OEP' die Projection eines sfärischen Dreiecks der Erdoberfläche und es ist: $OE = \varphi$, $\measuredangle\,OEP' = \alpha$. Man hat dann:

$$cos\,\varphi = cotg\,\alpha \, cotg\,EOP',$$

daher:

$$cotg\,EOP' = cos\,\varphi \, tg\,\alpha = cotg\,\omega$$

und somit:

$$\measuredangle\,EOP' = \omega.$$

Eine auf die Sumner-Linie senkrecht gezogene Gerade (in Mercators-Projection) bildet daher mit dem Meridian einen Winkel, welcher das Azimuth des Gestirnes ist, d. h. diese Senkrechte gibt die wahre Richtung des beobachteten Gestirnes an. Daher auch die Art und Weise der Wahl der Beobachtungszeit, wenn es sich um Richtung und Distanz einer Küste handelt. Soll die Sumner-Linie mit der Küste parallel laufen, so beobachtet man das Gestirn, wenn es senkrecht auf die Richtung liegt, in welcher die Küste läuft; soll die Sumner-Linie senkrecht auf die Richtung des Landes fallen, so beobachte man, wenn das Gestirn so gepeilt wird, wie die Küste läuft.

91. Der Durchschnittspunkt zweier Linien ist bekanntlich um so schärfer gegeben, je näher der von ihnen eingeschlossene Winkel an 90° ist. Sind die Tangenten der Winkel, welche die Linien I und II mit der Abscissenachse bilden, a und a', so ist die Gleichung des von ihnen eingeschlossenen Winkels $tg\,\beta = \dfrac{a - a'}{1 + a\,a'}$; β wird um so näher an 90° sein, je grösser $tg\,\beta$, d. h. je grösser $a - a'$ ist. Es ist aber:

$$a - a' = \frac{cotg\,\omega}{cos\,\varphi} - \frac{cotg\,\omega'}{cos\,\varphi'},$$

folglich:

$$a - a' = \frac{cotg\,\omega\,cos\,\varphi' - cotg\,\omega'\,cos\,\varphi}{cos\,\varphi\,.\,cos\,\varphi'}$$

und wenn man annimmt, dass nahezu $\varphi = \varphi'$ ist:

$$a - a' = \frac{cotg\,\omega - cotg\,\omega'}{cos\,\varphi}.$$

$a - a'$ wird daher um so grösser, je grösser der Unterschied der Azimuthe für die beiden Beobachtungen ist.

Beispiel. In der gegissten Breite 18° 12′ N wurde eine Höhe der Sonne gemessen und daraus der Stundenwinkel 61° 21′ 40″ und $a = -0.5$ gefunden. Hierauf segelte das Schiff N. 24° W. wahr 9·0 *sm.* und erreichte die gegisste Breite 18° 20′ 12″; in diesem Augenblicke wurde abermals die Höhe der Sonne beobachtet und daraus $s' = 6° 25′ 44″$, $a = -5.3$ gefunden. Die Greenwicher Zeit der ersten Beobachtung abgeleitet aus der Chronometerzeit war 16ʰ 20ᵐ 1·0ˢ, jene der zweiten Beobachtung 19ʰ 58ᵐ 6·0ˢ. Die Beobachtung wurde am 9. Februar 1873 ausgeführt. Es ist durch grafische Construction die richtige Länge und Breite des zweiten Beobachtungsortes und die Richtung und Stärke der Strömung zu bestimmen.

Vorerst ist die Länge der zwei Beobachtungsorte aus den Stundenwinkeln zu ermitteln:

$s = 61° 21′ 40″$	$s' = 6° 25′ 44″$
$= 4^h\ 5^m\ 26·67^s$	$= 0^h\ 25^m\ 42·93^s$

oder da beide Beobachtungen vor der Culmination stattfanden:

160

$$\begin{array}{ll}
\text{Wahre Zeit} = 19^h\ 54^m\ 33\cdot3^s\ \ldots\ldots\ldots 23^h\ 34^m\ 13\cdot07^s \\
\text{Zeitgleichung} \ldots\ldots + 14^m\ 28\cdot5^s \qquad\qquad + 14^m\ 28\cdot7^s \\
\text{Mittlere Zeit} \ldots\ldots 20^h\ 9^m\ 1\cdot8^s \qquad\qquad 23^h\ 48^m\ 41\cdot77^s \\
\text{Greenwicher Zeit}\ldots 16^h\ 20^m\ 1\cdot0^s \qquad\qquad 19^h\ 58^m\ 6\cdot0^s \\
\text{Länge}\ldots 3^h\ 49^m\ 0\cdot8^s \qquad\qquad 3^h\ 50^m\ 35\cdot77^s \\
\lambda = 57^0\ 15'\ 12'' \qquad\qquad \lambda' = 57^0\ 38'\ 56\cdot5''
\end{array}$$

$$a = -\,0\cdot5 \qquad\qquad a' = -\,5\cdot3$$
$$log\ a = log\,tg\ \alpha = 9\cdot69897 \quad log\ a' = log\,tg\ \alpha' = 0\cdot72428$$
$$\alpha = 26\cdot6^0 \qquad\qquad \alpha' = 79\cdot3^0.$$

Die zwei Sumner-Linien haben mit den Meridianen die Winkel von $26\cdot6^0$ und $79\cdot3^0$ zu bilden. Es handelt sich nun darum zu entscheiden ob diese Linien NO-SW oder NW-SO zu laufen haben. Um sich darüber in Kürze Klarheit zu verschaffen, halte man stets vor Augen, dass die Senkrechten auf diese Linien die Richtung angeben, in welcher sich das Gestirn zur Zeit der Beobachtung befand. Man trägt daher zuerst die beiläufige Peilung des Gestirnes auf und entscheidet dann mit Leichtigkeit über die Richtung der Sumner-Linie.

Der Vorgang bei der Durchführung der grafischen Construction auf der Karte ist folgender (Hiezu Fig. 53):

Man trage zuerst den Punkt m' auf, welcher der ersten Gissung $\varphi = 18^0\ 12'$ und der hiemit berechneten Länge $\lambda = 57^0\ 15'\ 12''$ entspricht, und ziehe von m aus die Curslinie $m\,n$, wobei $m\,n = 9\ sm$ ist. Durch n ziehe man die Linie III derart, dass sie mit dem Meridian den Winkel 27^0 bilde, und weil es eine Vormittagsbeobachtung der Sonne war, nordöstlich - südwestlich laufe. Durch den Punkt o, welcher der zweiten Gissung $\varphi = 12^0\ 20\cdot2'$ und der hiemit berechneten Länge $\lambda = 57^0\ 38'\ 56\cdot5''$ entspricht, ziehe man die Linie II so, dass sie ebenfalls nordöstlich-südwestlich laufe, und mit dem Meridian den Winkel von 79^0 bilde. Der Durchschnittspunkt der Linien II und III ergibt den richtigen Punkt p der zweiten Beobachtung, $n\,p$ repräsentirt dann die Richtung und Stärke des Stromes, respective die Missgissung.

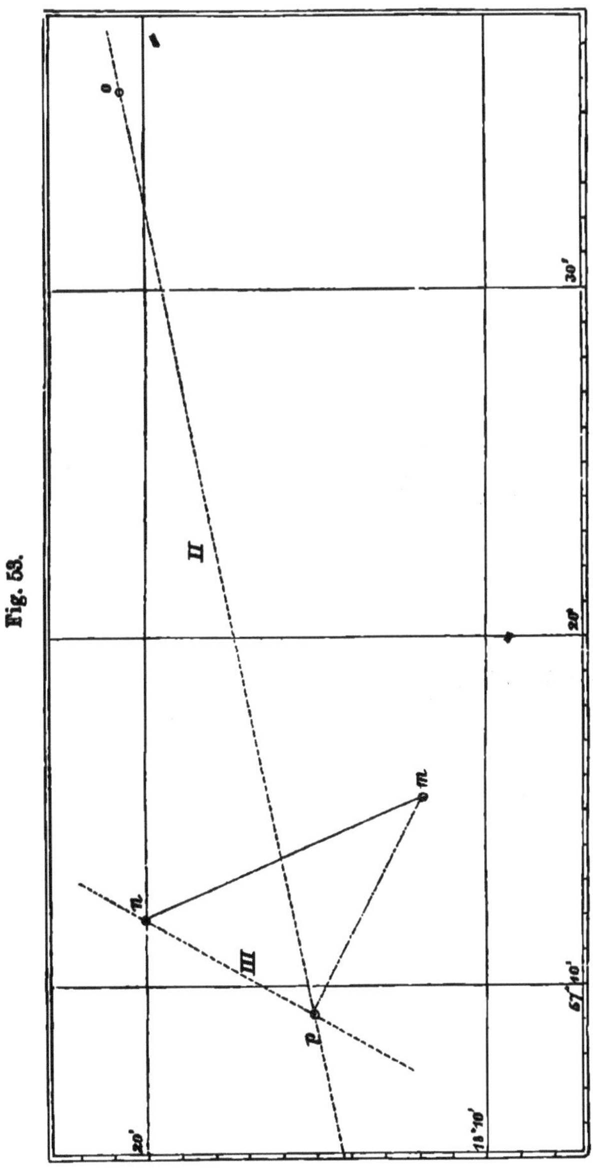

Fig. 58.
II
III
O
P
n
m
20'
30'
20°
10'
57°
18°10'
20'

X. Ueber die Bestimmung des Azimuthes der Gestirne und der localen Abweichung des Compasses in See.

A. Deviationsbestimmung durch Höhenmessung und Peilung der Gestirne.

92. Wird aus dem sfärischen Dreiecke zwischen Zenith, Pol und Gestirn das Azimuth nach einer der bekannten Formeln berechnet und gleichzeitig das Azimuth des Gestirnes mit dem Peilcompasse beobachtet, so ergibt jenes das wahre, dieses aber das von der Missweisung und von der localen Abweichung beeinflusste Azimuth. Werden beide Azimuthe vom gleichen Pol und im gleichen Sinne gezählt und von einander abgezogen, so ergibt die Differenz die Summe der Missweisung und Deviation.

Nimmt man aus einer Karte der Isogonen die Abweichung der Nadel für den gegebenen Ort und zieht man sie algebraisch von der früher erhaltenen Differenz ab, so erhält man die Deviation für den gesteuerten Curs. Ist Aw das wahre, Ak das Compassazimuth, so ist die Gesammtcorrection des letzteren:

$$\pm\, C = Aw - Ak.$$

Bedeutet μ die Missweisung, und δ die locale Abweichung, so hat man:

$$62)\quad \delta = C - \mu.$$

Wird mit dem Schiffe in See ein Kreis beschrieben, nach Thunlichkeit von zwei zu zwei Strichen, eine Sonnenhöhe beobachtet und gleichzeitig die Sonne mit dem Azimuthalcompasse gepeilt, so kann durch das bekannte Interpolationsverfahren eine ganze Deviationstabelle entworfen werden.

Beispiel. Am Vormittag des 19. Jänner 1873 wurde in $\varphi = 16^{\circ}\ 44'$ N., $\lambda = 69^{\circ}\ 19'$ O. um $2^{\mathrm{h}}\ 55^{\mathrm{m}}\ 22\cdot6^{\mathrm{s}}$ Chronometerzeit die Höhe des unteren Sonnenrandes $26^{\circ}\ 9'\ 46''$ beobachtet. Augeshöhe 7 Meter; Indexfehler O. Stand des Chronometers gegen Greenwich $+1^{\mathrm{h}}\ 7^{\mathrm{m}}\ 19\cdot9^{\mathrm{s}}$. Gleichzeitig wurde die Sonne S. $60^{\circ}\ 20'$ O. gepeilt. Welche ist die Deviation des Compasses für den während der Beobachtung eingehaltenen Curs.

$$
\begin{aligned}
\text{Chronometerzeit} \ .. \ & 2^{\mathrm{h}}\ 55^{\mathrm{m}}\ 22\cdot6^{\mathrm{s}}\\
\text{Stand gegen Greenwich} \ +\ & 1^{\mathrm{h}}\ \ 7^{\mathrm{m}}\ 19\cdot9^{\mathrm{s}}\\
\hline
\text{Mittlere Greenwicher Zeit} = \ & 4^{\mathrm{h}}\ \ 2^{\mathrm{m}}\ 42\cdot5^{\mathrm{s}}
\end{aligned}
$$

Damit findet man:

$$\delta = 20^0\ 26'\ S.$$

$$\text{Beobachtete Höhe}\ldots \odot\ 26^0\ 9'\ 46''$$
$$\text{Correction}\qquad +\quad 9'\ 45''$$
$$h = \quad 26^0\ 19'\ 40''$$
$$z = \quad 63^0\ 40'$$
$$p = 110^0\ 26'$$
$$\psi = \quad 73^0\ 16'$$
$$\Sigma = 123^0\ 41'$$
$$\Sigma - p = \quad 13^0\ 15'.$$

Aus $cos\ \tfrac{1}{2}\ \omega = \dfrac{sin\ \Sigma\ sin\ (\Sigma - p)}{.\ sin\ z\ sin\ \psi}$ findet man $\omega = 123^0\ 45'$, und
weil das Azimuth vom sichtbaren Pol aus gegen jene Seite gezählt
wird, an welcher sich das Gestirn bei der Beobachtung befand:

$$A\omega = N\ 123^0\ 45'\ 0.$$

Vom Südpunkt gezähltes wahres Azimuth.... $A\omega = S\quad 56^0\ 15'\ 0.$
Compass-Azimuth.... $Ak = S\quad 60^0\ 20'\ 0.$

$$C = +\quad 4^0\ 5'.$$

Aus einer Karte der Isogonen oder aus Tafeln
findet man für den gegebenen Schiffsort. $\mu = \pm\qquad 20'$
Deviation des gesteuerten Curses.. $\delta = +\quad 3^0\ 45'.$

93. Differencirt man die Gleichung

$$cos\ p = cos\ z\ cos\ \psi + sin\ z\ sin\ \psi\ cos\ \omega$$

nach allen darin vorkommenden Grössen, und bestimmt man $d\omega$,
so ist:

$$63)\ d\omega = \frac{dp - dz\ sin\ v + d\varphi\ cos\ s}{sin\ s\ cos\ \varphi} = \frac{(dp - dz\ sin\ v + d\varphi\ cos\ s)\ sin\ p}{sin\ \omega\ sin\ z\ cos\ \varphi}$$

$d\omega$ wird umso geringer, d. h. die Genauigkeit des berechneten Azimuthes um so grösser, je geringer die Breite, je kleiner die Höhe
und je näher das Azimuth an 90^0 ist; es folgt daraus, dass man
die Höhen möglichst nahe am ersten Vertical und am Horizont zu
beobachten hat. In hohen Breiten, wo die Bewegung der Gestirne
mit dem Horizonte fast parallel ist, wird $cos\ \varphi$ sehr gering, daher
$d\omega$ bedeutend werden kann; diese Methode ist demnach für hohe
Breiten nicht so vortheilhaft. Ist die Höhe des zu beobachtenden
Gestirnes zu gross, so wird das Peilen desselben schwer, mitunter
ganz unmöglich.

94. Einfacher ist die Bestimmung der Gesammtcorrection des
Compasses durch die Amplitude eines auf- oder untergehenden Ge-

stirnes. Wird die Amplitude gerechnet und das Gestirn im richtigen Augenblicke gepeilt (siehe Nr. 36), so gibt der Unterschied der berechneten und der beobachteten Amplitude die am gesteuerten Compasscurs anzubringende Gesammtcorrection. Die wahre Amplitude kann für Gestirne, deren Declination nicht mehr als $23^{1}/_{2}^{0}$ beträgt, auch den nautischen Tafeln für die k. k. Kriegsmarine entnommen werden.

Beispiel. Den 30. März 1873 wurde in $\varphi = 40^0\ 28'$ S. $\lambda = 4^0\ 8'$ W. um beiläufig $5^h\ 47^m$ mittlere Zeit durch Peilung der Sonne beim scheinbaren Untergange das magnetische Azimuth N. $84 \cdot 7^0$ W. gefunden. Augeshöhe 7 Meter; es soll die Deviation für den gesteuerten Curs bestimmt werden.

$$\sin A = \frac{\sin \delta}{\cos \varphi}$$

Beiläufige mittlere Zeit ...$5^h\ 47^m$		$\log \sin \delta = 8 \cdot 84897$
λ $\quad 4^h\ 8^m$ W.		$\log \cos \varphi = 9 \cdot 88126$
Greenwicher Zeit $\quad 9^h\ 55^m$		$\log \sin A = 8 \cdot 96771$
$\delta \odot = 4^0\ 3'$ N.		$A = 5^0 19'$ N.

Für die Correction wegen Kimmtiefe und Refraction hat man:

$$\xi = 33' + 4'\ 44'' = 2264''$$

$$C = \frac{\xi\ tg\ \varphi}{\cos A}$$

$$\log \xi = 3 \cdot 3549$$
$$\log tg\ \varphi = 9 \cdot 9310$$
$$\overline{\qquad\qquad \cdot 3 \cdot 2859}$$
$$\log \cos A = 9 \cdot 9981$$
$$\log C' = 3 \cdot 2878$$
$$C' = 1940''$$

Da φ und δ ungleichnamig sind, ist die Correction negativ, daher:

$$A' = A - C$$
$$A = 5^0\ 19'$$
$$\dot{A} = -\ 32 \cdot 3'$$
$$\overline{A' = 4^0\ 46 \cdot 7'}$$

Durch die Tafeln hätte man:

$$\text{Tafel XVII}\quad A = 5 \cdot 3^0$$
$$\text{Tafel XVIII}\quad C = -\ 0 \cdot 5$$
$$\overline{A' = 4 \cdot 8^0}$$

$$\text{Wahre Amplitude} = 4{\cdot}8^0 \text{ N.}$$
$$\text{Compass} \quad \eta \quad = 5{\cdot}3^0 \text{ N.}$$
$$\mu + \delta = -\ 0{\cdot}5^0$$
$$\mu = -\ 7{\cdot}6^0$$
$$\delta = +\ 7{\cdot}1^0$$

B. Deviationsbestimmung mit den Tafeln von Labrosse.

95. Wird bei verschiedenen Cursen die Sonne gepeilt und ist die wahre Ortszeit der Beobachtung bekannt, so kann man die Deviation mittels der Labrosse'schen Tafeln ermitteln.

Die Azimuthaltafeln von Labrosse geben bis auf ungefähr $^1/_4{}^0$ das vorausberechnete wahre Azimuth der Sonne, einer bestimmten wahren Zeit entsprechend, an. Eine besondere Tafel ist für jeden Breitengrad vom Aequator bis zu dem 61^0 nördlicher und südlicher Breite zusammengestellt. Alle diese Tafeln haben bis auf einige später anzuführende Ausnahmen die gleiche Einrichtung.

Die erste Verticalcolumne links ist mit Poldistanz betitelt und enthält von Grad zu Grad die Poldistanzen von 67^0 bis 113^0. Jede horizontale Linie enthält eine Reihe von wahren Sonnenzeiten, vom Sonnenaufgang bis zum Mittag. Die Ueberschrift der Columne, in welcher die gegebene wahre Zeit gefunden wird, ist dann das gesuchte Azimuth des Vormittages; wird die wahre Zeit um 12 Stunden vermehrt, so erhält man das Azimuth des Nachmittages. Wenn man also eine nachmittägige Beobachtung ausführt, so wird man die gegebene wahre Zeit von 12^h subtrahiren, und mit der so erhaltenen Zeit in die Tafeln gehen. Die Ueberschrift der Verticalcolumne gibt demnach die Reihenfolge der wahren Sonnenazimuthe vom Augenblicke des Sonnenaufganges bis zum Augenblick des Unterganges. Diese Azimuthe sind vom sichtbaren Pole gegen Ost oder gegen West zu zählen, je nachdem sich die Sonne bei der Beobachtung östlich oder westlich befand.

Mit Ausnahme der Tafeln der Breitenparallele von 0^0—5^0, in welchen die Azimuthe zwischen 66^0 und 114^0, beziehungsweise zwischen 66^0 und 90^0 von Grad zu Grad angeführt sind, enthalten die übrigen Tafeln die Azimuthe nur von 2 zu 2 Grad.

Nachdem die Tafeln von Breitengrad zu Breitengrad berechnet sind und auch nur ganze Grade der Poldistanzen enthalten, so wird man für die Minuten interpoliren müssen. Auch wird gewöhnlich.

die gegebene wahre Zeit in der Tafel nicht genau enthalten sein. Für diesen letzteren Fall gebraucht man die in den Labrosse'schen Tafeln enthaltene Supplementar-Tafel (Seite 153). Hat man die Tafel des entsprechenden Breitengrades aufgeschlagen, so sieht man in der Columne der Poldistanzen jene zwei Zeiten, zwischen welche die gegebene wahre Zeit fällt. Geht man in die Supplementar-Tafel mit den zwei Argumenten „Differenz der Zeiten, zwischen welche die gegebene fällt" und „Differenz der nächst vorhergehenden und der gegebenen Zeit" und zwar mit ersterem Argument in die obere horizontale, mit letzterem in die erste Verticalcolumne links ein, so erhält man die dem Azimuthe der vorhergehenden Zeit anzubringende Correction. Dieselbe wird bei vormittägigen Beobachtungen zum Azimuthe addirt, bei nachmittägigen von demselben subtrahirt. Wird das Azimuth für eine Breite von $0-5^0$ gesucht, und fällt es in jene Grenzen, für welche das Azimuth von Grad zu Grad enthalten ist, so ist die Correction der Supplementar-Tafel durch zwei zu dividiren.

Die für die Berechnung des wahren Azimuthes nöthige wahre Ortszeit wird mit hinreichender Genauigkeit erhalten, wenn man im Augenblick, als die Sonne durch den Merdian geht, die Uhr auf Mittag stellt, und an die Uhrzeit der Beobachtung die seit Mittag zurückgelegte und in Zeit verwandelte Länge anbringt.

Beispiel. Am Nachmittag des 2. Mai 1873 wurde in $\varphi = 4^0\ 31'$ S. $\lambda = 3^0\ 10'$ W. um $3^h\ 20^m$ wahrer Zeit die Sonne mittelst Azimuthal-Compass S. $43\cdot5^0$ W. gepeilt.

$$\begin{array}{lr} \text{Wahre Ortszeit der Beobachtung} & 3^h\ 20^m \\ \lambda & 0^h\ 12\cdot7^m \\ \hline \text{Wahre Greenwicher Zeit der Beobachtung} & 3^h\ 32\cdot7^m \\ \delta = & 15^0\ 32'\ \text{N.} \\ p = & 73^0\ 28', \end{array}$$

da die Beobachtung Nachmittags geschah: $12^h - 3^h\ 20^m = 8^h\ 40^m$ W. Zeit als Argument der Tabelle.

Nun findet man:

$$\underline{\text{für}\ \varphi = 4^0\ p = 73^0\ A\,\omega' = 72^0} \ldots\ \underline{\text{für}\ \varphi = 5^0\ p = 73^0\ A\,\omega = 72^0}$$

Supplementar-Tafel $\quad\quad - 0\cdot8^0$
$$A\,\omega = 71\cdot2^0$$

$$,\ p = 74^0\ A\,\omega' = 73^0 \ldots\ldots\ldots p = 74^0\ A\,\omega' = 74^0$$

Supplementar-Tafel $\quad - 0\cdot5^0 \quad\quad$ Supplementar-Tafel $\quad - 0\cdot8^0$
$$A\,\omega = 72\cdot5^0 \quad\quad\quad\quad\quad\quad A\,\omega = 73\cdot2^0$$

Hieraus:

$$\text{Für } \varphi = 4^0 \quad p = 73{\cdot}5^0 \quad A\omega = 71{\cdot}85^0$$
$$\text{„ } \varphi = 5^0 \quad p = 73{\cdot}5^0 \quad A\omega = 72{\cdot}6^0$$
$$\text{„ } \varphi = 4{\cdot}5^0 \; p = 73{\cdot}5^0 \quad A\omega = 72{\cdot}2^0$$

$$\text{Wahres Azimuth S. } 72{\cdot}2^0 \text{ W.}$$
$$\text{Compass „ S. } 43{\cdot}5^0 \text{ W.}$$
$$c = + \; 28{\cdot}7^0$$
$$\mu = - \; 22{\cdot}4$$
$$\delta = + \quad 6{\cdot}3^0$$

C. Bestimmung der Deviation durch Peilung des Polarsternes.

96. Durch eine sehr einfache Rechnung kann das wahre Azimuth des Polarsternes bis auf einige Minuten genau durch folgende von Struve angegebene Methode ermittelt werden.

Aus

$$cos\,p = cos\,z \; cos\,\psi + sin\,z \; sin\,\psi \; cos\,\omega$$

folgt, wenn man $cos\,z = cos\,p \; cos\,\psi + sin\,p \; sin\,\psi \; cos\,s$ einsetzt:

$$cos\,p \; sin\,\psi = cos\,\psi \; sin\,p \; cos\,s + sin\,z \; cos\,\omega$$

und durch Division mit $sin\,p$:

$$cotg\,p \; sin\,\psi = cos\,\psi \; cos\,s + \frac{sin\,z \; cos\,\omega}{sin\,p}$$

oder weil $\frac{sin\,z}{sin\,p} = \frac{sin\,s}{sin\,\omega}$ ist,

$$cotg\,p \; sin\,\psi = cos\,\psi \; cos\,s + sin\,s \; cotg\,\omega.$$

Wird $\varphi = 90 - \psi$ gesetzt und $cotg\,\omega$ bestimmt, so erhält man

$$cotg\,\omega = \frac{cotg\,p \; cos\,\varphi - sin\,\varphi \; cos\,s}{sin\,s}$$

oder:

$$tg\,\omega = \frac{sin\,s}{cotg\,p \; cos\,\varphi - sin\,\varphi \; cos\,s}.$$

Wird dieser Werth von $tg\,\omega$ durch Ausführung der Division in eine Reihe verwandelt, so hat man:

$\alpha)$ $\quad tg\,\omega = sin\,s \; sec\,\varphi \; tg\,p \; (1 + tg\,\varphi \; cos\,s \; tg\,p + tg^2\varphi \; cos^2 s \; tg^2 p),$

anderseits ist (Tangenten-Reihe):

und
$$tg\,\omega = \omega\,sin\,1' + \tfrac{1}{3}\,\omega^3 \; sin^3 1' + \dots$$
$$tg\,p = p \; sin\,1' + \tfrac{1}{3}\,p^3 \; sin^3 1' +$$

In der Reihe für $tg\,\omega$ und $tg\,p$ sind ω und p in Minuten ausgedrückt. In Anbetracht der Kleinheit der Poldistanz können die dritten und höheren Potenzen von p vernachlässigt, und daher $tg\, p = p\, sin\, 1'$ gesetzt werden. Man hat demnach aus Gleichung α), wenn man diese Substitutionen einführt und durch $sin\, 1'$ dividirt:

$$\beta)\quad \omega + \tfrac{1}{3}\omega^3\, sin^2\, 1' = \frac{p\, sin\, s}{cos\, \varphi}\, [1 + p\, tg\, \varphi\, sin\, 1'\, cos\, s + \\ + tg^2\, \varphi\, cos^2 s\, p^2\, sin^2\, 1' + \tfrac{1}{3}\, p^2\, sin^2\, 1'].$$

Kubirt man beide Theile der Gleichung, so können alle Glieder, mit Ausnahme des ersten, vernachlässigt werden und man hat:

$$\omega^3 = \frac{p^3\, sin^3 s}{cos^3\, \varphi}.$$

Setzt man diesen Werth von ω^3 in Gleichung β) ein, so erhält man:

$$\omega + \tfrac{1}{3}\, sin^2\, 1'\, \frac{p^3 sin^3 s}{cos^3\varphi} = \frac{p\, sin\, s}{cos\, \varphi}\, [1 + p\, tg\, \varphi\, sin\, 1'\, cos\, s + \\ + tg^2\, \varphi\, cos^2 s\, p^2\, sin^2\, 1' + \tfrac{1}{3}\, p^2\, sin^2\, 1']$$

und daraus:

$$\omega = \frac{p\, sin\, s}{cos\, \varphi}\left[1 + p\, tg\, \varphi\, sin\, 1'\, cos\, s + tg^2\, \varphi\, cos^2 s\, p^2\, sin^2\, 1' + \\ \tfrac{1}{3}\, p^2\, sin^2\, 1' - \tfrac{1}{3}\, sin^2\, 1'\, \frac{p^2 sin^2 s}{cos^2\, \varphi}\right]$$

oder:

$$\omega = \frac{p\, sin\, s}{cos\, \varphi}\left[1 + p\, tg\, \varphi\, sin\, 1'\, cos\, s + \tfrac{1}{3}\, p^2\, sin^2\, 1'\left(1 + 3\, tg^2\, \varphi\, cos^2 s \\ - \frac{sin^2 s}{cos^2\, \varphi}\right)\right]$$

Setzt man:

$$p\, sin\, s = P,$$

$$p\, sin\, s\left[p\, tg\, \varphi\, sin\, 1'\, cos\, s + \tfrac{1}{3}\, p^2 sin^2 1'\left(1 + 3\, tg^2\, \varphi\, cos^2 s - \\ - \frac{sin^2 s}{cos^2\, \varphi}\right)\right] = Q$$

so ist:

$$64)\quad \omega = \frac{P + Q}{cos\, \varphi}.$$

ω ist in Minuten ausgedrückt. Der Stundenwinkel s kann von der oberen Culmination nach beiden Seiten des Meridians hin gezählt werden.

Die Grössen P und Q wurden vorausberechnet, wodurch die Rechnung bedeutend vereinfacht wird. Die im Anhang angegebene Tafel VIII gibt mit dem Argumente s, P in Bogenminuten. Taf. IX gibt Q mit den Argumenten Breite und Stundenwinkel. Bei Berechnung der Tafeln wurde eine constante Poldistanz von 1^0 29' angenommen.

Für die logarithmische Berechnung von P hat man
$$log\ P = log\ p + log\ sin\ s$$
Bedeutet $\triangle$ den Unterschied der angenommenen und der wirklichen Poldistanz, so ist:
$$log\ P = log\ (p + \triangle) + log\ sin\ s$$
$$= log\ sin\ s + log\ p \left(1 + \frac{\triangle}{p}\right)$$
$$= log\ sin\ s + log\ p + log \left(1 + \frac{\triangle}{p}\right)$$

Verwandelt man $log \left(1 + \frac{\triangle}{p}\right)$ in eine Reihe und vernachlässigt man die Glieder der zweiten und höheren Ordnung, so ist:
$$log\ P = log\ sin\ s + log\ p + M\frac{\triangle}{p}.$$

Setzt man: $M\frac{\triangle}{p} = R$, so ist:
$$65)\ log\ \omega = log\ (P + Q) + log\ \frac{1}{cos\ \varphi} + R.$$

Die Grösse R findet man aus Taf. X des Anhanges.

Beispiel: Am 10. Februar 1873 wurde in $\varphi = 20^0$ 1', $\lambda = 2^0$ 36' O. um 14^h 13^m mittlere Ortszeit der Polarstern N. 4^0 O. gepeilt. $\mu = - 4.7^0$. Wie viel beträgt die Deviation.

Aus der mittleren Ortszeit findet man Sternzeit $= 11^h$ 37^m 25.9^s

$$\alpha = \quad 1^h\ 11^m\ 33.3^s$$
$$s = 10^h\ 25^m\ 52.6$$
$$\delta = 88^0\ 38'\ 11''N.$$
$$p = \quad 1^0\ 21'\ 49''$$

$log\ cos\ \varphi = 9.97294$ Taf. VIII des Anhangs $P = \quad 35.53$

$log\ \frac{1}{cos\ \varphi} = 0.02706$ 〃 IX 〃 〃 $Q = - 00.30$

$$P + Q = \quad 35.23$$

〃 X 〃 Anhangs $R = 0.0000.$

$log\ (P + Q) = 1.54691$ Wahres Azimuth..N. 0^0 37.5' O.

$log\ \frac{1}{cos\ \varphi} = 0.02706$ Peilung..N.4^0 O.

$R = 0.00000$ $C = + 3^0$ 22.5'

$log\ \omega = 1.57397$ $\mu = - 4^0$ 28.0'

$\omega = $ N. 0^0 37.5' Ost. $\delta = - 1.1^0.$

XI. Ebbe und Fluth. Berechnung der Zeit des Hochwassers.

97. Durch die Anziehungskraft des Mondes und der Sonne werden die Wassermassen der Erde, welche sich unter diesen Gestirnen befinden, angezogen und in Folge der leichten Beweglichkeit auch wirklich gehoben. Die Erscheinung des täglich zweimal regelmässigen Steigens der Wassermassen nennt man Fluth und das Fallen Ebbe.

Jedes der zwei Gestirne müsste täglich zwei Fluthen verursachen; denn befindet sich das Gestirn in A, so steigen nicht nur die Wassermassen bei B, sondern es erheben sich auch jene bei D. Bei der Lage A des Gestirnes werden die Theile B, weil sie näher liegen, stärker angezogen als jene bei C und letztere wieder stärker als jene bei D. Durch eine solche Wirkung wird die Anziehung des Mittelpunktes der Erde oder die Gravitationskraft geschwächt, das Gleichgewicht gestört, die Wassertheilchen bei D entfernen sich von C und es entsteht somit auch bei D

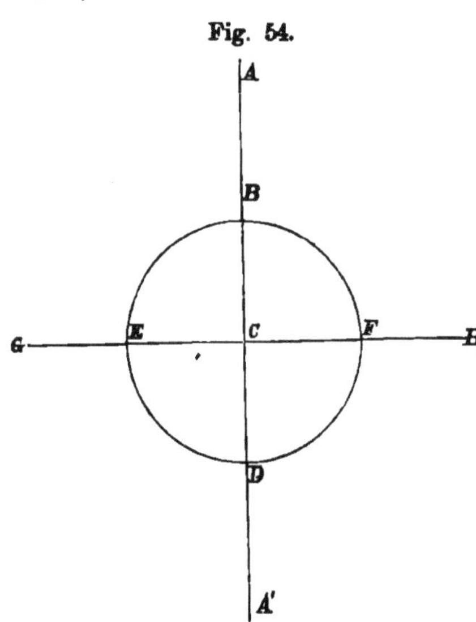

eine Fluth. Weil aber die Wassermasse dabei immer dieselbe bleibt, so muss von E und F gegen B und D ein Zufluss stattfinden, wodurch in E und F Ebbe entsteht.

Die Wirkung des Mondes auf die Gewässer der Erde ist wegen der grösseren Nähe viel stärker als jene der Sonne. Es folgen aus diesem Grunde die Fluthwellen hauptsächlich der täglichen Bewegung des Mondes um die Erde. Sind Sonne und Mond in Opposition, also in A und A' (Neu- und Vollmond), so verstärken sich ihre Wirkungen gegenseitig und es entstehen die sogenannten Springfluthen. Sind Sonne und Mond in Quadrantur wie z. B. bei *A* und *G* oder *A'* und *H* (erstes und letztes Viertel), so schwächen sich ihre Wirkungen und es entstehen die sogenannten Nippfluthen.

Den Gesetzen der Fluth entsprechend, findet die Erhebung der Wassermassen eines Ortes im Augenblicke der Mondesculmination statt. In Wirklichkeit jedoch tritt die Fluth erst einige Zeit nach der Mondesculmination ein. Diese Verspätung ist vorzüglich die Folge der vereinten Wirkungen der Trägheit des Wassers und der Localverhältnisse, anderseits auch der gegenseitigen Lage der Sonne und des Mondes.

Die gegenseitige Lage der Sonne und des Mondes kann sowohl die Ursache eines früheren oder eines späteren Eintrittes der Fluth sein. Zur Erklärung dieser Erscheinung diene die nebenstehende Figur, wo *S* die Sonne, *E* die Erde, *m*, *n* etc. die verschiedenen Stellungen des Mondes bedeuten. Zur Zeit des Neu- und Vollmondes, zu welchem sich also die Sonne in *S*, der Mond in *M* oder *G* befindet, erscheinen die durch beide Gestirne verursachten Fluthen gleichzeitig.

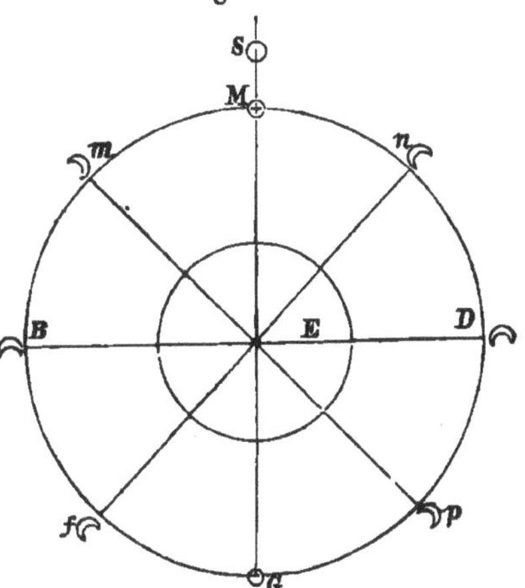

Fig. 55.

Denkt man sich den Mond in *m*, zwischen *M* und *B*, und die Sonne in *S*, so muss sich die höchste Spitze der Fluthwelle im Meridian zwischen *M* und *m* und zwar näher am Mond, also näher an *m* befinden. Wegen der Achsendrehung der Erde von West gegen Ost bewegt sich der Mond scheinbar von *m* gegen *M* und da die Spitze der Fluthwelle zwischen *m* und *M* ist, wird letztere den Meridian früher passiren als der Mond, d. h. die Fluth sollte vor der Culmination eintreten.

Befindet sich der Mond in *B* oder *D*, so schwächen sich die Wirkungen der beiden Gestirne gegenseitig, es findet jedoch keine Verspätung statt.

Nimmt endlich der Mond die Lage *f* ein, so befindet sich die Fluthwelle zwischen *f* und *G* und der Mond passirt den Meridian vor der Fluthwelle oder die Fluth stellt sich erst nach der Culmination des Mondes ein.

Grossen Einfluss auf die Zeit des Hochwassers haben die Trägheit der Massen und locale Verhältnisse. Ersterer Einfluss ist der überwiegendste von Allen, weshalb die Fluth immer nach der Culmination des Mondes eintritt.

Die Zeit, um welche die Fluth an den Neu- und Vollmond-Tagen nach der Culmination des Mondes eintritt, nennt man die Hafenzeit eines bestimmten Ortes, und die Verrückung der Hafenzeit in Folge der gegenseitigen Lage der beiden Gestirne die halbmonatliche Ungleichheit.

Die Hafenzeit wird durch längere Beobachtungen an den Fluthmessern ermittelt. Man findet sie in eigenen Verzeichnissen und auf den meisten Seekarten angegeben. Die halbmonatliche Ungleichheit erhält man aus Taf. XXI der Efemeride mit dem Argumente „Zeit der Mondesculmination“. Diese Tafel ist zwar für die englische Küste berechnet, wird jedoch in Ermanglung anderer Tabellen für alle Gewässer gebraucht. Für das Adriatische und Mittelmeer wird man genauer vorgehen, wenn man die halbmonatliche Ungleichheit, welche für Pola berechnet wurde, anwendet. (Taf. XI des Anhanges.)

98. Zur Berechnung der Zeit des hohen Wassers wird an die Culminationszeit des Mondes die Hafenzeit und die halbmonatliche Ungleichheit angebracht. Die gefundene Zeit ist vom Mittag des gegebenen Tages an zu zählen und fällt daher auf den nächsten bürgerlichen Tag, wenn sie grösser als 12 oder 24 Stunden ist. Soll aber die Zeit des Hochwassers für den gegebenen und nicht, wie die Rechnung ergibt, für den nächstfolgenden Tag gesucht werden, so muss $12^h + \frac{1}{2} V$, respective $24 + V$ von der gefundenen Zeit abgezogen werden. Genauer ist es, wenn man die Rechnung vom vorhergehenden Tag ausgehend, wiederholt.

Beispiel. Wann findet in Bilbao am 10. Mai 1873 die Fluth statt? $\lambda = 2^0\ 54'$ W. Hafenzeit $3^h\ 15^m$.

$$T = 10^h\ 47 \cdot 2^m$$

$$\frac{VL}{24} = +\quad 0 \cdot 3^m$$

$$\text{Culmination } \mathbb{C} \ldots = 10^h\ 47 \cdot 5^m$$

$$\text{Hafenzeit} \ldots = 3^h\ 15^m$$

$$\text{Taf. XXI Efemeride} = +\ 16 \cdot 0^m$$

$$\text{Fluthzeit} \ldots = 14^h\ 18 \cdot 5^m \text{ oder am 11. } 2^h \text{ a. m.}$$

Anhang.

Taf. I.

Unterschied der geografischen und geocentrischen Breite.

φ	$\varphi - \varphi'$	φ	$\varphi - \varphi'$	φ	$\varphi - \varphi'$
0°	0′ 0″	30°	9′ 57″	60°	9′ 59″
1	0′ 24″	31	10′ 9″	61	9′ 47″
2	0′ 48″	32	10′ 20″	62	9′ 34″
3	1′ 12″	33	10′ 30″	63	9′ 20″
4	1′ 36″	34	10′ 40″	64	9′ 5″
5	2′ 0″	35	10′ 48″	65	8′ 50″
6	2′ 23″	36	10′ 56″	66	8′ 34″
7	2′ 47″	37	11′ 3″	67	8′ 18″
8	3′ 10″	38	11′ 10″	68	8′ 1″
9	3′ 33″	39	11′ 15″	69	7′ 43″
10	3′ 55″	40	11′ 20″	70	7′ 25″
11	4′ 18″	41	11′ 24″	71	7′ 6″
12	4′ 40″	42	11′ 27″	72	6′ 47″
13	5′ 2″	43	11′ 29″	73	6′ 27″
14	5′ 23″	44	11′ 30″	74	6′ 7″
15	5′ 44″	45	11′ 31″	75	5′ 46″
16	6′ 5″	46	11′ 30″	76	5′ 25″
17	6′ 25″	47	11′ 29″	77	5′ 4″
18	6′ 45″	48	11′ 27″	78	4′ 42″
19	7′ 4″	49	11′ 24″	79	4′ 20″
20	7′ 23″	50	11′ 21″	80	3′ 57″
21	7′ 41″	51	11′ 16″	81	3′ 34″
22	7′ 59″	52	11′ 11″	82	3′ 11″
23	8′ 16″	53	11′ 5″	83	2′ 48″
24	8′ 32″	54	10′ 58″	84	2′ 24″
25	8′ 48″	55	10′ 50″	85	2′ 0″
26	9′ 3″	56	10′ 41″	86	1′ 36″
27	9′ 18″	57	10′ 32″	87	1′ 12″
28	9′ 32″	58	10′ 22″	88	0′ 48″
29	9′ 45″	59	10′ 11″	89	0′ 24″
30	9′ 57″	60	9′ 59″	90	0′ 0″

Taf. II.
Scheinbare Kimmtiefe.

Distanz der Standlinie in Seemeilen	Augeshöhe in Metern					
	1·57	3·14	4·71	6·28	7·85	9·42
0·25	12′	23′	35′	47′	58′	70′
0·50	6	12	18	24	29	35
0·75	4	8	12	16	20	24
1·00	3	6	9	12	15	18
1·25	3	5	8	10	12	15
1·50	3	5	6	8	10	12
1·75	2	4	6	7	9	11
2·00	2	4	5	7	8	10
2·50	2	3	5	6	7	8
3·00	2	3	4	5	6	7
3·50	2	3	4	5	6	6
4·00	2	3	4	5	5	6
5·00	2	3	4	4	5	6

Taf. III.
Chronometer-Journal.

Datum in Greenwich 187	Uhrzeit	Stand gegen Regel. Chron. (R. C.)	Täglicher Gang			Mittlere Temperatur Celsius	Absolute Stand- und Gangbestimmungen Anmerkungen
			gegen		Seit wann		
			R. C.	Mittl. Zeit			

Taf. IV.

Zur Reduction der grössten Höhe auf den Meridian nach Preuss.

$\dfrac{\triangle s}{s}$	Unterschied der Höhen $\triangle h$.													
	1′	2′	3′	4′	5′	6′	7′	8′	9′	10′	15′	20′	25′	30′
0·10	4·8′	9·5′	14·3′	19·0′	23·8′	28·6′	33·3′	38·1′	42·8′	47·6′	71·4′	95·2′	119·0′	142·9′
0·11	4·4	8·8	13·2	17·5	21·9	26·3	30·7	35·1	39·5	43·9	65·8	87·7	109·6	131·6
0·12	3·9	7·9	11·8	15·7	19·7	23·6	27·5	31·4	35·4	39·3	59·0	78·6	98·3	117·9
0·13	3·6	7·2	10·8	14·4	18·1	21·7	25·3	28·9	32·5	36·1	54·2	72·2	90·3	108·3
0·14	3·3	6·7	10·0	13·4	16·7	20·0	23·4	26·7	30·0	33·4	50·1	66·8	83·5	100·1
0·15	3·1	6·2	9·3	12·4	15·5	18·6	21·7	24·8	27·9	31·0	46·5	62·0	77·5	93·0
0·16	2·9	5·8	8·7	11·6	14·5	17·4	20·3	23·2	26·0	28·9	43·4	57·9	72·4	86·8
0·17	2·7	5·4	8·1	10·8	13·6	16·3	19·0	21·7	24·4	27·1	40·7	54·2	67·8	81·3
0·18	2·5	5·1	7·6	10·2	12·7	15·3	17·8	20·4	22·9	25·5	38·2	51·0	63·7	76·4
0·19	2·4	4·8	7·2	9·6	12·0	14·4	16·8	19·2	21·6	24·0	36·0	48·1	60·1	72·1
0·20	2·3	4·6	6·8	9·1	11·4	13·6	15·9	18·2	20·5	22·7	34·1	45·5	56·9	68·2
0·25	1·8	3·6	5·3	7·1	8·9	10·7	12·4	14·2	16·0	17·8	26·7	35·6	44·5	53·3
0·30	1·5	2·9	4·4	5·8	7·3	8·7	10·2	11·6	13·1	14·5	21·8	29·0	36·3	43·5
0·40	1·0	2·1	3·1	4·2	5·2	6·3	7·3	8·3	9·4	10·4	15·6	20·8	26·0	31·3
0·50	0·8	1·6	2·4	3·2	4·0	4·8	5·6	6·4	7·2	8·0	12·0	16·0	20·0	24·0
0·6	0·6	1·3	1·9	2·6	3·2	3·8	4·5	5·1	5·8	6·4	9·6	12·8	16·0	19·2
0·7	0·5	1·1	1·6	2·1	2·6	3·2	3·7	4·2	4·8	5·3	7·9	10·6	13·2	15·9
0·8	0·4	0·9	1·3	1·8	2·2	2·7	3·1	3·6	4·0	4·5	6·7	8·9	11·2	13·4
0·9	0·4	0·8	1·2	1·5	1·9	2·3	2·7	3·1	3·4	3·8	5·7	7·7	9·6	11.5
1·0	0·3	0·7	1·0	1·3	1·7	2·0	2·3	2·7	3·0	3·3	5·0	6·7	8·3	10·0
1·1	0·3	0·6	0·9	1·2	1·5	1·8	2·1	2·3	2·6	2·9	4·4	5·9	7·3	8·8
1·2	0·3	0·5	0·8	1·0	1·3	1·6	1·8	2·1	2·3	2·6	3·9	5·2	6·5	7·8
1.3	0·2	0·5	0·7	0·9	1·2	1·4	1·6	1·9	2·1	2·3	3·5	4·7	5·8	7·0
1·4	0·2	0·4	0·6	0·8	1·1	1·3	1·5	1·7	1·9	2·1	3·2	4·2	5·3	6·3
1·5	0·2	0·4	0·6	0·8	1·0	1·1	1·3	1·5	1·7	1·9	2·9	3·8	4·8	5·7
1·6	0·2	0·4	0·5	0·7	0·9	1·0	1·2	1·4	1·6	1·7	2·6	3·5	4·4	5·2
1·7	0·2	0·3	0·5	0·6	0·8	1·0	1·1	1·3	1·4	1·6	2·4	3·2	4·0	4·8
1·8	0·1	0·3	0·4	0·6	0·7	0·9	1·0	1·2	1·3	1·5	2·2	2·9	3·7	4·4
1·9	0·1	0·3	0·4	0·5	0·7	0·8	0·9	1·1	1·2	1·4	2·0	2·7	3·4	4·1
2·0	0·1	0·3	0·4	0·5	0·6	0·8	0·9	1·0	1·1	1·3	1·9	2·5	3·1	3·8
3·0	0·1	0·1	0·2	0·3	0·3	0·4	0·5	0·5	0·6	0·7	1·0	1·3	1·7	2·0
4·0		0·1	0·1	0·2	0·2	0·3	0·3	0·3	0·4	0·4	0·6	0·8	1·0	1·3
5·0		0·1	0·1	0·1	0·1	0·2	0·2	0·2	0·3	0·3	0·4	0·6	0·7	0·9
6·0		··	0·1	0·1	0·1	0·1	0·1	0·2	0·2	0·2	0·3	0·4	0·5	0·6
7·0	··			0·1	0·1	0·1	0·1	0·1	0·1	0·2	0·2	0·3	0·4	0·5

Taf. V.
Quadrate der Minuten des Stundenwinkels.

Secunden		Minuten des Stundenwinkels.														
	0'	1'	2'	3'	4'	5'	6'	7'	8'	9'	10'	11'	12'	13'	14'	15'
0"	0·0	1·0	4·0	9·0	16·0	25·0	36·0	49·0	64·0	81·0	100·0	121·0	144·0	169·0	196·0	225·0
2	0·0	1·1	4·1	9·2	16·2	25·3	36·4	49·5	64·5	81·6	100·7	121·7	144·8	169·9	196·9	226·0
4	0·0	1·1	4·3	9·4	16·5	25·7	36·8	49·9	65·1	82·2	101·3	122·5	145·6	170·7	197·9	227·0
6	0·0	1·2	4·4	9·6	16·8	26·0	37·2	50·4	65·6	82·8	102·0	123·2	146·4	171·6	198·8	228·0
8	0·0	1·3	4·6	9·8	17·1	26·3	37·6	50·9	66·1	83·4	102·7	124·0	147·2	172·5	199·7	229·0
10	0·0	1·4	4·7	10·0	17·4	27·0	38·0	51·4	66·7	84·0	103·4	124·7	148·0	173·3	200·7	230·0
12	0·0	1·4	4·8	10·2	17·6	26·7	38·4	51·8	67·2	84·6	104·0	125·4	148·8	174·2	201·6	231·0
14	0·0	1·5	5·0	10·4	17·9	27·4	38·8	52·3	67·8	85·3	104·7	126·2	149·7	175·1	202·5	232·0
16	0·1	1·6	5·1	10·7	18·2	27·7	39·3	52·8	68·3	85·9	105·4	126·9	150·5	175·9	203·5	233·0
18	0·1	1·7	5·3	10·9	18·5	28·1	39·7	53·3	68·9	86·5	106·1	127·7	151·3	176·8	204·5	234·1
20	0·1	1·8	5·4	11·1	18·8	28·4	40·1	53·8	69·4	87·1	106·8	128·4	152·1	177·7	205·4	235·1
22	0·1	1·9	5·6	11·3	19·1	28·8	40·5	54·3	70·0	87·7	107·5	129·2	152·9	178·7	206·4	236·1
24	0·2	2·0	5·8	11·6	19·4	29·2	41·0	54·8	70·6	88·4	108·2	130·0	153·8	179·6	207·4	237·2
26	0·2	2·1	5·9	11·8	19·7	29·5	41·4	55·3	71·1	89·0	108·9	130·7	154·6	180·5	208·3	238·2
28	0·2	2·2	6·1	12·0	19·9	29·9	41·8	55·8	71·7	89·6	109·6	131·5	155·4	181·4	209·3	239·2
30	0·3	2·3	6·3	12·3	20·3	30·3	42·3	56·3	72·3	90·3	110·3	132·2	156·2	182·3	210·3	240·3
32	0·3	2·4	6·4	12·5	20·5	30·6	42·7	56·7	72·8	90·9	111·0	133·0	157·1	183·2	211·2	241·3
34	0·3	2·5	6·6	12·7	20·8	31·0	43·1	57·3	73·4	91·5	111·7	133·8	157·9	184·1	212·2	242·3
36	0·4	2·6	6·8	13·0	21·2	31·4	43·6	57·8	74·0	92·2	112·4	134·6	158·8	185·0	213·2	243·4
38	0·4	2·7	6·9	13·2	21·5	31·7	44·0	58·3	74·5	92·8	113·1	135·3	159·6	185·9	214·1	244·4
40	0·4	2·8	7·1	13·4	21·8	32·1	44·4	58·8	75·1	93·4	113·8	136·1	160·4	186·8	215·1	245·4
42	0·5	2·9	7·3	13·7	22·1	32·5	44·9	59·3	75·7	94·1	114·5	136·9	161·3	187·7	216·1	246·5
44	0·5	3·0	7·5	13·9	22·4	32·9	45·3	59·8	76·3	94·7	115·2	137·7	162·1	188·6	217·0	247·5
46	0·6	3·1	7·7	14·2	22·7	33·3	45·8	60·3	76·8	95·4	115·9	138·5	163·0	189·5	218·0	248·5
48	0·6	3·2	7·8	14·4	23·0	33·6	46·2	60·8	77·4	96·0	116·6	139·2	163·8	190·4	219·0	249·6
50	0·7	3·4	8·0	14·7	23·4	34·0	46·7	61·4	78·0	96·7	117·4	140·0	164·7	191·3	220·0	250·6
52	0·8	3·5	8·2	15·0	23·7	34·4	47·2	61·9	78·6	97·4	118·1	140·8	165·6	192·3	221·0	251·7
54	0·8	3·6	8·4	15·2	24·0	34·8	47·6	62·4	79·2	98·0	118·8	141·6	166·4	193·2	222·0	252·8
56	0·9	3·7	8·6	15·5	24·3	35·2	48·1	62·9	79·8	98·7	119·5	142·4	167·3	194·1	223·0	253·8
58	0.9	3·9	8·8	15·7	24·7	35·6	48·5	63·5	80·4	99·3	120·3	143·2	168·1	195·1	224·0	254·9

Taf. VI.
Höhenänderung in der nächsten Minute vom Meridian.

Breite	Declination, gleichnamig mit der Breite												
	0°	1°	2°	3°	4°	5°	6°	7°	8°	9°	10°	11°	12°
	"	"	"	"	"	"	"	"	"	"	"	"	"
0°			56·23	37·46	28·08	22·44	18·68	15·99	13·97	12·40	11·14	10·10	9·24
1	..			56·17	37·42	28·08	22·40	18·64	15·95	13·93	12·36	11·10	10·07
2	56·23	..			56·09	37·35	27·98	22·35	18·59	15·90	13·88	12·31	11·05
3	37·46	56·17	..			55·97	37·26	27·90	22·28	18·53	15·84	13·83	12·26
4	28·08	37·42	56·09	..			55·82	37·15	27·80	22·20	18·45	15·77	13·77
5	22·44	28·03	37·35	55·97	..			55·63	37·01	27·69	22·10	18·37	15·70
6	18·68	22·40	27·98	37·26	55·82	..			55·41	36·85	27·57	21·99	18·27
7	15·99	18·64	22·35	27·90	37·15	55·63	..			55·15	36·67	27·42	21·87
8	13·97	15·95	18·59	22·28	27·80	37·01	55·41	..			54·87	36·47	27·26
9	12·40	13·93	15·90	18·53	22·20	27·69	36·85	55·15	..			54·55	36·24
10	11·14	12·36	13·88	15·84	18·45	22·10	27·57	36·67	54·87	..			54·19
11	10·10	11·10	12·31	13·83	15·77	18·37	21·99	27·42	36·47	54·55	..		
12	9·24	10·07	11·05	12·26	13·77	15·70	18·27	21·87	27·26	36·24	54·19	..	
13	8·50	9·20	10·02	11·00	12·20	13·69	15·61	18·17	21·74	27·08	36·00	53·81	..
14	7·88	8·47	9·16	9·97	10·94	12·13	13·61	15·52	18·05	21·59	26·90	35·73	53·40
15	7·33	7·84	8·43	9·11	9·92	10·88	12·06	13·53	15·41	17·92	21·43	26·69	35·45
16	6·85	7·29	7·80	8·38	9·06	9·85	10·81	11·98	13·43	15·29	17·78	21·26	26·48
17	6·42	6·81	7·25	7·75	8·33	9·00	9·79	10·73	11·89	13·32	15·17	17·63	21·07
18	6·04	6·39	6·77	7·21	7·70	8·27	8·93	9·71	10·65	11·79	13·21	15·04	17·47
19	5·70	6·01	6·35	6·73	7·16	7·64	8·21	8·86	9·63	10·56	11·69	13·09	14·90
20	5·39	5·67	5·97	6·30	6·68	7·10	7·59	8·14	8·79	9·55	10·46	11·58	12·97
21	5·12	5·36	5·63	5·92	6·25	6·63	7·04	7·52	8·07	8·71	9·46	10·36	11·46
22	4·86	5·08	5·32	5·58	5·88	6·20	6·57	6·98	7·45	7·99	8·62	9·37	10·25
23	4·68	4·82	5·04	5·28	5·54	5·83	6·15	6·51	6·92	7·38	7·91	8·58	9·27
24	4·41	4·59	4·79	5·00	5·23	5·49	5·77	6·09	6·44	6·85	7·30	7·83	8·44
26	4·03	4·18	4·34	4·51	4·70	4·91	5·13	5·38	5·66	5·96	6·31	6·69	7·14
28	3·69	3·82	3·95	4·10	4·25	4·42	4·60	4·80	5·02	5·26	5·53	5·82	6·15
30	3·40	3·51	3·62	3·74	3·87	4·01	4·16	4·32	4·50	4·69	4·90	5·13	5·38
32	3·14	3·28	3·33	3·43	3·54	3·65	3·78	3·91	4·05	4·21	4·38	4·56	4·76
34	2·91	2·99	3·07	3·16	3·25	3·34	3·45	3·56	3·68	3·80	3·94	4·09	4·25
36	2·70	2·77	2·84	2·91	2·99	3·07	3·16	3·25	3·35	3·46	3·57	3·69	3·82
38	2·51	2·57	2·63	2·69	2·76	2·83	2·90	2·98	3·06	3·15	3·25	3·35	3·45
40	2·34	2·39	2·44	2·50	2·55	2·61	2·68	2·74	2·81	2·88	2·96	3·05	3·13
42	2·18	2·22	2·27	2·32	2·36	2·42	2·47	2·52	2·58	2·65	2·71	2·78	2·85
44	2·03	2·07	2·11	2·15	2·19	2·24	2·28	2·33	2·38	2·43	2·49	2·54	2·61
46	1·90	1·93	1·96	2·00	2·02	2·08	2·11	2·15	2·19	2·24	2·29	2·33	2·39
50	1·65	1·67	1·70	1·72	1·75	1·78	1·81	1·84	1·87	1·90	1·93	1·97	2·01
55	1·37	1·39	1·41	1·42	1·44	1·46	1·48	1·50	1.52	1·54	1·57	1·59	1·62
60	1·13	1·15	1·16	1·17	1·18	1·19	1·21	1·22	1·23	1·25	1·26	1·28	1·29
65	0·91	0·92	0·93	0·94	0·94	0·95	0·96	0·97	0·98	0·99	1·00	1·01	1·02
70	0·71	0·72	0·72	0·73	0·73	0·74	0·74	0·75	0·75	0·76	0·76	0·77	0·77
80	0·35	0·35	0·35	0·35	0·35	0·35	0·35	0·35	0·35	0·35	0·36	0·36	0·36

Taf. VI.

Höhenänderung in der nächsten Minute vom Meridian.

Breite	Declination, gleichnamig mit der Breite											
	13°	14°	15°	16°	17°	18°	19°	20°	21°	22°	23°	24°
0°	8·50	7·88	7·83	6·85	6·42	6·04	5·70	5·39	5·12	4·86	4·63	4·41
1	9·20	8·47	7·84	7·29	6·81	6·39	6·01	5·67	5·36	5·08	4·82	4·59
2	10·02	9·16	8·43	7·80	7·25	6·77	6·35	5·97	5·63	5·32	5·04	4·79
3	11·00	9·97	9·11	8·38	7·75	7·21	6·73	6·30	5·92	5·58	5·28	5·00
4	12·20	10·94	9·92	9·06	8·33	7·70	7·16	6·68	6·25	5·88	5·54	5·23
5	13·69	12·13	10·88	9·85	9·00	8·27	7·64	7·10	6·63	6·20	5·83	5·49
6	15·61	13·61	12·06	10·81	9·79	8·93	8·21	7·59	7·04	6·57	6·15	5·77
7	18·17	15·52	13·53	11·98	10·73	9·71	8·86	8·14	7·52	6·98	6·51	6·09
8	21·74	18·05	15·41	13·43	11·89	10·65	9·68	8·79	8·07	7·45	6·92	6·44
9	27·09	21·59	17·92	15·29	13·32	11·79	10·56	9·55	8·71	7·99	7·38	6·85
10	36·00	26·90	21·43	17·78	15·17	13·21	11·69	10·46	9·46	8·62	7·91	7·30
11	53·81	35·73	26·69	21·26	17·68	15·04	13·09	11·58	10·36	9·37	8·53	7·83
12		53·40	35·45	26·47	21·07	17·47	14·90	12·97	11·46	10·25	9·27	8·44
13			52·95	35·14	26·23	20·88	17·30	14·75	12·84	11·34	10·14	9·16
14	..			52·47	34·81	25·97	20·67	17·13	14·59	12·69	11·21	10·02
15	52·95				51·97	34·47	25·71	20·45	16·94	14·43	12·54	11·08
16	35·14	52·47	..			51·43	34·10	25·42	20·22	16·74	14·25	12·39
17	26·23	34·81	51·97	..			50·87	33·71	25·13	19·98	16·54	14·07
18	20·88	25·97	34·47	51·43	..			50·28	33·31	24·82	19·72	16·32
19	17·30	20·67	25·71	34·10	50·87	..			49·66	32·89	24·50	19·46
20	14·75	17·13	20·45	25·42	33·71	50·28	..			49·02	32·45	24·16
21	12·84	14·59	16·94	20·22	25·13	33·31	49·66	..			48·35	32·00
22	11·34	12·69	14·43	16·74	19·98	24·82	32·89	49·02	..			47·65
23	10·14	11·21	12·54	14·25	16·54	19·72	24·50	32·45	48·35	..		
24	9·16	10·02	11·08	12·39	14·07	16·32	19·46	24·16	32·00	47·65	..	..
26	7·64	8·24	8·93	9·77	10·79	12·06	13·69	15·86	18·90	23·45	31·04	46·19
28	6·53	6·95	7·44	8·02	8·69	9·50	10·48	11·70	13·28	15·38	18·31	22·70
30	5·67	5·99	6·35	6·76	7·23	7·78	8·43	9·20	10·15	11·33	12·84	13·86
32	4·98	5·23	5·50	5·81	6·15	6·55	7·00	7·53	8·15	8·89	9·80	10·93
34	4·43	4·62	4·83	5·06	5·32	5·62	5·95	6·32	6·76	7·26	7·85	8·56
36	3·96	4·12	4·28	4·46	4·67	4·89	5·14	5·42	5·78	6·09	6·50	6·98
38	3·57	3·69	3·83	3·97	4·13	4·30	4·49	4·71	4·94	5·20	5·50	5·84
40	3·23	3·33	3·44	3·56	3·68	3·82	3·97	4·13	4·31	4·51	4·74	4·99
42	2·93	3·02	3·10	3·20	3·30	3·41	3·53	3·66	3·80	3·96	4·13	4·31
44	2·67	2·74	2·81	2·89	2·98	3·06	3·16	3·26	3·37	3·50	3·63	3·77
46	2·44	2·50	2·56	2·62	2·69	2·76	2·84	2·92	3·01	3·11	3·21	3·33
50	2·05	2·08	2·13	2·17	2·22	2·27	2·32	2·37	2·43	2·49	2·56	2·63
55	1·64	1·66	1·69	1·72	1·75	1·78	1·81	1·85	1·88	1·92	1·96	2·00
60	1·31	1·32	1·34	1·36	1·38	1·40	1·42	1·44	1·46	1·48	1·50	1·53
65	1·02	1·03	1·04	1·05	1·07	1·08	1·09	1·10	1·11	1·13	1·14	1·15
70	0·78	0·78	0·79	0·80	0·80	0·81	0·82	0·83	0·83	0·84	0·84	0·85
80	0·36	0·36	0·36	0·36	0·36	0·37	0·37	0·37	0·37	0·37	0·37	0·38

Taf. VII.

Höhenänderung in der nächsten Minute vom Meridian.

Breite	Declination, ungleichnamig mit der Breite												
	0°	1°	2°	3°	4°	5°	6°	7°	8°	9°	10°	11°	12°
0°		..	56·23	37·46	28·08	22·44	18·68	15·99	13·97	12·40	11·14	10·10	9·24
1	..	56·24	37·48	28·10	22·47	18·71	16·02	14·00	12·43	11·17	10·13	9·27	8·54
2	56·23	37·48	28·11	22·48	18·73	16·04	14·02	12·45	11·19	10·16	9·29	8·56	7·93
3	37·46	28·10	22·48	18·73	16·05	14·04	12·47	11·21	10·18	9·31	8·58	7·96	7·41
4	28·08	22·47	18·73	16·05	14·04	12·47	11·22	10·19	9·33	8·60	7·97	7·43	6·95
5	22·44	18·71	16·04	14·04	12·47	11·22	10·19	9·34	8·61	7·99	7·44	6·97	6·54
6	18·68	16·02	14·02	12·47	11·22	10·19	9·34	8·62	7·99	7·45	6·98	6·56	6·18
7	15·99	14·00	12·45	11·21	10·19	9·34	8·62	8·00	7·46	6·98	6·56	6·19	5·86
8	13·97	12·43	11·19	10·18	9·33	8·61	7·99	7·46	6·99	6·57	6·20	5·86	5·56
9	12·40	11·17	10·16	9·31	8·60	7·99	7·45	6·98	6·57	6·20	5·87	5·57	5·29
10	11·14	10·13	9·29	8·58	7·97	7·44	6.98	6·56	6·20	5·87	5·57	5·30	5·05
11	10·10	9·27	8·56	7·96	7·43	6·97	6·55	6·19	5·86	5·57	5·30	5·05	4·83
12	9·24	8·54	7·93	7·41	6·95	6·54	6·18	5·86	5·56	2·29	5·05	4·83	4·62
13	8·50	7·91	7·39	6·93	6·53	6·17	5·84	5·55	5·28	5·04	4·82	4·62	4·43
14	7·88	7·36	6·91	6·51	6·15	5·83	5·54	5·28	5·04	4·82	4·61	4·43	4·25
15	7·33	6·88	6·48	6·13	5·81	5·52	5·26	5·03	4·81	4·61	4·42	4·25	4·09
16	6·85	6·45	6·10	5·79	5·51	5·25	5·01	4·79	4·59	4·41	4·24	4·08	3·93
17	6·42	6·08	5·76	5·48	5·23	4·99	4·78	4·58	4·40	4·23	4·07	3·93	3·79
18	6·04	5·74	5·46	5·20	4·97	4·76	4·56	4·39	4·22	4·06	3·92	3·78	3·65
19	5·70	5·43	5·18	4·95	4·74	4·55	4·37	4·20	4·05	3·90	3·77	3·64	3·53
20	5·39	5·15	4·92	4·72	4·53	4·35	4·18	4·03	3·89	3·76	3·63	4·52	3·41
21	5·12	4·89	4·68	4·50	4·33	4·17	4·02	3·87	3·74	3·62	3·51	3·40	3·29
22	4·86	4·66	4·47	4·30	4·14	3·99	3·86	3·73	3·61	3·49	3·38	3·28	3·18
23	4·63	4·44	4·27	4·12	3·97	3·84	3·71	3·59	3·48	3·37	3·27	3·17	3·08
24	4·41	4·24	4·09	3·95	3·81	3·69	3·57	3·46	3·35	3·25	3·16	3·07	2·98
26	4·03	3·89	3·76	3·63	3·52	3·41	3·51	3·22	3·13	3·04	2·96	2·88	2·80
28	3·69	3·58	3·47	3·36	3·26	3·17	3·08	3·00	2·92	2·85	2·77	2·70	2·64
30	3·40	3·30	3·21	3·12	3·03	2·95	2·88	2·80	2·73	2·67	2·60	2·54	2·49
32	3·14	3·06	2·98	2·90	2·83	2·76	2·69	2·63	2·57	2·51	2·45	2·40	2·34
34	2·91	2·84	2·77	2·70	2·64	2·58	2·52	2·46	2·41	2·36	2·31	2·26	2·21
36	2·70	2·64	2·58	2·52	2·47	2·41	2·36	2·31	2·26	2·22	2·17	2·13	2·09
38	2·51	2·46	2·41	2·36	2·31	2·26	2·21	2·17	2·13	2·09	2·05	2·01	1·98
40	2·34	2·29	2·25	2·20	2·16	2·12	2·08	2·04	2·00	1·97	1·98	1·90	1·87
42	2·18	2·14	2·10	2·06	2·02	1·99	1·95	1·92	1·89	1·85	1·82	1·79	1·76
44	2·03	2·00	1·96	1·93	1·90	1·86	1·83	1·80	1·77	1·75	1·72	1·69	1·67
46	1·90	1·86	1·83	1·80	1·78	1·64	1·72	1·70	1·67	1·64	1·62	1·60	1·57
50	1·65	1·62	1·60	1·58	1·56	1·53	1·51	1·49	1·47	1·45	1·44	1·42	1·40
55	1·37	1·36	1·34	1·32	1·31	1·29	1·28	1·26	1·25	1·24	1·22	1·21	1·20
60	1·13	1·12	1·11	1·10	1 09	1·08	1·07	1·06	1·05	1·04	1·03	1·02	1·01
65	0·91	0·91	0·90	0·89	0·89	0·88	0·87	0·86	0·86	0·85	0·84	0·83	0·83
70	0·71	0·71	0·70	0·70	0·70	0·69	0·69	0·68	0·68	0·68	0·67	0·67	0·66
80	0·35	0·34	0·34	0·34	0·34	0·34	0·34	0·34	0·34	0·34	0·34		

Taf. VII.

Höhenänderung in der nächsten Minute vom Meridian.

Breite	Declination, ungleichnamig mit der Breite											
	13°	14°	15°	16°	17°	18°	19°	20°	21°	22°	23°	24°
0°	8·50	7·87	7·33	6·85	6·42	6·04	5·70	5·39	5·11	4·86	4·63	4·41
1	7·91	7·36	6·88	6·45	6·08	5·74	5·43	5·15	4·89	4·66	4·45	4·24
2	7·39	7·61	6·48	6·10	5·76	5·46	5·18	4·92	4·68	4·47	4·27	4·09
8	6·93	6·51	6·13	5·79	5·48	5·20	4·95	4·72	4·50	4·30	4·12	3·95
4	6·53	6·15	5·81	5·51	5·23	4·97	4·74	4·53	4·32	4·14	3·97	3·81
5	6·17	5·83	5·52	5·25	4·99	4·76	4·55	4·35	4·17	3·99	3·84	3·69
6	5·84	5·54	5·26	5·01	4·78	4·56	4·37	4·18	4·02	3·86	3·71	3·57
7	5·55	5·28	5·03	4·79	4·58	4·39	4·20	4·03	3·87	3·73	3·59	2·46
8	5·28	5·04	4·81	4·59	4·40	4·22	4·05	3·89	3·74	3·61	3·48	3·35
9	5·04	4·82	4·61	4·41	4·23	4·06	3·90	3·76	3·62	3·49	3·37	3·25
10	4·82	4·61	4·42	4·24	4·07	3·92	3·77	3·63	3·50	3·38	3·27	3·16
11	4·62	4·43	4·25	4·08	3·93	3·78	3·64	3·52	3·40	3·28	3·17	3·07
12	4·43	4·25	4·09	3·93	3·79	3·65	3·53	3·41	3·29	3·18	3·08	2·98
13	4·25	4·09	3·94	3·79	3·66	3·53	3·41	3·30	3·19	3·09	2·99	2·90
14	4·09	3·94	3·80	3·66	3·54	3·42	3·31	3·20	3·10	3·01	2·91	2·83
15	3·94	3·80	3·66	3·54	3·42	3·31	3·21	3·11	3·01	2·92	2·83	2·75
16	3·79	3·66	3·54	3·42	3·31	3·21	3·11	3·02	2·93	2·84	2·76	2·68
17	3·66	3·54	3·42	3·31	3·21	3·11	3·02	2·93	2·85	2·77	2·69	2·61
18	3·53	3·42	3·31	3·21	3·11	3·02	2·93	2·85	2·77	2·69	2·62	2·55
19	3·41	3·31	3·21	3·11	3·02	2·93	2·85	2·77	2·70	2·62	2·55	2·49
20	3·30	3·20	3·11	3·02	2·93	2·85	2·77	2·70	2·63	2·56	2·49	2·43
21	3·19	3·10	3·01	2·93	2·85	2·77	2·70	2·63	2·56	2·49	2·43	2·37
22	3·09	3·01	2·92	2·84	2·77	2·69	2·62	2·56	2·49	2·43	2·37	2·31
23	2·99	2·91	2·83	2·76	2·69	2·62	2·55	2·49	2·43	2·37	2·31	2·25
24	2·90	2·83	2·75	2·68	2·61	2·55	2·49	2·43	2·37	2·31	2·26	2·21
26	2·73	2·67	2·60	2·54	2·47	2·42	2·36	2·31	2·25	2·20	2·15	2·10
28	2·57	2·51	2·46	2·40	2·34	2·29	2·24	2·19	2·14	2·10	2·05	2·01
30	2·43	2·37	2·32	2·27	2·22	2·18	2·13	2·09	2·04	2·00	1·96	1·92
32	2·29	2·24	2·20	2·15	2·11	2·07	2·03	1·99	1·95	1·91	1·87	1·83
34	2·17	2·12	2·08	2·05	2·00	1·96	1·93	1·89	1·85	1·82	1·79	1·75
36	2·05	2·01	1·97	1·94	1·90	1·87	1·83	1·80	1·77	1·74	1·71	1·67
38	1·94	1·91	1·87	1·84	1·81	1·78	1·74	1·71	1·69	1·66	1·63	1·60
40	1·84	1·80	1·77	1·74	1·72	1·69	1·66	1·63	1·61	1·58	1·55	1·53
42	1·74	1·71	1·68	1·65	1·63	1·60	1·58	1·55	1·53	1·51	1·48	1·46
44	1·64	1·62	1·59	1·57	1·54	1·52	1·50	1·48	1·45	1·43	1·41	1·39
46	1·55	1·53	1·51	1·49	1·46	1·44	1·42	1·40	1·38	1·36	1·34	1·33
50	1·38	1·36	1·35	1·33	1·31	1·30	1·28	1·26	1·25	1·23	1·21	1·20
55	1·18	1·17	1·15	1·14	1·13	1·12	1·10	1·09	1·08	1·07	1·06	1·05
60	1·00	0·99	0·98	0·97	0·96	0·95	0·95	0·94	0·93	0·92	0·91	0·90
65	0·82	0·82	0·81	0·81	0·80	0·79	0·79	0·78	0·78	0·77	0·76	0·76
70	0·66	0·65	0·65	0·65	0·64	0·64	0·64	0·63				
80												

Taf. VIII.
Zur Bestimmung der Local-Attraction durch den Polarstern.

Minuten	0ʰ oder 12ʰ	1ʰ — 13ʰ	2ʰ — 14ʰ	3ʰ — 15ʰ	4ʰ — 16ʰ	5ʰ — 17ʰ	Minuten
	P	P	P	P	P	P	
0	0·00	23·04	41·51	62·95	77·09	86·00	60
1	0·40	23·41	44·85	63·22	77·29	86·09	59
2	0·78	23·79	45·18	63·49	77·48	86·19	58
3	1·17	24·16	45·52	63·77	77·67	86·29	57
4	1·56	24·53	45·85	64·03	77·87	86·37	56
5	1·95	24·91	46·19	64·30	78·05	86·46	55
6	2·33	25·29	46·52	64·58	78·24	86·56	54
7	2·73	25·67	46·86	64·85	78·42	86·65	53
8	3·11	26·02	47·18	65·12	78·61	86·74	52
9	3·51	26·40	47·51	65·38	78·79	86·83	51
10	3·89	26·77	47·83	65·63	78·97	86·91	50
11	4·27	27·14	48·16	65·91	79·15	86·99	49
12	4·66	27·51	48·48	66·17	79·32	87·08	48
13	5·05	27·89	48·81	66·42	79·50	87·16	47
14	5·43	28·25	49·14	66·68	79·67	87·24	46
15	5·83	28·62	49·47	66·94	79·85	87·31	45
16	6·21	29·00	49·79	67·21	80·02	87·39	44
17	6·61	29·37	50·11	67·46	80·18	87·46	43
18	6·99	29·72	50·43	67·70	80·36	87·54	42
19	7·37	30·09	50·75	67·95	80·52	87·60	41
20	7·76	30·45	51·07	68.20	80·69	87·66	40
21	8·15	30·83	51·39	68·47	80·85	87·73	39
22	8·55	31·19	51·70	68·71	81·02	87·80	38
23	8·94	31·54	52·03	68·96	81·17	87·87	37
24	9·33	31·90	52·34	69·18	81·33	87·92	36
25	9·71	32·27	52·66	69·43	81·49	87·98	35
26	10·10	32·63	52·97	69·68	81·66	88·04	34
27	10·48	32·99	53·29	69·92	81·80	88·10	33
28	10·85	33·34	53·60	70·15	81·96	88·16	32
29	11·24	33·71	53·89	70·40	82·10	88·21	31
30	11·64	34·07	54·19	70·63	82·25	88·26	30
	P	P	P	P	P	P	
Minuten	11ʰ — 23ʰ	10ʰ — 22ʰ	9ʰ — 21ʰ	8ʰ — 20ʰ	7ʰ — 19ʰ	6ʰ — 18ʰ	Minuten

Taf. VIII.

Zur Bestimmung der Local-Attraction durch den Polarstern.

Minuten	0^h oder 12^h	$1^h - 13^h$	$2^h - 14^h$	$3^h - 15^h$	$4^h - 16^h$	$5^h - 17^h$	Minuten
	P	P	P	P	P	P	
30	11·64	34·07	54·19	70·63	82·25	88·26	30
31	12·02	34·43	54·50	70·86	82·39	88·32	29
32	12·41	34·79	54·80	71·10	82·54	88·37	28
33	12·80	35·15	55·11	71·33	82·69	88·41	27
34	13·18	35·50	55·41	71·57	82·83	88·45	26
35	13·56	35·85	55·72	71·81	82·97	88·49	25
36	13·94	36·21	56·02	72·03	83·11	88·53	24
37	14·33	36·57	56·32	72·25	83·25	88·57	23
38	14·71	36·92	56·62	72·49	83·39	88·61	22
39	15·10	37·27	56·92	72·71	83·53	88·65	21
40	15·47	37·62	57·22	72·93	83·66	88·68	20
41	15·85	37·98	57·52	73·15	83·79	88·72	19
42	16·24	38·33	57·81	73·38	83·92	88·75	18
43	16·62	38·68	58·11	73·89	84·06	88·78	17
44	17·00	39·03	58·41	73·81	84·19	88·80	16
45	17·37	39·37	58·70	74·04	84·31	88·82	15
46	17·76	39·72	59·00	74·25	84·43	88·84	14
47	18·14	40·07	59·28	74·46	84·55	88·87	13
48	18·53	40·42	59·57	74·67	84·68	88·89	12
49	18·92	40·76′	59·86	74·88	84·80	88·91	11
50	19·29	41·11	60·15	75·09	84·91	88·93	10
51	19·67	41·46	60·44	75·30	85·03	88·95	9
52	20·05	41·80	60·72	75·51	85·14	88·97	8
53	20·43	42·15	61·00	75·72	85·25	88·98	7
54	20·81	42·49	61·28	75·92	85·36	88·99	6
55	21·18	42·82	61·56	76·12	85·47	89·00	5
56	21·55	43·16	61·84	76·32	85·57	89·01	4
57	21·93	43·50	62·12	76·51	85·68	89·01	3
58	22·31	43·84	62·40	76·70	85·79	89·02	2
59	22·68	44·18	62·67	76·90	85·90	89·02	1
60	23·04	44·51	62·95	77·09	86·00	89·02	0
	P	P	P	P	P	P	
Minuten	$11^h - 23^h$	$10^h - 22^h$	$9^h - 21^h$	$8^h - 20^h$	$7^h - 19^h$	$6^h - 18^h$	Minuten

Taf. IX.

Zur Bestimmung der Local-Attraction durch den Polarstern.

Stunden-winkel	Geografische Breite									Stunden-winkel
	0°	10°	20°	25°	30°	35°	40°	45°	50°	
0ʰ 0ᵐ		..	..	..	..	..	..	..	..	24ʰ 0ᵐ
20ᵐ		+0·04	+0·07	+0·09	+0·12	+0·15	+0·18	+0·20	+0·24	23ʰ 40ᵐ
40ᵐ		+0·06	+0·15	+0·19	+0·23	+0·28	+0·35	+0·40	+0·49	20ᵐ
1ʰ 0ᵐ		+0·10	+0·22	+0·27	+0·35	+0·40	+0·48	+0·60	+0·70	0ᵐ
20ᵐ		+0·13	+0·27	+0·34	+0·44	+0·52	+0·62	+0·75	+0·89	22ʰ 40ᵐ
40ᵐ		+0·16	+0·33	+0·42	+0·52	+0·63	+0·75	+0·89	+1·08	20ᵐ
2ʰ 0ᵐ		+0·18	+0·35	+0·48	+0·59	+0·71	+0·85	+1·02	+1·22	0ᵐ
20ᵐ	..	+0·19	+0·38	+0·50	+0·62	+0·75	+0·90	+1·09	+1·30	21ʰ 40ᵐ
40ᵐ	−0·01	+0·19	+0·40	+0·52	+0·64	+0·79	+0·94	+1·14	+1·35	20ᵐ
3ʰ 0ᵐ	−0·01	+0·19	+0·41	+0·52	+0·66	+0·80	+0·96	+1·16	+1·38	0ᵐ
20ᵐ	−0·01	+0·19	+0·40	+0·51	+0·64	+0·79	+0·94	+1·13	+1·34	20ʰ 40ᵐ
40ᵐ	−0·01	+0·18	+0·37	+0·48	+0·62	+0·75	+0·89	+1·07	+1·29	20ᵐ
4ʰ 0ᵐ	−0·02	+0·16	+0·35	+0·45	+0·56	+0·62	+0·81	+0·98	+1·18	0ᵐ
20ᵐ	−0·02	+0·14	+0·31	+0·39	+0·49	+0·60	+0·71	+0·86	+1·03	19ʰ 40ᵐ
40ᵐ	−0·02	+0·11	+0·25	+0·33	+0·41	+0·48	+0·60	+0·71	+0·86	20ᵐ
5ʰ 0ᵐ	−0·02	+0·08	+0·20	+0·25	+0·31	+0·36	+0·46	+0·54	+0·64	0ᵐ
20ᵐ	−0·02	+0·05	+0·12	+0·17	+0·21	+0·24	+0·30	+0·35	+0·43	18ʰ 40ᵐ
40ᵐ	−0·02	+0·02	+0·06	+0·06	+0·09	+0·11	+0·14	+0·17	+0·21	20ᵐ
6ʰ 0ᵐ	−0·02	−0·02	−0·02	−0·03	−0·03	−0·03	−0·04	−0·04	−0·06	0ᵐ
20ᵐ	−0·02	−0·06	−0·08	−0·11	−0·15	−0·18	−0·20	−0·22	−0·27	17ʰ 40ᵐ
40ᵐ	−0·02	−0·08	−0·16	−0·20	−0·25	−0·30	−0·36	−0·43	−0·52	20ᵐ
7ʰ 0ᵐ	−0·02	−0·12	−0·22	−0·29	−0·35	−0·42	−0·50	−0·62	−0·74	0ᵐ
20ᵐ	−0·02	−0·15	−0·28	−0·35	−0·45	−0·54	−0·64	−0·76	−0·91	16ʰ 40ᵐ
40ᵐ	−0·02	−0·18	−0·35	−0·43	−0·52	−0·63	−0·75	−0·89	−0·07	20ᵐ
8ʰ 0ᵐ	−0·02	−0·20	−0·37	−0·49	−0·60	−0·72	−0·85	−1·02	−1·20	0ᵐ
20ᵐ	−0·02	−0·21	−0·40	−0·51	−0·63	−0·75	−0·90	−1·09	−1·30	15ʰ 40ᵐ
40ᵐ	−0·01	−0·21	−0·42	−0·53	−0·65	−0·78	−0·94	−1·12	−1·34	20ᵐ
9ʰ 0ᵐ	−0·01	−0·20	−0·43	−0·54	−0·66	−0·80	−0·96	−1·14	−1·36	0ᵐ
20ᵐ	−0·01	−0·20	−0·42	−0·52	−0·64	−0·78	−0·93	−1·12	−1·34	14ʰ 40ᵐ
40ᵐ	−0·01	−0·20	−0·39	−0·49	−0·63	−0·75	−0·90	−1·07	−1·24	20ᵐ
10ʰ 0ᵐ		−0·18	−0·35	−0·46	−0·57	−0·69	−0·81	−0·98	−1·16	0ᵐ
20ᵐ		−0·16	−0·33	−0·40	−0·49	−0·61	−0·72	−0·86	−1·02	13ʰ 40ᵐ
40ᵐ		−0·13	−0·27	−0·35	−0·42	−0·50	−0·61	−0·73	−0·87	20ᵐ
11ʰ 0ᵐ		−0·10	−0·20	−0·27	−0·33	−0·38	−0·48	−0·56	−0·67	0ᵐ
20ᵐ		−0·06	−0·14	−0·19	−0·22	−0·26	−0·38	−0·38	−0·45	12ʰ 40ᵐ
40ᵐ		−0·04	−0·06	−0·09	−0·12	−0·14	−0·17	−0·20	−0·23	20ᵐ
12ʰ 0ᵐ	..	..	..	..	..	..	..	..	..	12ʰ 0ᵐ
Stunden-winkel	0°	10°	20°	25°	30°	35°	40°	45°	50°	Stunden-winkel
	Geografische Breite									

Taf. IX.
Zur Bestimmung der Local-Attraction durch den Polarstern.

Stunden-winkel	Geografische Breite									Stunden-winkel
	55°	60°	62°	64°	66°	68°	70°	72°	74°	
0ʰ 0ᵐ	..	..	..	..	..	..	..	..	..	24ʰ 0ᵐ
20ᵐ	+0·30	+0·36	+0·39	+0·44	+0·49	+0·52	+0·59	+0·66	+0·76	23ʰ 40ᵐ
40ᵐ	+0·58	+0·71	+0·76	+0·85	+0·93	+1·04	+1·16	+1·30	+1·50	20ᵐ
1ʰ 0ᵐ	+0·91	+1·03	+1·14	+1·24	+1·36	+1·50	+1·69	+1·90	+2·18	0ᵐ
20ᵐ	+1·09	+1·33	+1·44	+1·59	+1·75	+1·94	+1·16	+2·44	+2·80	22ʰ 40ᵐ
40ᵐ	+1·31	+1·59	+1·72	+1·87	+2·08	+2·29	+1·55	+2·90	+3·31	20ᵐ
2ʰ 0ᵐ	+1·45	+1·78	+1·95	+2·13	+2·33	+2·58	+1·88	+3·26	+3·73	0ᵐ
20ᵐ	+1·58	+1·86	+2·10	+2·28	+2·52	+2·79	+3·10	+3·50	+4·00	21ʰ 40ᵐ
40ᵐ	+1·64	+2·00	+2·18	+2·38	+2·62	+2·90	+3·25	+3·63	+4·15	20ᵐ
3ʰ 0ᵐ	+1·66	+2·02	+2·20	+2·41	+2·65	+2·92	+3·25	+3·65	+4·18	0ᵐ
20ᵐ	+1·62	+1·99	+2·15	+2·35	+2·58	+2·85	+3·18	+3·56	+0·07	20ʰ 40ᵐ
40ᵐ	+1·54	+1·87	+2·03	+2·22	+2·43	+2·69	+2·99	+3·36	+3·80	20ᵐ
4ʰ 0ᵐ	+1·40	+1·71	+1·86	+2·01	+2·21	+2·43	+2·70	+3·04	+3·45	0ᵐ
20ᵐ	+1·22	+1·48	+1·61	+1·75	+1·86	+2·13	+2·35	+2·63	+2·98	19ʰ 40ᵐ
40ᵐ	+1·03	+1·23	+1·33	+1·45	+1·59	+1·73	+1·86	+2·15	+2·42	20ᵐ
5ʰ 0ᵐ	+0.77	+0·93	+1·02	+1·10	+1·18	+1·30	+1·45	+1·60	+1·80	0ᵐ
20ᵐ	+0·49	+0·62	+0·66	+0·72	+1·76	+0·84	+0·91	+1·33	+1·14	18ʰ 40ᵐ
40ᵐ	+0·21	+0·26	+0·28	+0·31	+1·33	+0·34	+0·37	+0·41	+0·44	20ᵐ
6ʰ 0ᵐ	−0·07	−0·08	−0·09	−0·10	−0·12	−0·15	−0·18	−0·20	−0·28	0ᵐ
20ᵐ	−0·35	−0·48	−0·47	−0·50	−0·56	−0·63	−0·72	−0·82	−0·96	17ʰ 40ᵐ
40ᵐ	−0·62	−0·75	−0·82	−0·89	−0·98	−1·10	−1·23	−1·40	−1·61	20ᵐ
7ʰ 0ᵐ	−0·87	−1·05	−1·16	−1·26	−1·38	−1·52	−1·71	−1·92	−2·20	0ᵐ
20ᵐ	−1·09	−1·32	−1·45	−1·58	−1·73	−1·91	−2·13	−2·49	−2·71	16ʰ 40ᵐ
40ᵐ	−1·29	−1·56	−1·69	−1·85	−2·02	−2·23	−2·47	−2·28	−3·15	20ᵐ
8ʰ 0ᵐ	−1·44	−1·73	−1·88	−2·05	−2·25	−2·47	−2·74	−3·08	−3·49	0ᵐ
20ᵐ	−1·53	−1·87	−2·02	−2·20	−2·41	−2·64	−2·93	−3·27	−3·70	15ʰ 40ᵐ
40ᵐ	−1·59	−1·93	−2·11	−2·27	−2·49	−2·73	−3·03	−3·37	−3·80	20
9ʰ 0ᵐ	−1·62	−1·96	−2·12	−2·29	−2·51	−2·76	−3·05	−8·39	−3·82	0ᵐ
20ᵐ	−1·59	−1·90	−2·07	−2·16	−2·45	−2·68	−2·96	−3·31	−3·72	14ʰ 40ᵐ
40ᵐ	−1·50	−1·81	−1·97	−2·14	−2·32	−2·55	−2·82	−3·12	−3·51	20ᵐ
10ʰ 0ᵐ	−1·37	−1·66	−1·79	−1·95	−2·13	−2·32	−2·56	−2·86	−3·21	0ᵐ
20ᵐ	−1·20	−1·45	−1·59	−1·72	−1·87	−2·05	−2·27	−2·52	−2·82	13ʰ 40ᵐ
40ᵐ	−1·02	−1·22	−1·32	−1·44	−1·57	−1·72	−1·87	−2·12	−2·35	20ᵐ
11ʰ 0ᵐ	−1·79	−0·95	−1·04	−1·12	−1·20	−1·32	−1·45	−1·61	−1·82	0ᵐ
20ᵐ	−1·53	−0·63	−0·71	−0·75	−0·82	−0·90	−1·00	−1·11	−1·14	12ʰ 40ᵐ
40ᵐ	−1·27	−0·33	−0·35	−0·38	−0·41	−0·46	−0·50	−0·56	−0·63	20ᵐ
12ʰ 0ᵐ	..	..	..	..	..	..	..	..	..	12ʰ 0ᵐ
Stunden-winkel	55°	60°	62°	64°	66°	68°	70°	72°	74°	Stunden-winkel
	Geografische Breite									

Taf. X.

Zur Bestimmung der Local-Attraction durch den Polarstern.

Declination	R.	Declination	R.
88° 29′ 30″	+ 0·00726	88° 32′ 0″	— 0·00490
40″	+ 0·00646	10″	— 0·00573
50″	+ 0·00565	20″	— 0·00655
30′ 0″	+ 0·00486	30″	— 0·00738
10″	+ 0·00406	40″	— 0·00821
20″	+ 0·00325	50″	— 0·00904
30″	+ 0·00244	33′ 0″	— 0·00987
40″	+ 0·00163	10″	— 0·01071
50″	+ 0·00081	20″	— 0·01154
31′ 0″	± 0·00000	30″	— 0·01237
10″	— 0·00081	40″	— 0·01321
20″	— 0·00163	50″	— 0·01405
30″	— 0·00244	74′ 0″	— 0·01489
40″	— 0·00326	10″	— 0·01573
50″	— 0·00408		

Taf. XI.
Halbmonatliche Ungleichheit für das Adriatische und Mitteelmer.

Wahre Zeit der Mondes-culmination	Halb-monatliche Ungleichheit	Wahre Zeit der Mondes-culmination	Halb-monatliche Ungleichheit	Wahre Zeit der Mondes-culmination	Halb-monatliche Ungleichheit
$0^h\ 0^m$	$-\ 0^h\ 0^m$	$4^h\ 0^m$	$-\ 1^h\ 15^m$	$8^h\ 0^m$	$+\ 1^h\ 15^m$
10^m	$-\ 0^h\ 3^m$	10^m	$-\ 1^h\ 15^m$	10^m	$+\ 1^h\ 14^m$
20^m	$-\ 0^h\ 8^m$	20^m	$-\ 1^h\ 15^m$	20^m	$+\ 1^h\ 13^m$
30^m	$-\ 0^h\ 12^m$	30^m	$-\ 1^h\ 14^m$	30^m	$+\ 1^h\ 11^m$
40^m	$-\ 0^h\ 16^m$	40^m	$-\ 1^h\ 13^m$	40^m	$+\ 1^h\ 8^m$
50^m	$-\ 0^h\ 20^m$	50^m	$-\ 1^h\ 11^m$	50^m	$+\ 1^h\ 5^m$
$1^h\ 0^m$	$-\ 0^h\ 23^m$	$5^h\ 0^m$	$-\ 1^h\ 6^m$	$9^h\ 0^m$	$+\ 1^h\ 2^m$
10^m	$-\ 0^h\ 27^m$	10^m	$-\ 1^h\ 1^m$	10^m	$+\ 0^h\ 59^m$
20^m	$-\ 0^h\ 30^m$	20^m	$-\ 0^h\ 53^m$	20^m	$+\ 0^h\ 56^m$
30^m	$-\ 0^h\ 35^m$	30^m	$-\ 0^h\ 41^m$	30^m	$+\ 0^h\ 53^m$
40^m	$-\ 0^h\ 39^m$	40^m	$-\ 0^h\ 24^m$	40^m	$+\ 0^h\ 50^m$
50^m	$-\ 0^h\ 42^m$	50^m	$-\ 0^h\ 5^m$	50^m	$+\ 0^h\ 47^m$
$2^h\ 0^m$	$-\ 0^h\ 45^m$	$6^h\ 0^m$	$+\ 0^h\ 12^m$	$10^h\ 0^m$	$+\ 0^h\ 44^m$
10^m	$-\ 0^h\ 48^m$	10^m	$+\ 0^h\ 28^m$	10^m	$+\ 0^h\ 41^m$
20^m	$-\ 0^h\ 52^m$	20^m	$+\ 0^h\ 40^m$	20^m	$+\ 0^h\ 38^m$
30^m	$-\ 0^h\ 54^m$	30^m	$+\ 0^h\ 49^m$	30^m	$+\ 0^h\ 35^m$
40^m	$-\ 0^h\ 58^m$	40^m	$+\ 0^h\ 57^m$	40^m	$+\ 0^h\ 32^m$
50^m	$-\ 1^h\ 1^m$	50^m	$+\ 1^h\ 3^m$	50^m	$+\ 0^h\ 28^m$
$3^h\ 0^m$	$-\ 1^h\ 3^m$	$7^h\ 0^m$	$+\ 1^h\ 7^m$	$11^h\ 0^m$	$+\ 0^h\ 23^m$
10^m	$-\ 1^h\ 6^m$	10^m	$+\ 1^h\ 10^m$	10^m	$+\ 0^h\ 20^m$
20^m	$-\ 1^h\ 8^m$	20^m	$+\ 1^h\ 13^m$	20^m	$+\ 0^h\ 16^m$
30^m	$-\ 1^h\ 11^m$	30^m	$+\ 1^h\ 14^m$	30^m	$+\ 0^h\ 12^m$
40^m	$-\ 1^h\ 12^m$	40^m	$+\ 1^h\ 15^m$	40^m	$+\ 0^h\ 8^m$
50^m	$-\ 1^h\ 14^m$	50^m	$+\ 1^h\ 15^m$	50^m	$+\ 0^h\ 3^m$

Inhalt.

Tafeln.

Druckfehler.

In Fig. 5 anstatt S' lese man S.

Seite 38, Zeile 11 v. u. anstatt Tab. V lese man Tab. II.

  „ 41,   „   9 v. o.   „   Tab. II „ „ Tab. I.

  „ 41,   „ 22 v. o.   „   Tab. II „ „ Tab. I.

  „ 48,   „   6 v. o.   „ $V = v^2 \cos \omega$ lese man $V = v \cos^2 \omega$.

  „ 54, letzte Zeile   „ $\cos p -$ lese man $\cos p +$

  „ 55, erste   „   „ $- \xi \, cotg \, \psi$ lese man $+ \zeta \, cotg \, \psi$.

  „ 55, Zeile 3 v. o.   „ $\Omega +$ lese man $\Omega -$

  „ 67,   „ 10 v. u.   „ BKP und lese man BKP; und.

  „ 81, letzte Zeile   „ $\sin \Sigma$ lese man $\cos \Sigma$

  „ 91, Zeile 16 v. u.   „   obere oder das untere lese man untere oder das obere.

  „ 94,   „ 12 v. u.   subtrahiren lese man addiren.

  „ 94,   „ 9 u. 11 v. u. $-$ lese man $+$

  „ 94,   „   8 v. u. $4^m \, 49 \cdot 0^s$ lese man $5^m \, 11 \cdot 2^s$.

  „ 94,   „   6 v. u. $18^m \, 43 \cdot 8^s$ lese man $19^m \, 6^s$.

  „ 112,   „ 12 v. o. $\sin \frac{s}{2}$ lese man $\sin^2 \frac{s}{2}$.

  „ 126,   17 v. o. $\log \sin (\Sigma - p) + \frac{1}{4} II$ lese man $\log \sin (\Sigma - \psi) + \frac{1}{4} II$.